SketchUp+VRay 设计师实战

（第2版）

张莉萌 ◉ 编著

清華大學出版社
北 京

内 容 简 介

在设计师的实践环节中，SketchUp+VRay 属于“黄金搭档”，充分利用 SketchUp 善建模、VRay 善渲染的优点可以大大提高设计效率。本书从使用者的角度出发，深入浅出地讲解了 SketchUp+VRay 的详细功能，使读者能在较短的时间内全面掌握设计表达技巧。

全书共 8 章，第 1 ～ 3 章讲解软件的基本功能和建模的重点、难点，以及 SketchUp 快速草图建模的功能；第 4 ～ 5 章讲解如何运用 VRay for SketchUp 渲染插件输出满足设计要求的效果图，以及材质贴图和灯光渲染的技术；第 6 ～ 8 章详细介绍 SketchUp+VRay 在室内设计、建筑设计和园林景观规划设计三大应用领域中的一些典型应用案例。

本书配有教学资源包，使各章节内容更加直观、易懂、易学，并配有大量的实用组件库，以便于设计师在日后的工作中调用。本书可作为规划设计、景观设计、建筑设计、室内设计和家具设计等专业设计师的参考用书，也可作为有志于从事设计工作的大中专院校设计类专业学生的入门参考书以及 SketchUp+VRay 设计的培训教材。

图书在版编目（CIP）数据

SketchUp+VRay 设计师实战 / 张莉萌编著. —2 版. —北京：清华大学出版社，2015（2024.8重印）
ISBN 978-7-302-38660-5

I. ①S… II. ①张… III. ①建筑设计－计算机辅助设计－图形软件 IV. ① TU201.4

中国版本图书馆 CIP 数据核字（2014）第 283712 号

责任编辑：朱英彪
封面设计：刘 超
版式设计：魏 远
责任校对：马子杰
责任印制：杨 艳

出版发行：清华大学出版社
网 址：https://www.tup.com.cn，https://www.wqxuetang.com
地 址：北京清华大学学研大厦 A 座 **邮 编：**100084
社 总 机：010-83470000 **邮 购：**010-62786544
投稿与读者服务：010-62776969，c-service@tup.tsinghua.edu.cn
质量反馈：010-62772015，zhiliang@tup.tsinghua.edu.cn
印 装 者：三河市铭诚印务有限公司
经 销：全国新华书店
开 本：235mm×200mm **印 张：**13.5 **字 数：**298 千字
版 次：2011 年 9 月第 1 版 2015 年 4 月第 2 版 **印 次：**2024 年 8 月第 8 次印刷
定 价：69.80 元

产品编号：058936-02

作为方案设计师，我们常被繁复的绘图工作所困扰而无法及时传达设计理念，这给我们带来了不少损失。一直以来，我们都在苦苦寻觅一种恰当的设计表达手段，希望它能既快捷又直观，同时兼具优美的笔触和感观效果。

初识 SketchUp，就让我们眼前一亮。它就是这样一种直接面向设计过程的软件，几乎能满足设计师在设计表达过程中的所有要求，拥有快捷的界面、精确的尺寸、手绘的风格、多元的软件支持等，是真正意义上的设计软件。在对其进行了使用和研究后，笔者更加感受到 SketchUp 对设计工作的巨大帮助和促进作用，它使设计者从绘图工作中解放出来，真正体会到了设计的乐趣!

随着 VRay+SketchUp 插件的推出，设计师可以通过 SketchUp 和 VRay 的完美配合来表现各种设计风格的设计效果图，以让设计表达更具有视觉冲击力和说服力。

SketchUp 对免费 3D 模型库的改进，使得模型库的作用变得非常强大，几乎无穷无尽。从完全交互式的模型预览到全新的用户界面以及更加流畅的效果，2014 版本的变化更具活力。

读者对象

本书可作为规划设计、景观设计、建筑设计、室内设计和家具设计等各种专业分工设计师的参考书，更是众多有志于从事设计工作的大中专院校设计类专业学生的入门参考书，也可作为 SketchUp+VRay 设计的培训教材。

主要内容

在设计师的实践环节中，SketchUp+VRay 属于“黄金搭档”，利用 SketchUp 善建模、VRay 善渲染的优点，可有效提高设计效率。本书是一本以实例教学为主要讲解方式的 SketchUp+VRay 建筑草图的入门与提高教学书籍。从使用者的角度深入浅出地讲解 SketchUp+VRay 的详细功能，使读者能在较短的时间内全面掌握设计表达技巧，并且结合丰富的设计做图经验，分别用实例介绍 SketchUp+VRay 运用于建筑、室内和景观设计的不同侧重点及其设计思路。

全书共 8 章，第 1 ～ 3 章讲解软件的基本功能和建模的重点、难点，以及通过实例讲解 SketchUp 快速草图建模的功能；第 4 ～ 5 章详细讲解如何运用 VRay for SketchUp 渲染插件输出满足设计要求的效果图，细致地讲解了材质贴图和灯光渲染的技术；第 6 ～ 8 章详细讲解 SketchUp+VRay 在三大应用领域（室内设计、建筑设计和园林景观规划设计）中的一些典型应用案例。

本书配有教学资源包，读者可扫描图书封底的“文泉云盘”二维码，或登录清华大学出版社网站（www.tup.com.cn），在对应图书页面下查阅资源包的获取方式。生动的视频讲解使学习过程更加生动，同时，书中配有大量的实用组件库，以方便设计师在日后的工作中调用。

本书特色

- 理论结合实际。针对不同专业领域的设计重点，通过室内设计、建筑设计和园林景观规划设计 3 个综合实例进行了实战演示。
- 立足于设计，对每个实例以图文并茂的方式给出操作流程，并对设计过程中的关键部分做出分析、提示。
- 本书所附资源包中提供了书中所有章节用到的模型和实例使用文件，使读者能够完成整套的设计图纸。
- 直观而生动的视频讲解，犹如把培训老师请到了家，引领读者轻松入门 SketchUp+VRay 设计。
- 对于设计过程中需要注意的重点、难点以及经验之谈，通过活泼的提示告诉读者，使读者不经意间学到更多知识。

本书由张莉萌与设计团队共同编著，成都道然科技有限责任公司参与了本书的策划和质量监控。参与本书编写工作的还有王斌、万雷、许志清、张强林、余松、李伟、景小燕、傅茂林、黄胜等。全书由成都道然科技有限责任公司审校。感谢信息电子产业第十一设计研究院徐阳设计师的无私帮助。由于作者水平有限，书中难免有疏漏之处，敬请广大读者批评指正。

编 者

目　录

第 1 章　SketchUp 设计环境配置 1
1.1　SketchUp 概述 2
1.2　SketchUp 程序安装 4
1.3　SketchUp 与相关软件的协同作业 5
1.3.1　建模阶段 5
1.3.2　渲染阶段 6
1.3.3　Photoshop 的后期制作 8
1.4　SketchUp 基本绘图环境 9
1.5　系统设置（系统属性） 11
1.5.1　OpenGL 硬件加速 11
1.5.2　快捷键的设置 12
1.5.3　扩展功能 12
1.5.4　模板 13
1.6　工作界面的设置 13
1.6.1　统计 13
1.6.2　位置（Location） 13
1.6.3　尺寸（Dimensions） 14
1.6.4　文字（Text） 15

第 2 章　SketchUp 核心绘图及编辑 17
2.1　视图设置 18
2.2　透视方式 19
2.2.1　平行投影显示 19
2.2.2　轴测图、透视、两点透视 20
2.3　显示的设置（面、边线与风格） 20
2.3.1　面类型 20
2.3.2　边线类型 22
2.3.3　显示样式 23
2.4　光影的设置及用法 27
2.4.1　地理位置设置 27
2.4.2　阴影设置 27
2.4.3　雾设置 29
2.5　选取物体方式 30
2.5.1　点选 30
2.5.2　框选 30
2.5.3　交叉选 30
2.5.4　扩展选 30
2.6　图层的设置与用法 31
2.7　坐标系 33
2.8　绘制图形基本工具 33
2.8.1　直线 34
2.8.2　弧线 36
2.8.3　手绘线 37
2.8.4　矩形 37
2.8.5　圆形 38
2.8.6　多边形 39
2.9　编辑图形 39
2.9.1　推 / 拉 39
2.9.2　移动 41
2.9.3　偏移 43

2.9.4 旋转......44
2.9.5 缩放......45
2.9.6 放样（路径跟随）......46
2.10 辅助绘图工具......47
2.10.1 辅助测量线......47
2.10.2 辅助量角器......48
2.10.3 尺寸标注......49
2.10.4 文字标注......51
2.10.5 三维文字......51
2.10.6 隐藏、显示、删除......52
2.11 沙盒的使用......53
2.11.1 等高线创建沙盒......53
2.11.2 网格创建沙盒......53
2.11.3 曲面平整......54
2.11.4 曲面投射......54
2.11.5 添加细部......55
2.11.6 对调角线......55
第3章 草图建模的重点与难点......57
3.1 面......58
3.1.1 面的柔化边线......58
3.1.2 面的正反......58
3.2 群组......59
3.2.1 创建群组 / 取消群组......59
3.2.2 锁定群组 / 解锁群组......59
3.2.3 编辑群组......60
3.3 组件......61
3.3.1 选择组件......61
3.3.2 创建组件......62
3.3.3 添加组件库......63
3.3.4 组件的编辑......64
3.4 实体工具......66
3.4.1 实体外壳......66
3.4.2 相交......66
3.4.3 联合......66
3.4.4 减去......66
3.4.5 剪辑......67
3.4.6 拆分......67
3.5 材质与贴图......68
3.5.1 选择材质......68
3.5.2 编辑材质......70
3.5.3 创建材质......72
3.5.4 材质库管理......73
3.5.5 贴图坐标......73
3.5.6 特殊材质贴图的制作......74
3.6 剖面功能......75
3.7 漫游动画......77
3.7.1 视图动画......78
3.7.2 漫游动画......79
3.7.3 图层动画......80
3.7.4 阴影动画......81
3.8 照片匹配......82
第4章 VRay 插件及光线控制......85
4.1 VRay for SketchUp 基础......86
4.1.1 VRay for SketchUp......86
4.1.2 VRay 控制面板......87
4.1.3 渲染参数......97
4.2 VRay 灯光技术详解......98
4.2.1 间接照明......99
4.2.2 渲染引擎的选用......103
4.2.3 环境设置......110
4.2.4 灯光......115

第 5 章　用好灯光与材质贴图.. 121

5.1　材质编辑器...122

5.1.1　添加删除材质.. 122

5.1.2　导入、导出材质.. 123

5.1.3　使用材质.. 124

5.2　材质参数选项...125

5.2.1　漫射.. 125

5.2.2　反射.. 127

5.2.3　折射.. 131

5.2.4　发光材质.. 134

5.3　VRay 关联材质...136

5.3.1　添加关联材质.. 136

5.3.2　编辑关联材质.. 137

5.4　VRay 双面材质...137

5.4.1　添加双面材质.. 137

5.4.2　编辑双面材质.. 138

5.5　VRaySkp 双面材质...138

5.6　贴图...139

5.6.1　添加贴图.. 139

5.6.2　在漫射中添加贴图.. 141

5.6.3　凹凸贴图.. 142

5.6.4　置换贴图.. 143

第 6 章　三维室内场景表现图实例.................................... 147

6.1　在 SketchUp 中整理模型...148

6.2　运用 VRay 进行渲染...148

6.2.1　VRay 材质设置.. 149

6.2.2　VRay 灯光设置.. 157

6.2.3　VRay 渲染出图.. 159

6.3　在 Photoshop 中后期处理...161

第 7 章　建筑设计详解.. 167

7.1　复杂建筑的建模流程...168

7.2　封面的难点...169

7.2.1　三维视图中的疑似闭合面.. 169

7.2.2　视图中的虚交直线.. 170

7.2.3　AutoCAD 导入的连续直线.. 170

7.3　建筑材质贴图的预处理...171

7.4　在 SketchUp 中整理模型...174

7.4.1　隐藏不需要的模型.. 174

7.4.2　确定北方.. 174

7.5　运用 VRay 进行渲染并输出...175

7.5.1　确定材质.. 175

7.5.2　设置灯光.. 176

7.5.3　渲染输出.. 176

7.6　在 Photoshop 中处理背景...177

7.7　在 Photoshop 中转换日夜景...178

第 8 章　园林景观规划设计详解.................................... 189

8.1　关于彩色平面图...190

8.2　SketchUp 中的建模重点...191

8.2.1　由 AutoCAD 等软件导入图形.. 191

8.2.2　体块模型的表示方法.. 192

8.2.3　植物建模.. 192

8.3　在 SketchUp 中整理模型...194

8.3.1　清理.. 194

8.3.2　图层管理.. 195

8.4　在 VRay 中调整材质...196

8.5　在 VRay 中设置光线...198

8.6　在 VRay 中渲染和输出...199

8.7　在 Photoshop 中进行画面处理...200

Chapter 1

SketchUp 设计环境配置

一组建筑、一个景观、一个室内环境都能通过高质量的商业级设计表现图进行表达，将现实中并不存在的、虚拟的设计空间及氛围提前展现出来，从而征服受众，使理想设计成为现实。因此，真正完美的设计成果需要用高质量的效果图表现，而随着计算机绘图软件的丰富和发展，这一方法日趋完善。

使用计算机绘制效果图时会用到一系列软件，而 SketchUp 在设计工作中起到越来越重要的作用。

1.1 SketchUp 概述

设计过程中可用多种软件和手段来设计表现。手绘图可以非常艺术地以一定风格绘画的方式来展示设计内容，但艺术性强的同时，不能精确地体现实际尺寸。手绘图纸如图 1-1 所示。

图 1-1 手绘图纸

AutoCAD 是目前在设计中使用最广泛的软件，其在方案设计、施工、竣工阶段都必不可少。但 CAD 图纸在前期设计构思阶段表现不够直观，在方案阶段沟通性欠佳。CAD 图纸如图 1-2 所示。

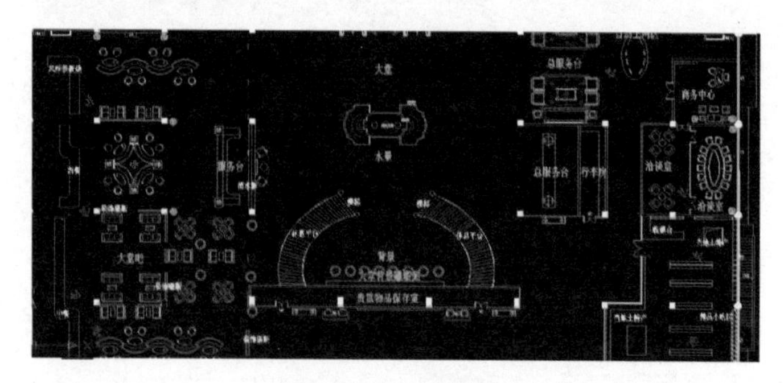

图 1-2 CAD 图纸

计算机效果图可由 3ds Max 建模，Lightscape、VRay 或 Baril 等软件渲染灯光，Photoshop、CorelDRAW 等后期图形图像处理，完成精确的、仿真程度相当高的计算机效果图。但由于涉及软件较为复杂，无法为每一位设计师所掌握。计算机效果图如图 1-3 所示。

图 1-3 3D 效果图

美国 @Last Software 公司推出的 SketchUp，2006 年被 Google 公司正式收购。在对这个软件不断完善的同时，有不同版本被广泛使用，目前最新版本为 SketchUp pro 2014。SketchUp 是一款面向设计过程，解决设计表达难题，同时又与多种设计软件协同达成商业级效果图的软件。SketchUp 效果图如图 1-4 所示。

图 1-4 SketchUp 效果图

SketchUp 的特点如下：

- 界面简洁易学。只需能较为熟练地操作计算机，即可完成对 SketchUp 的学习和掌握。
- 剖面功能。自动生成物体剖面，直接完成施工图的绘制，图 1-5 显示了剖切功能。

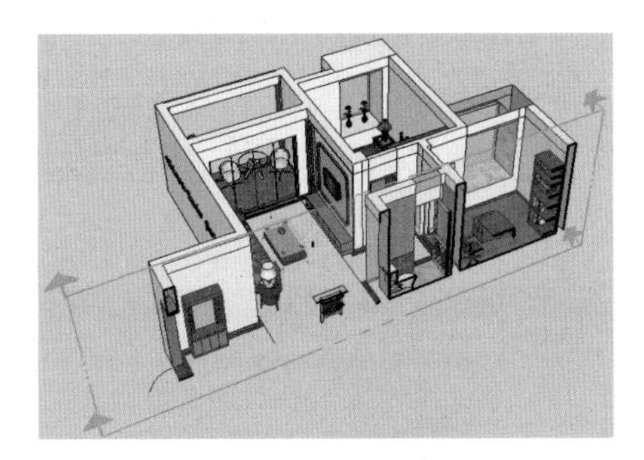

图 1-5　显示剖切图

- 准确定位阴影和日照。设计师可以根据建筑物所在地区和时间实时进行阴影和日照分析，如图 1-6 所示为显示阴影图。

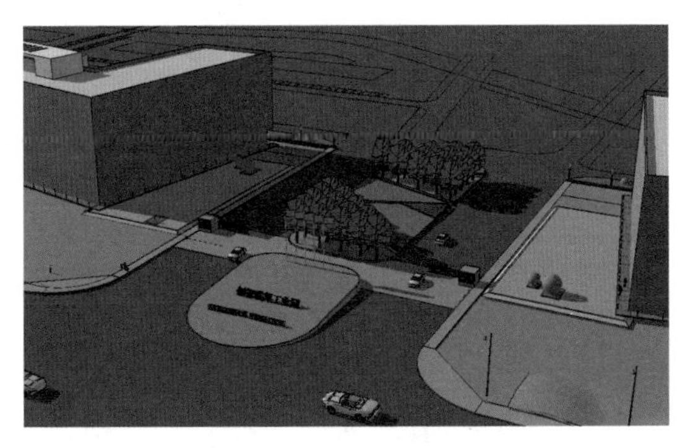

图 1-6　显示阴影图

- 便捷的测量及标注功能。可在三维图形上直接完成，统计面积、单价、总价等数据，如图 1-7 所示为标注说明图。

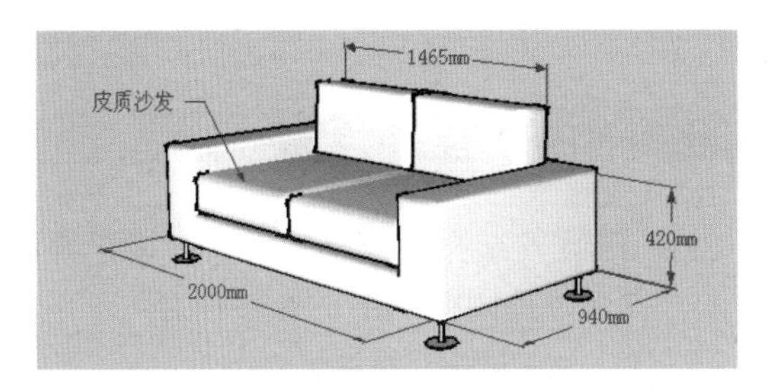

图 1-7　标注说明图

- 手绘风格的制作是 SketchUp 的特色。可选多种风格的手绘和不同笔触、纸张质感的表现图，如图 1-8 所示。

图 1-8　手绘风格图

- 快捷的动画制作。只需设定好关键帧页面，即可生成实时的动画，很好地表现场景的光影、空间、流线。
- 与 AutoCAD、Revit、3ds Max、Piranesi 等软件结合使用，快速导入和导出 DWG、DXF、JPG、3DS 格式的文件，实现方案构思，效果图与施工图绘制的完美结合，同时提供与 AutoCAD 和 ArchiCAD 等设计工具的插件。

当然，如果需要绘制照片级效果图，必须与其他的相关软件协同作业才能完成。

1.2 SketchUp 程序安装

单击 SketchUp 安装文件图标，按照界面提示进行程序安装，安装过程如图 1-9 ～图 1-14 所示。

图 1-9 准备安装

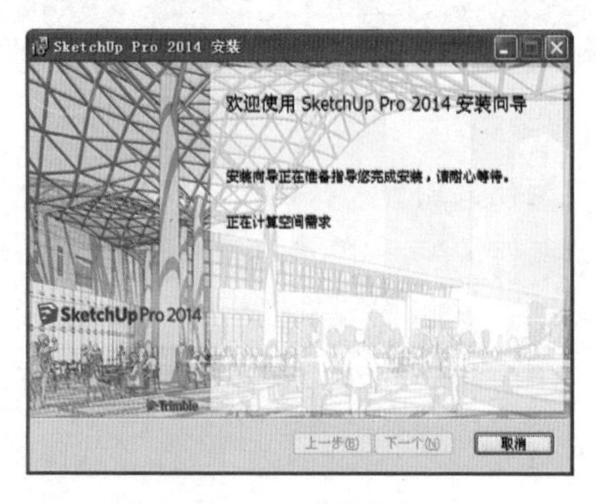

图 1-10 安装向导

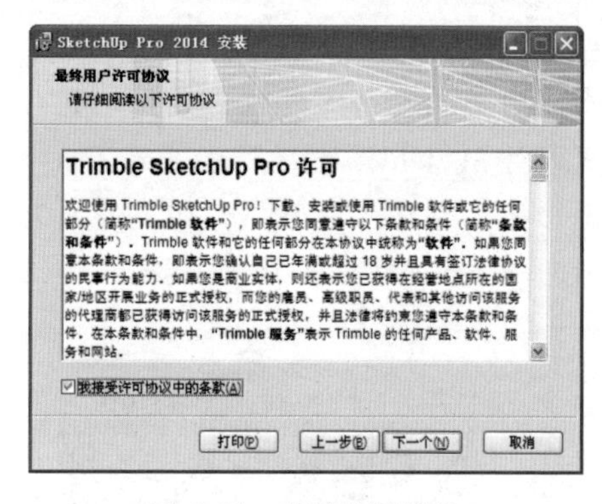

图 1-11 安装许可协议

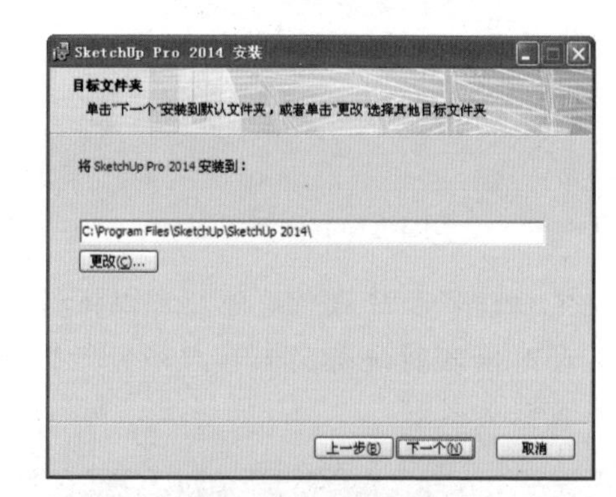

图 1-12 选择安装路径

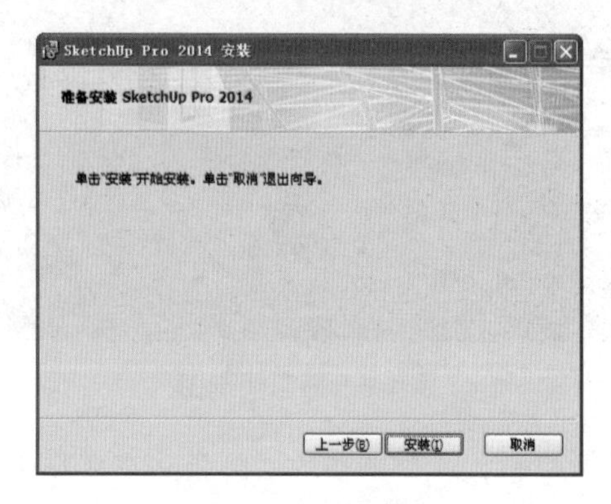

图 1-13 安装程序

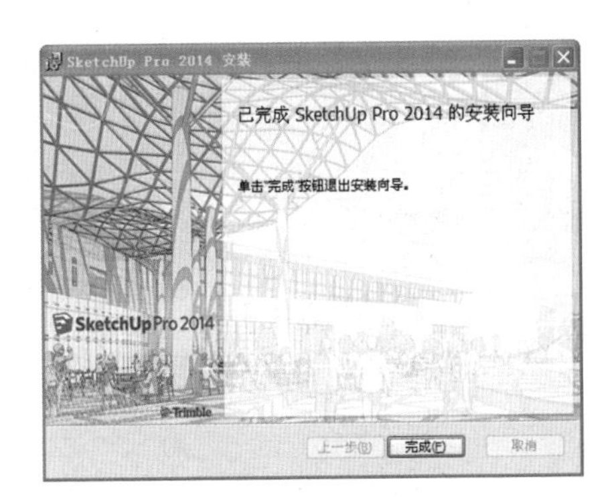

图 1-14　安装完成

1.3　SketchUp 与相关软件的协同作业

完整的设计表现由 3 个部分组成：建模、渲染、后期。

在 SketchUp 中可以独立完成方案的绘制，但如果绘制商业级的高仿真效果图，还需要在建模阶段、渲染阶段、后期制作阶段与不同的软件和插件进行协作。

1.3.1　建模阶段

设计师使用 AutoCAD 进行最初的平面布置，并且由于 AutoCAD 软件自身强大的二维功能，施工图、竣工图一般都由此软件完成。

SketchUp 带有 AutoCAD 的输入接口，设计师可将现有的 AutoCAD 作一些基础的整理工作，然后即可导入 SketchUp 进行绘图操作，如图 1-15 所示。

在 SketchUp 中可以直接导入光栅图（有多种格式可导入，包括 JPG、TIF、BMP 等），然后按比例缩放到与实际尺寸相符的大小，就可以当作底图在 SketchUp 中绘制三维模型。将图形导入 SketchUp 作图，如图 1-16 所示。

由于 SketchUp 特殊的建模特点，它最小的编辑单位是直线，并自带大量组件，所以在 SketchUp 中建模能够完成相对简单的基础模型，如图 1-17 所示。

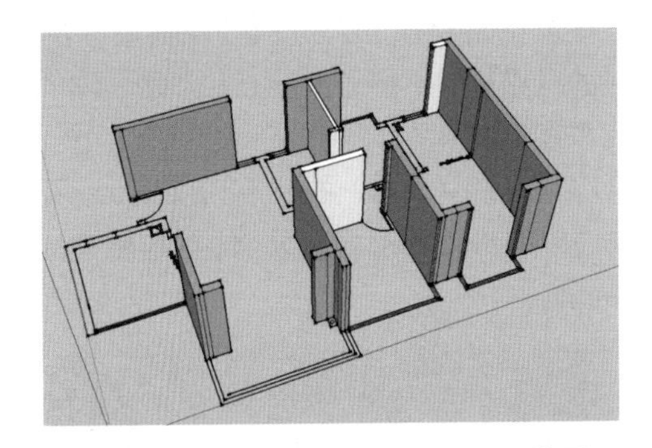

图 1-15　CAD 图纸导入 SketchUp 作图

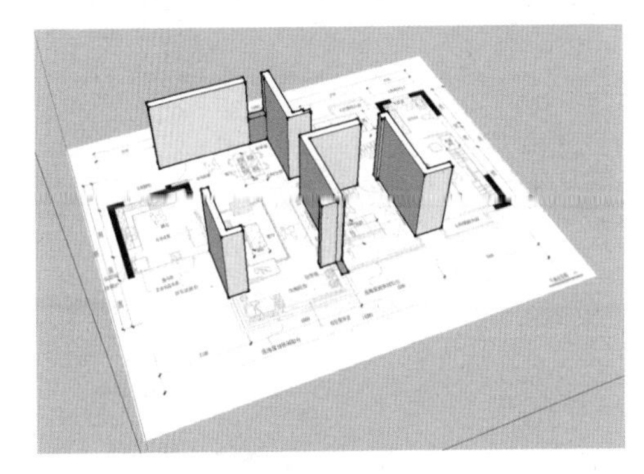

图 1-16　图形导入 SketchUp 作图

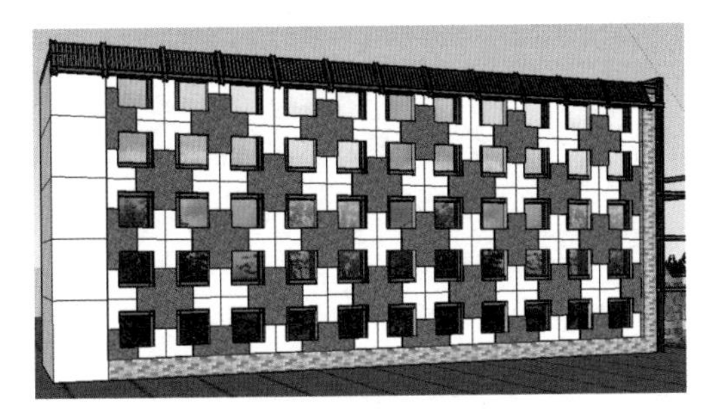

图 1-17　基础模型

3ds Max 是 Discreet 公司推出的集三维建模、材质、灯光、动画、渲染为一体的大型三维动画软件，也是目前室内效果图建模及指定材质和灯光时使用得最多的软件。3ds Max 是主流的三维软件，由于其点、线、面、体的建模方法，可以完成几乎所有模型的建模。SketchUp 的文件（后缀名 .skp）与 3D（后缀名 .3ds）的文件在 SketchUp 软件或在 3ds Max 软件中都可以相互导入导出，这样能建立任何模型，如图 1-18 所示。

图 1-18　3D 完成建模阶段

因此，在建模阶段，SketchUp 可用上述多种方法与多种软件协同完成各种条件下的建模工作。

1.3.2　渲染阶段

渲染（Render），一般指将所作的模型、设置的灯光材质等各种对象综合到一起，制作成一个具有真实效果的图像文件，如图 1-19 所示。

图 1-19　完成渲染的效果图

渲染工作相对于完整的效果图表达非常重要，好的渲染效果会极大地增强设计的表现力。SketchUp 本身没有渲染功能，只能模拟简单的日照及阴影。SketchUp 渲染采用纯软件渲染和插件两种方法。

1. 纯软件渲染

（1）Artlantis（渲染伴侣）是专业的渲染软件，本身没有建模的功能，适用于室外光线渲染。SketchUp 文件需要通过格式转换，导入 Artlantis 进行渲染，渲染效果如图 1-20 所示。

（2）Lightscape（渲染巨匠）的光能传递和光线追踪可以计算出真实的效果，适用于封闭空间的渲染。SketchUp 文件需通过 3ds Max 进行格式转换后导入进行渲染，渲染效果如图 1-21 所示。

图 1-20　Artlantis 渲染

图 1-21　Lightscape 渲染图

以上两种方法往往需要通过其数据接口，导入其他的相关软件进行后期渲染，并且材质灯光需要重新设定，操作复杂而不易掌握。

2. 插件渲染

（1）Podium。SU Podium 是照片级渲染器，并且作为插件整合进 Google SketchUp（仅 Windows 版），可以简称为 Podium，是 SketchUp 的内置式渲染插件。

Podium 具有直观、操作简单等优点，它使用 SketchUp 的某些特征，例如纹理、背景色、聚合和阴影生成让人惊叹的效果。与 SketchUp 群组同样兼容，渲染效果如图 1-22 所示。但由于其渲染速度慢等缺点，该插件正在不断的改进之中。

图 1-22　Podium 渲染图

（2）VRay。VRay 是一种基于真实物理光度学灯光来计算的一种渲染器，其功能更为成熟，是目前室内外效果图表现的最佳选择。VRay for SketchUp 1.0 作为插件安装在 SketchUp 中，能够渲染出极具真实感的图像，如图 1-23 ～图 1-25 所示。

图 1-23　VRay for SketchUp 渲染图

图 1-24　室内场景渲染

图 1-25　工业设计渲染

VRay for SketchUp 是 SketchUp 最完美的内置渲染插件。本书也将重点讨论使用 SketchUp 软件建模并由 VRay for SketchUp 插件渲染方法。

1.3.3　Photoshop 的后期制作

制作照片级的效果图，都需要做图形的后期处理。因为很多装饰配件或花草树木以及文字说明需通过后期完成，以营造环境烘托气氛，产生自然真实的效果。Photoshop 因其强大的图形图像处理功能，是目前最常用的后期处理软件。Photoshop 不仅能对已完成的场景进行增添处理，还能对整个画面的色调、明度、饱和度进行调整，这对形成画面不同的设计风格至关重要。如图 1-26 和图 1-27 所示是 Photoshop 处理前后的效果对比。

图 1-26　渲染成图未经过 Photoshop 调整

图 1-27　经 Photoshop 调整修改的成图

本书也会对后期的 Photoshop 调整作一定介绍。

1.4 SketchUp 基本绘图环境

本书使用的是 SketchUp 2014，类似于 AutoCAD、Photoshop 等系列软件，软件版本的升级是对于局部功能的完善，基本的绘图环境和操作方法不会发生大的变化。因此，SketchUp 7.0、SketchUp 8.0 直至 SketchUp 2014，这一系列版本操作界面基本相同。

双击桌面图标打开SkecthUp,其界面主要由5部分组成：菜单栏、工具栏、绘图空间、状态提示栏和数值输入区，如图 1-28 所示。

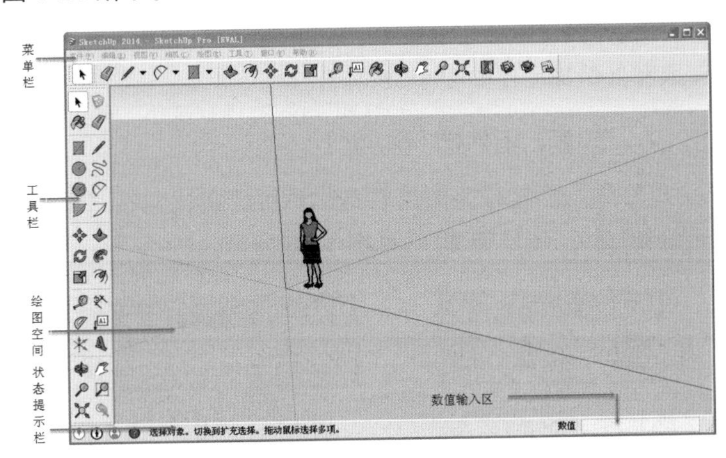

图 1-28　SketchUp 2014 专业版操作界面

- 菜单栏：包含文件、编辑、视图、相机、绘图、工具、窗口和帮助。
- 工具栏：可开启式工具栏，由操作者控制调用与关闭。
- 绘图空间：单视图的三维绘图空间，由图纸大小决定。
- 状态提示栏：当执行命令时由文字提示操作方法。
- 数值输入区：由输入区的数值决定图形精确尺寸，是实现精确制图的重要部分。

SketchUp 常用工具栏可以显示在窗口中，也可在不需要时关闭，并能悬浮在窗口的任何位置。选择“视图”|“工具栏”命令，在弹出的对话框中可通过单击来选择不同的工具栏，如图 1-29 所示。

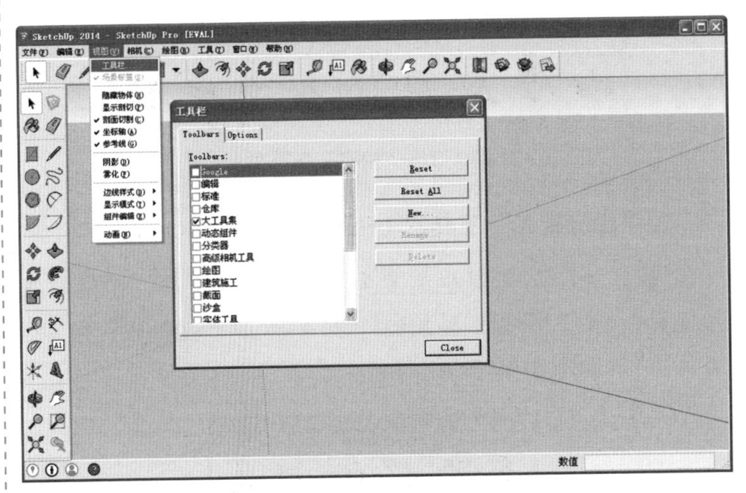

图 1-29　开启工具栏

1.“标准”工具栏（Standard）

“标准”工具栏包括软件操作基本功能，分别为“新建文件”“打开文件”“保存文件”“剪切”“复制”“粘贴”“擦除”“撤销”“重做”“打印”和“模型信息”,如图 1-30 所示。

图 1-30　“标准”工具栏

2.“相机”工具栏（Camera）

灵活运用“相机”工具栏中的工具可以方便、快捷地观察和切换视图，便于作图时观察调整角度，以提高绘图效率，包括“环绕观察”“平移视窗”“缩放”“缩放窗口”“充满视窗”“上一个视窗”“定位相机”“绕轴旋转”和“漫游”，如图 1-31 所示。

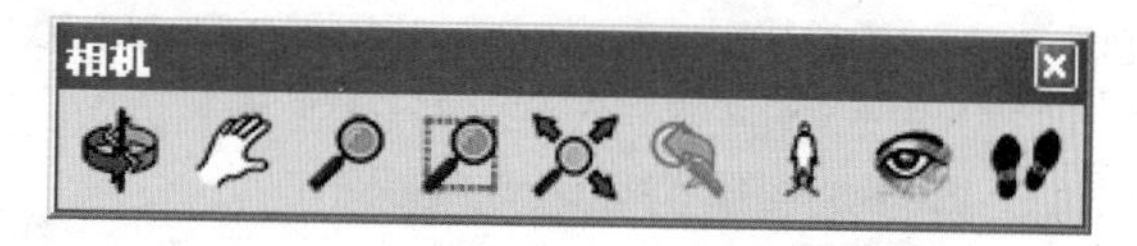

图 1-31 “相机”工具栏

3. “建筑施工”工具栏（Building construction）

“建筑施工”工具栏主要为测量标注等工具，包括“卷尺工具”“尺寸标注”“量角器”“文字标注”“坐标轴”和“三维文字”，如图 1-32 所示。

图 1-32 “建筑施工”工具栏

4. “绘图”工具栏（Draw）

“绘图”工具栏中为绘制基本图形的主要工具，包括“矩形”“直线”“圆形”“手绘线”“多边形”“圆弧”和“饼图”，如图 1-33 所示。

图 1-33 “绘图”工具栏

5. “样式”工具栏（Display Style）

“样式”工具栏又称显示模式工具栏，包括“X 光模式”“后边线模式”“线框模式”“消隐模式”“阴影模式”“材质贴图模式”和“单色模式”，如图 1-34 所示。

图 1-34 “样式”工具栏

6. Google 工具栏

Google 工具栏中的主要工具包括“添加位置”“切换地形”“照片纹理”和“在 Google 地球中预览模型”，主要用于在 Google Earth 上获取和上传相关资料，以及运用网络获取和上传模型，如图 1-35 所示。

7. “图层”工具栏（Layer）

“图层”工具栏为图层管理的相关工具，包括“设置当前图层”和“图层管理”，如图 1-36 所示。

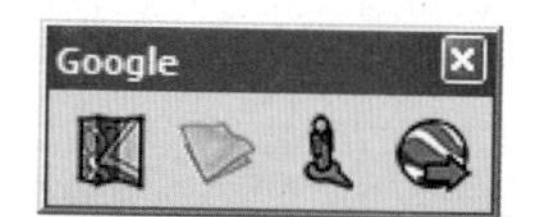

图 1-35 Google 工具栏

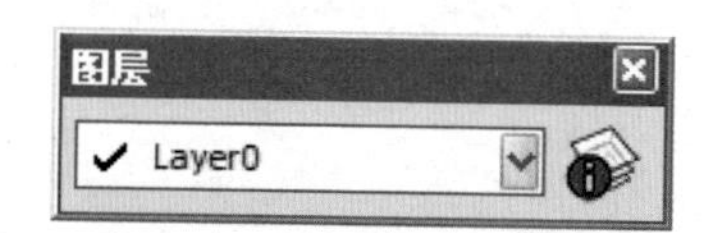

图 1-36 “图层”工具栏

8. “编辑”工具栏（Edit）

“编辑”工具栏包括“移动”“推拉”“旋转”“路径跟随”“缩放”和“偏移”，实现对图形的编辑功能，如图 1-37 所示。

图 1-37 “编辑”工具栏

9.“主要”工具栏（Principal）

“主要”工具栏的功能按钮包括“选取”“组件”“赋材质”和“擦除”。其中，组件功能在 SketchUp 2014 中得到进一步强化，如图 1-38 所示。

10.“截面”工具栏（Sections）

“截面”工具栏的主要功能按钮包括“添加剖面”“显示剖面”和“显示剖面切割”，可在图中显示剖面，并按剖面图纸方式输出，如图 1-39 所示。

图 1-38 “主要”工具栏

图 1-39 “截面”工具栏

11.“阴影”工具栏（Shadows）

在“阴影”工具栏中通过非常简单的日期、时间设定，可在场景中表现模型的光照及阴影效果，包括“阴影对话框”“阴影显示切换”按钮以及“日期”“时间”滑块，如图 1-40 所示。

图 1-40 “阴影”工具栏

12.“视图”工具栏（Views）

使用“视图”工具栏，三维模型可以通过各种视图角度进行观察，方便三维模型的建模和修改，并最终输出平面图、立面图、侧面图等，包括“等轴透视”“俯视图”“前视图”“右视图”、“后视图”和“左视图”按钮，如图 1-41 所示。

以上是 SketchUp 的主要工具栏，工具的具体用法将在第 2 章和第 3 章重点讲解。

图 1-41 “视图”工具栏

1.5 系统设置（系统属性）

SketchUp 同其他软件一样，有供客户端根据计算机的情况进行设定的系统设置。合理设置好各种参数可以为设计师的长期绘图提供方便，因此需要设定系统。

1.5.1 OpenGL 硬件加速

OpenGL 的英文全称是 Open Graphics Library，中文为“开放的图形程序接口”。SGI 公司发布了 OpenGL 的 1.0 版本，随后又与微软公司共同开发了 Windows NT 版本的 OpenGL，从而使一些原来必须在高档图形工作站上运行的大型 3D 图形处理软件也可以在微机上运用。

选择“窗口”|“系统设置”命令，弹出“系统设置”对话框，如图 1-42 所示。

- 使用硬件加速：选中该复选框后，SketchUp 会利用显卡加速提高显示速度与质量。
- 使用最大纹理尺寸：选中该复选框后，系统将提示“在使用最大纹理尺寸时可能发现速度明显变慢，如果您没有高端图形卡，我们建议您不要使用此设置”。
- 使用快速反馈：选中此复选框可提高显示速度。
- 详细信息：单击该按钮后弹出“OpenGL 详细资料”对话框，显示软件带有 OpenGL 的资料，如图 1-43 所示。

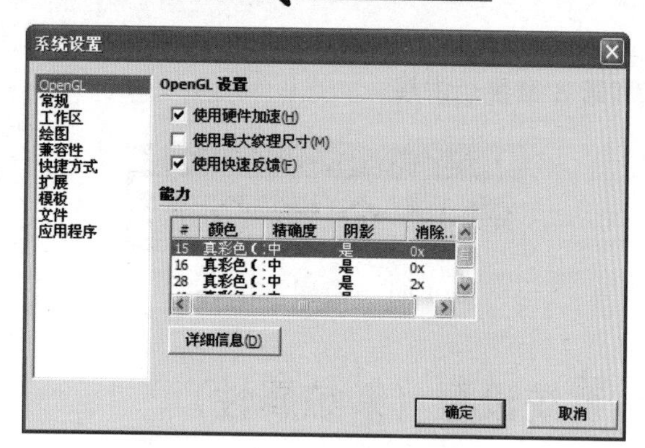

图 1-42 “系统设置”对话框

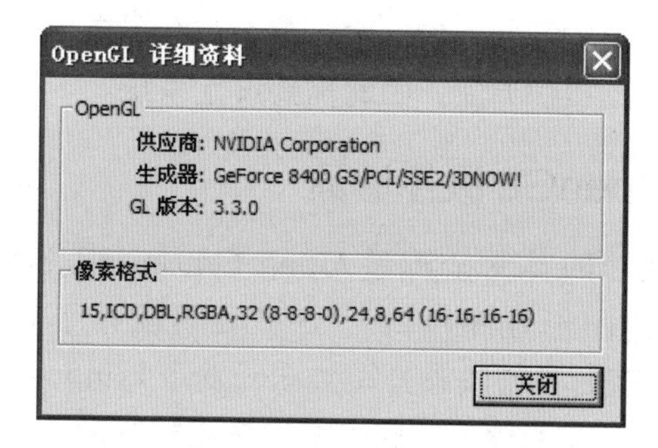

图 1-43 OpenGL 资料

SketchUp 默认使用 OpenGL 软件加速，但需要 CPU 的配合，因此软件加速的 OpenGL 性能欠佳。硬件加速需要在 OpenGL 选项栏进行设置，提高 3D 显示性能，这对大型建模来说必不可少。

如果工具不能正常使用或渲染出错，原因可能是计算机显卡不能 100% 兼容 OpenGL，取消选中“系统设置”对话框中的“使用硬件加速”复选框即可正常运转。

1.5.2 快捷键的设置

系统自带默认的快捷键设置。例如，旋转快捷键是 Q，也可在“系统设置”对话框中设置，如图 1-44 所示。

图 1-44 设置快捷键

1.5.3 扩展功能

SketchUp 2014 在扩展功能方面，有“高级相机工具”“动态组件”“沙盒工具”和“照片纹理”功能。每个扩展功能均有相关说明，如图 1-45 所示。

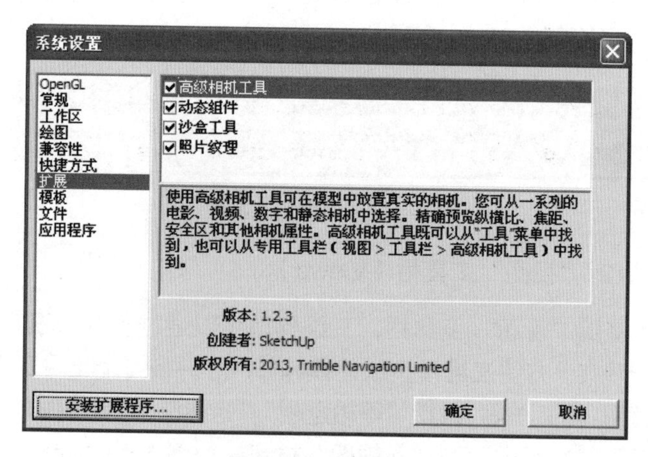

图 1-45 扩展功能

1.5.4 模板

模板是指系统默认的打开软件时绘图所用的格式样板，包含单位、角度表示法等参数设置。SketchUp 提供多种模板，如图 1-46 所示。

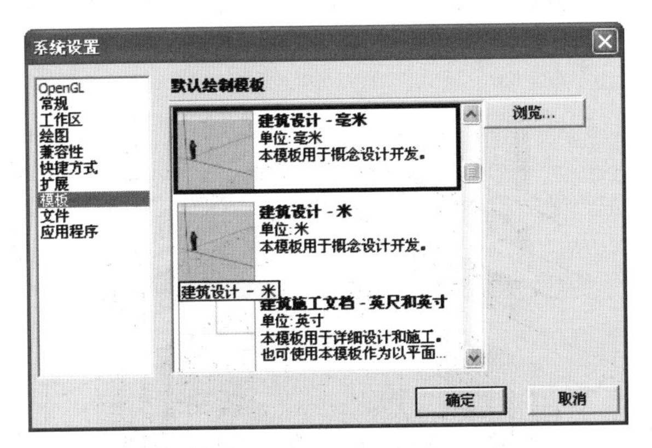

图 1-46 模板选用

在实际设计时建议选用 Architectural Design(建筑设计) 以毫米为单位的模板。

1.6 工作界面的设置

工作界面的设置针对每一个文件的尺寸标注、文本标注以及清理等实用功能进行设置。下面对其中的重要内容进行介绍。

在 SketchUp 2014 版本中，Ruby 编程语言使所有 SketchUp 扩展成为可能。在该版本中，已经将应用程序界面提升到 Ruby2 的标准。

1.6.1 统计

除对文件内的模型进行统计外，重要的是可以清理未使用的组件、材质、图层等对象，以有效减少 SketchUp 文件的大小。选择“窗口”|“模型信息”命令，即可打开“模型信息”对话框，如图 1-47 所示。

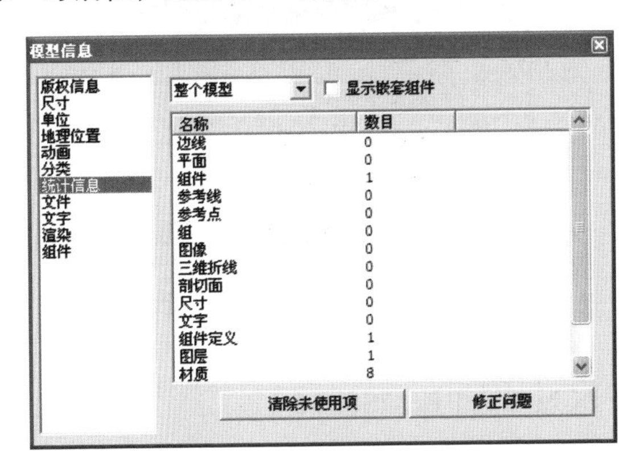

图 1-47 “模型信息”对话框

1.6.2 位置（Location）

SketchUp 可以根据项目具体的地理位置表现真实的阴影及光照关系。SketchUp 2014 可通过互联网添加位置，如图 1-48 所示。

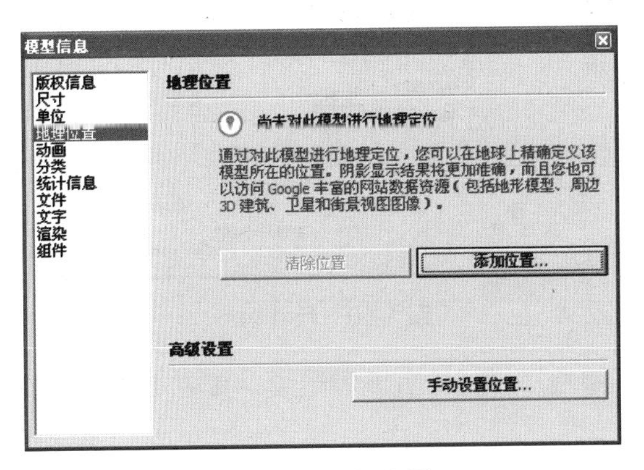

图 1-48 添加位置

该版本也可通过高级设置手动添加地理位置，如图 1-49 所示。

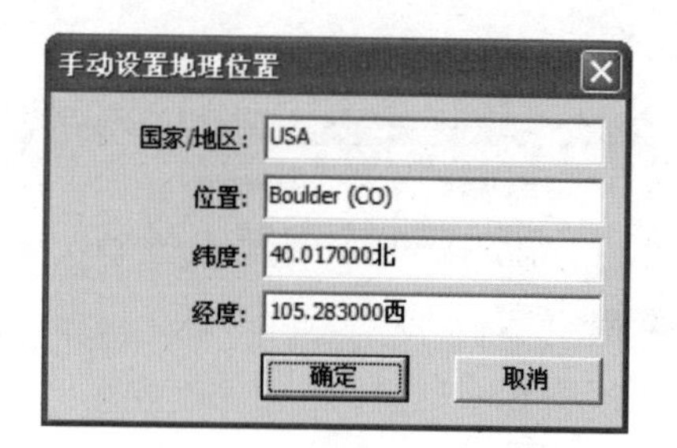

图 1-49　手动设置地理位置

1.6.3　尺寸（Dimensions）

尺寸用以设置尺寸标注样式以文字的字体等选项。在绘图场景中可以事先设置这些选项，也可以使用更新功能进行修改。如图 1-50 所示为尺寸功能界面。

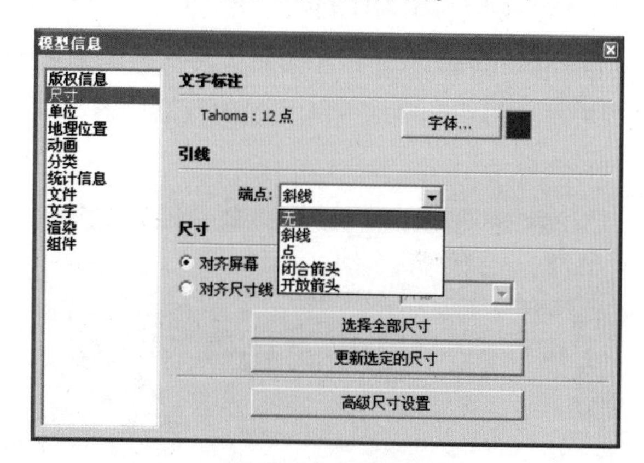

图 1-50　尺寸功能

在“引线”样式中有 5 种选项，其中 4 种样式如图 1-51 所示。

如果在尺寸标注方式中选中“对齐屏幕”单选按钮，那么就会使尺寸标注数字以水平方式显示，如图 1-52 所示。

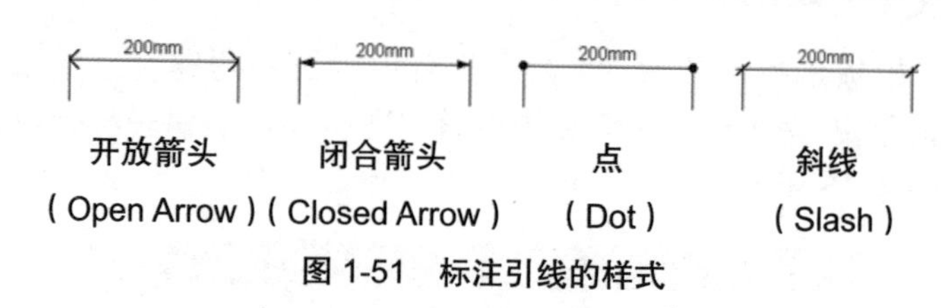

图 1-51　标注引线的样式

图 1-52　对齐到屏幕的标注方式

如果在尺寸标注方式中选中“对齐尺寸线”单选按钮，那么就会使尺寸标注数字与标注线平行，如图 1-53 所示。

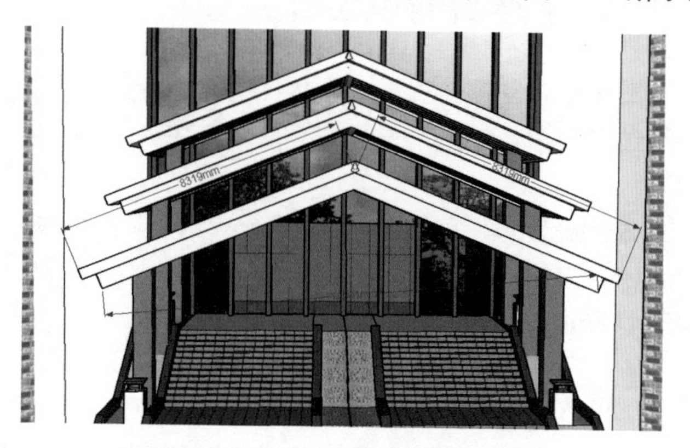

图 1-53　对齐到尺寸线的标注方式

1.6.4 文字（Text）

文本标注的箭头样式、文字大小都在如图 1-54 所示的界面进行设置，或统一修改。

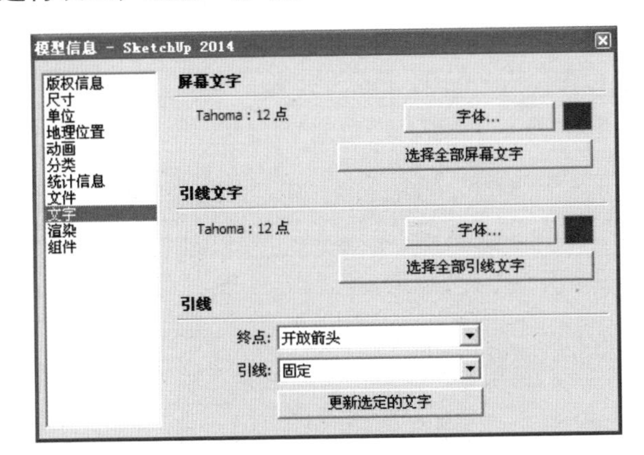

图 1-54 文字功能

“屏幕文字”参数用于设置使用 3D 文字功能在模型中添加文字，如图 1-55 所示。

“引线文字”参数用于设置使用文本标注的内容，不同的标注引线箭头及文字示例如图 1-56 所示。

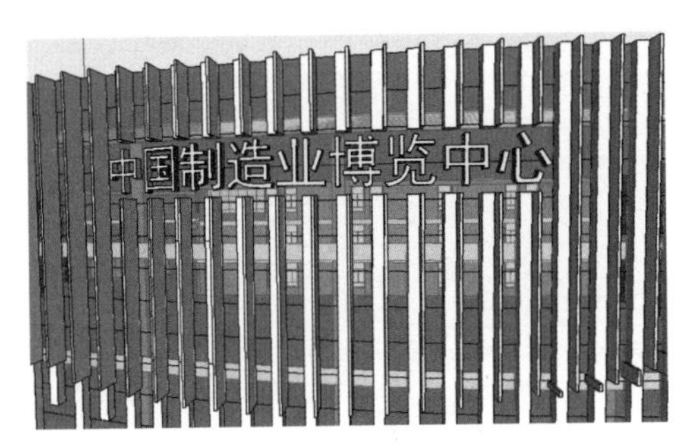

图 1-55 屏幕文字的设置效果

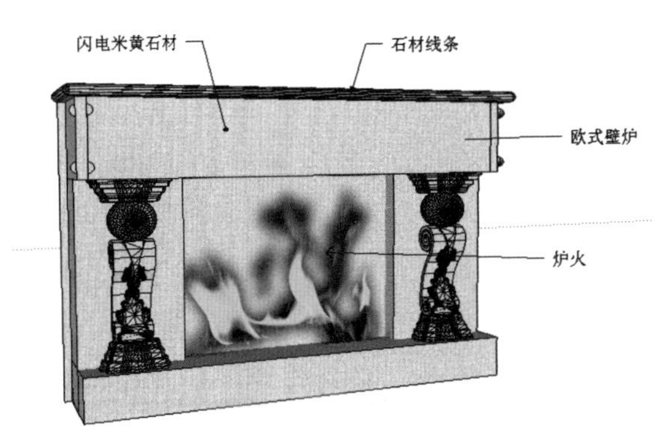

图 1-56 不同设置的示例

Chapter 2

SketchUp 核心绘图及编辑

本章主要介绍 SketchUp 的核心绘图和编辑方面的操作。通过本章的学习，读者将能够充分理解 SketchUp 简洁的视图设置、显示模式、阴影设置，以及图层、选取等基本的绘图和编辑功能。

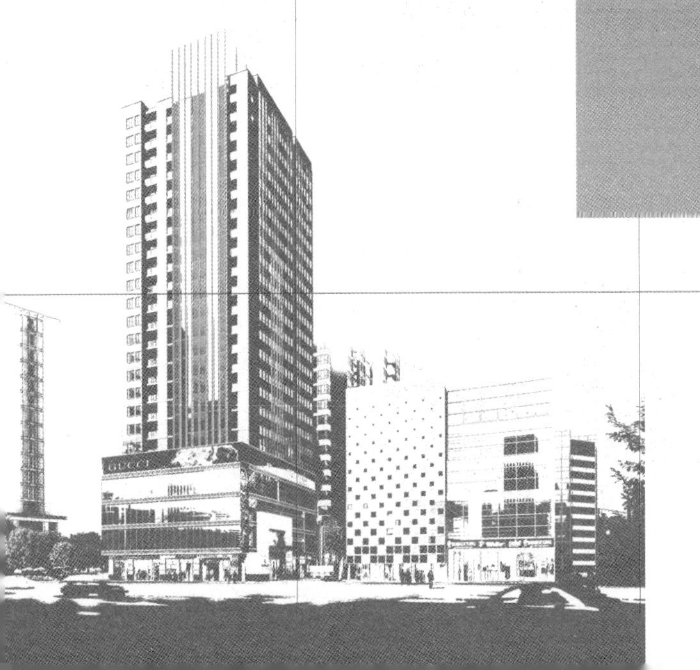

2.1 视图设置

SketchUp 能显示三维及各个方向的视图，方便编辑，同时可输出为不同的图纸。可以通过“视图”工具栏中的按钮进行视图切换，包括“等轴透视”“俯视图”“前视图”“右视图”“后视图”和“左视图”，如图 2-1 所示。

图 2-1 “视图”工具栏

如果单击“等轴透视”按钮，屏幕将切换至等轴透视，如图 2-2 所示。

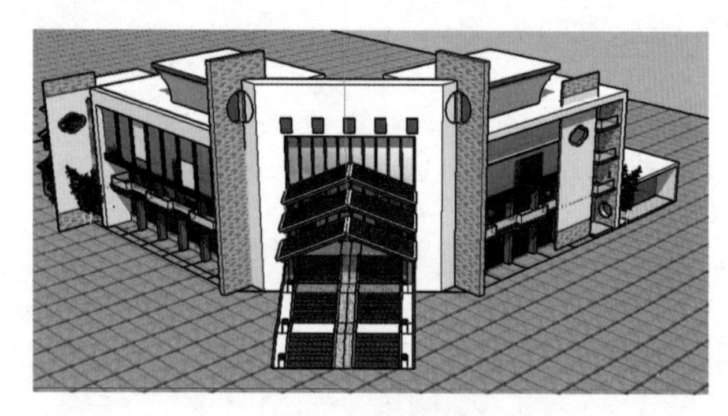

图 2-2 等轴透视

如果单击“俯视图”按钮，屏幕将切换到俯视图，如图 2-3 所示。

如果单击“前视图”按钮，屏幕将切换到前视图，如图 2-4 所示。

如果单击“右视图”按钮，屏幕将自动切换到右视图，如图 2-5 所示。

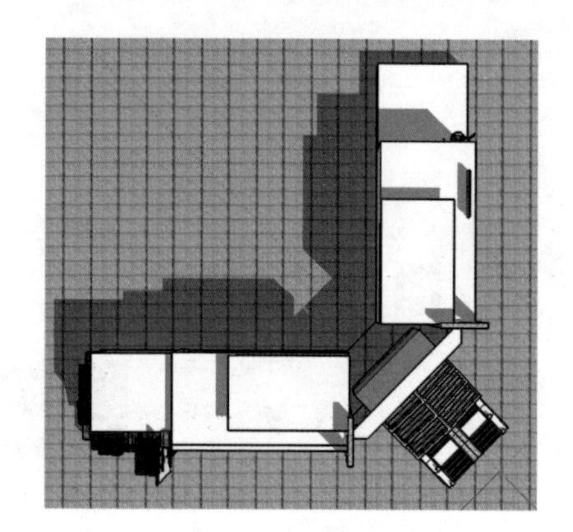

图 2-3 俯视图

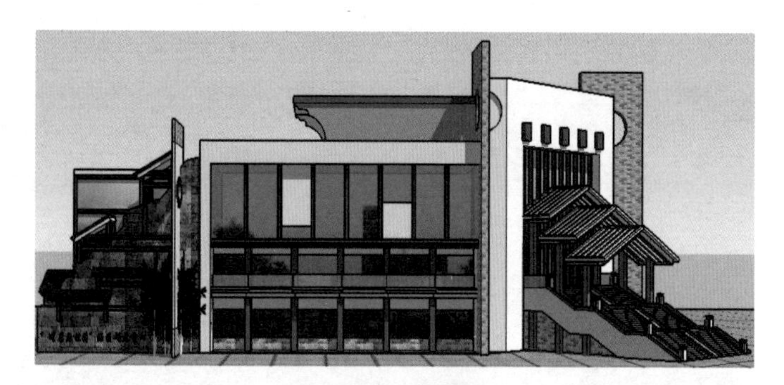

图 2-4 前视图

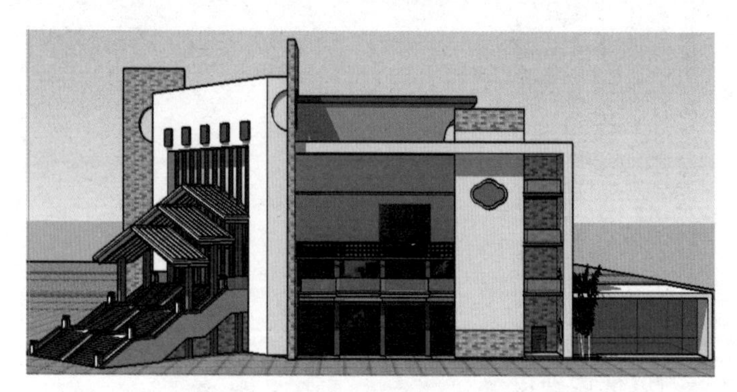

图 2-5 右视图

如果单击“后视图”按钮，屏幕将自动切换到后视图，如图 2-6 所示。

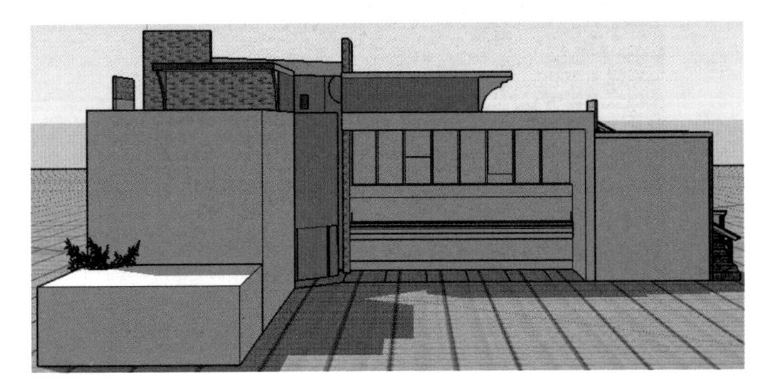

图 2-6　后视图

如果单击“左视图”按钮，屏幕将自动切换到左视图，如图 2-7 所示。

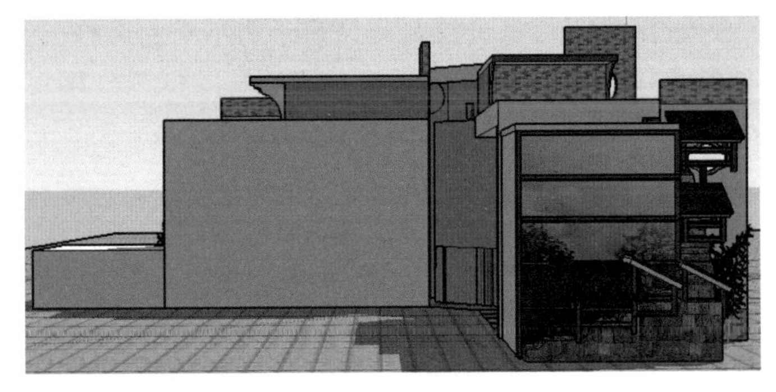

图 2-7　左视图

2.2　透视方式

SketchUp 有多种透视方式可选，选择“相机”命令即可看到透视选项，系统自动提供了“平行投影显示”“透视显示”和“两点透视”3 种透视方式。

2.2.1　平行投影显示

如果选择“平行投影显示”命令，那么不同的视图（除透视图之外）都能以不带透视的方式显示，可作为平面、立面的图纸，如图 2-8 ～图 2-10 所示。

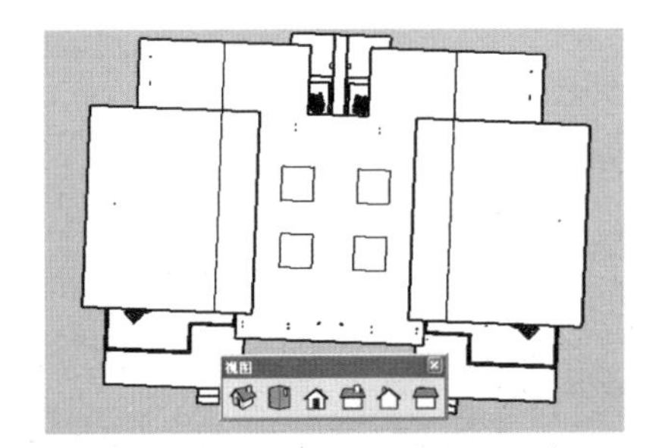

图 2-8　俯视图查看得到顶面图

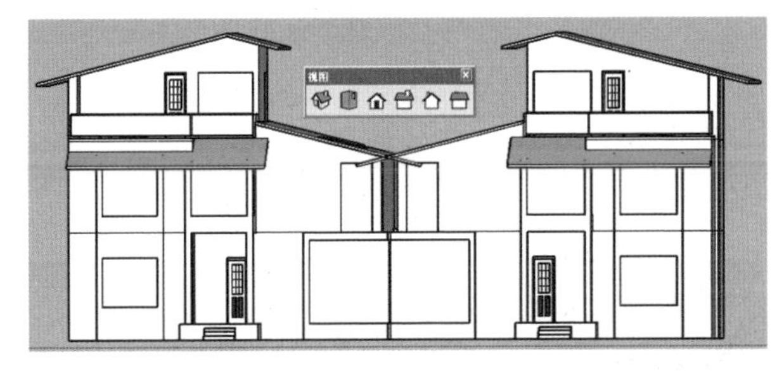

图 2-9　前视图查看得到立面图

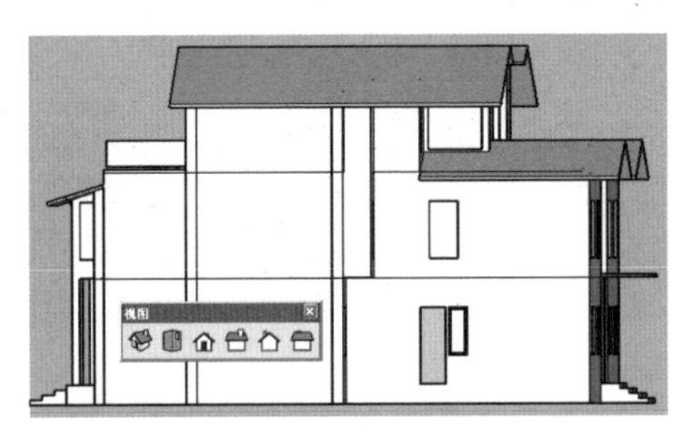

图 2-10　右视图查看得到侧面图

2.2.2 轴测图、透视、两点透视

由于设计需要，有时需要输出不同透视要求的图纸，将模型调至等轴透视，再选择不同的显示方式即可。

如果选择“平行投影显示”命令，将得到轴测图，如图 2-11 所示。

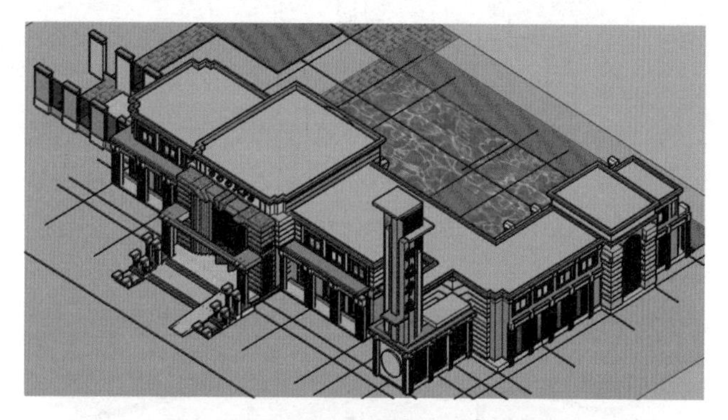

图 2-11 平行投影显示——轴测图

如果选择“透视显示”命令，将得到透视图，如图 2-12 所示。

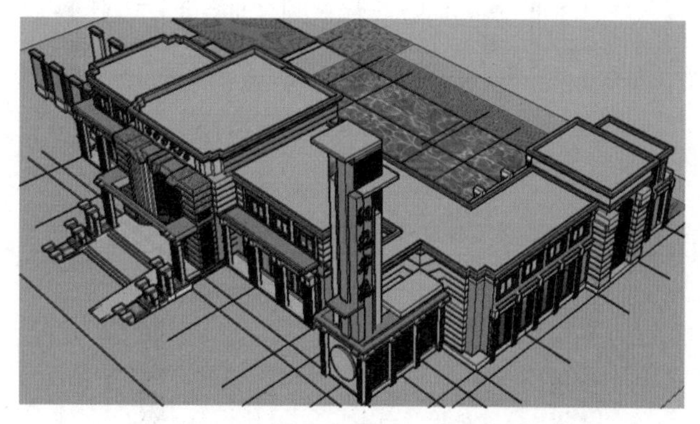

图 2-12 透视显示——透视图

如果选择“两点透视”命令，将得到两点透视图，如图 2-13 所示。

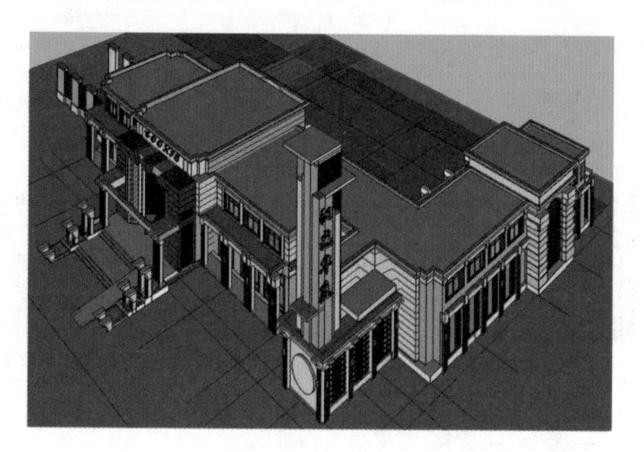

图 2-13 两点透视——两点透视图

2.3 显示的设置（面、边线与风格）

SketchUp 可根据设置将模型显示为不同的风格出图，包括各类纸张材质、各种笔触、各种手绘形式。这也是 SketchUp 的特点与优势。

2.3.1 面类型

“样式”工具栏集中了可选取的显示模式。单击相应的工具按钮将改变屏幕场景的显示模式。从左至右分别是“X 光模式”“后边线模式”“线框模式”“消隐模式”“阴影模式”“贴图模式”和“单色模式”，如图 2-14 所示。

图 2-14 “样式”工具栏

单击“线框模式”按钮，显示的是线框模式。如图 2-15 所示，线框模式中，场景模型不显示贴图、材质，以线框方

式显示。以此种模式显示，计算机的运算速度最快。

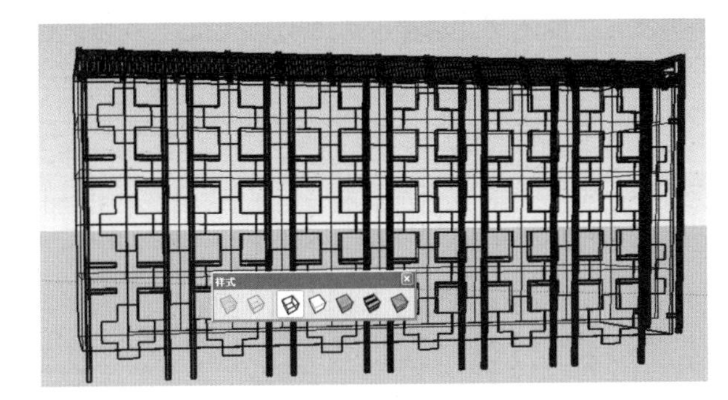

图 2-15　线框模式

单击“消隐模式”按钮，此种显示模式在线框模式的基础上将视线看不见的被遮挡物体隐去，更具空间表现感，效果如图 2-16 所示。

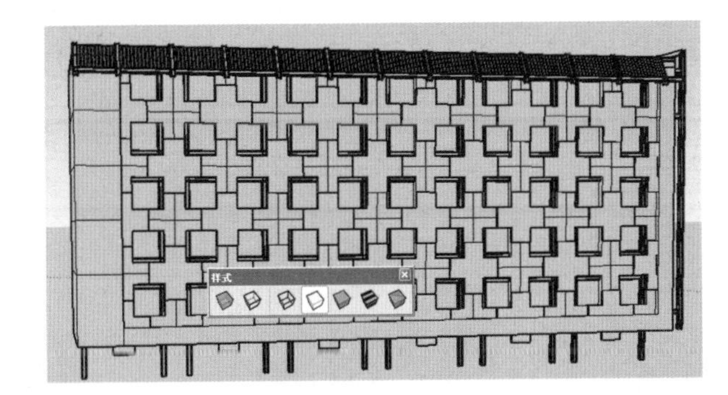

图 2-16　消隐模式

单击“阴影模式”按钮，阴影模式中，显示带纯色表面的模型，效果如图 2-17 所示。

单击“贴图模式”按钮，将完整地显示材质及贴图。但此种模式显示速度较慢，效果如图 2-18 所示。

单击“单色模式”按钮，模型以系统默认的单一色彩显示图形（没有区分正反面），效果如图 2-19 所示。

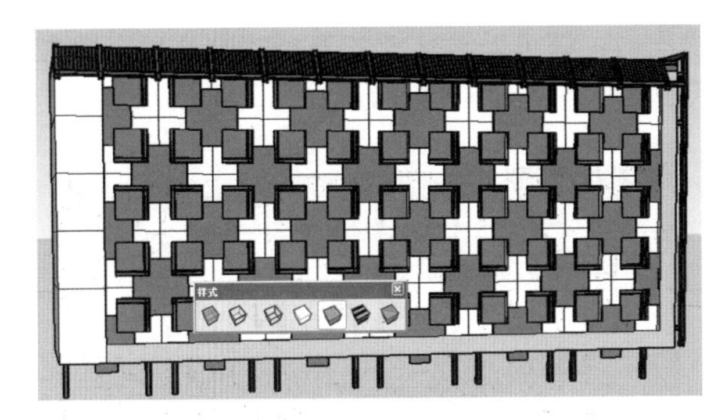

图 2-17　阴影模式

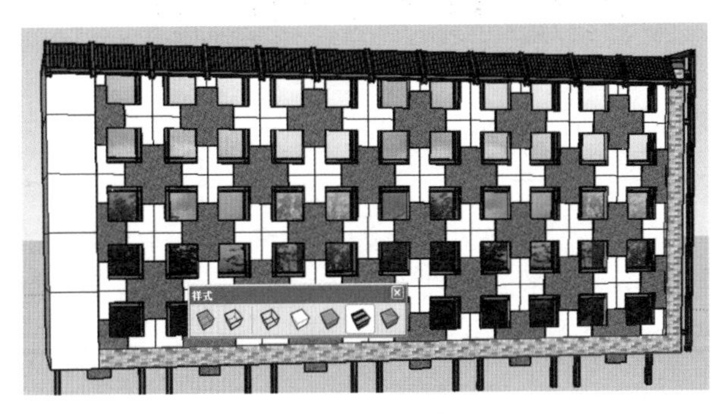

图 2-18　贴图模式

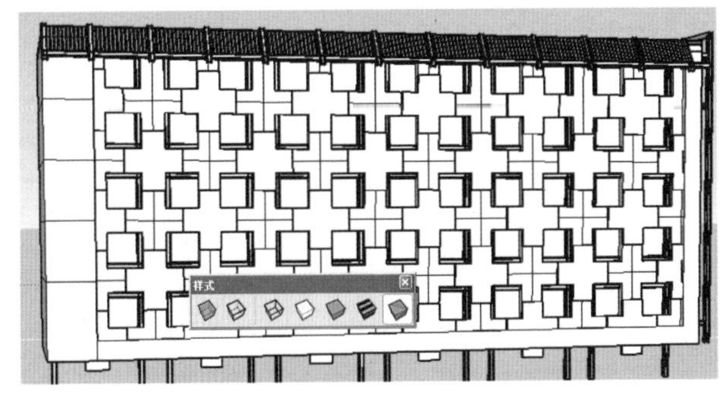

图 2-19　单色模式

“X 光模式”按钮是一个复选按钮，选择以上所有显示模式的同时，都可以再选择X光模式。以X光模式显示，可以清楚地观察模型内部结构，如图2-20所示。

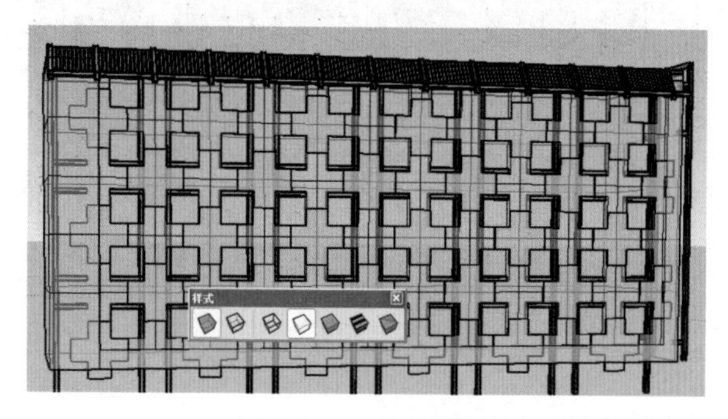

图2-20　X光模式

2.3.2　边线类型

选择“视图”|“边线类型”命令，再选中相应的复选框即可选择相应的边线类型，系统默认的命令有“显示边线”“轮廓线”“深粗线”和“扩展”。

1. 显示边线

如果未选择“显示边线”命令，那么模型是以面的方式来显示，效果如图2-21所示。

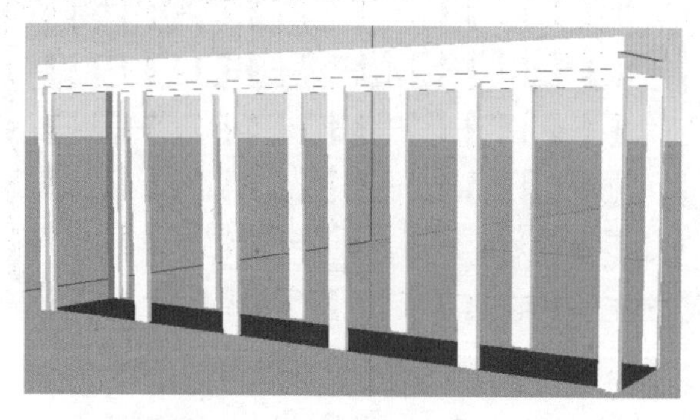

图2-21　未选择“显示边线”命令

如果选择了“显示边线”命令，那么在面的基础上有边线显示出来，一般来讲系统默认是显示边线的，效果如图2-22所示。

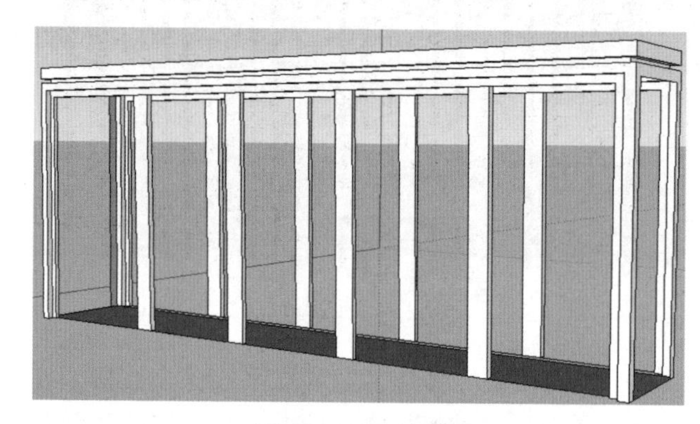

图2-22　显示边线

在选择“显示边线”命令后，才能选择“后边线K”，那么模型中结构的后边缘线以虚线形式显示，如图2-23所示。

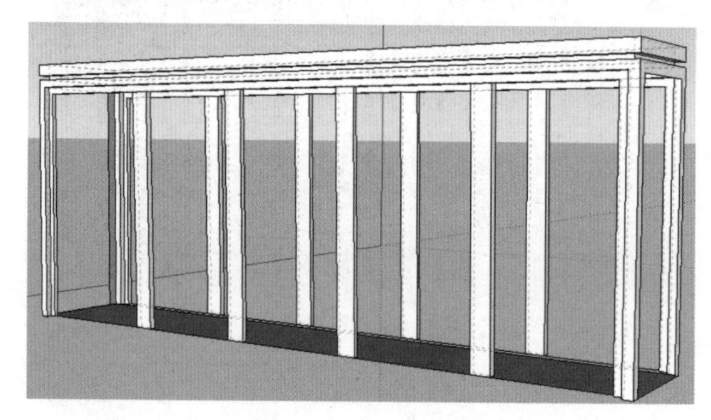

图2-23　显示后边线

2. 轮廓线

如果选择“轮廓线”命令，那么系统以较粗的线条显示模型的轮廓，如图2-24所示。

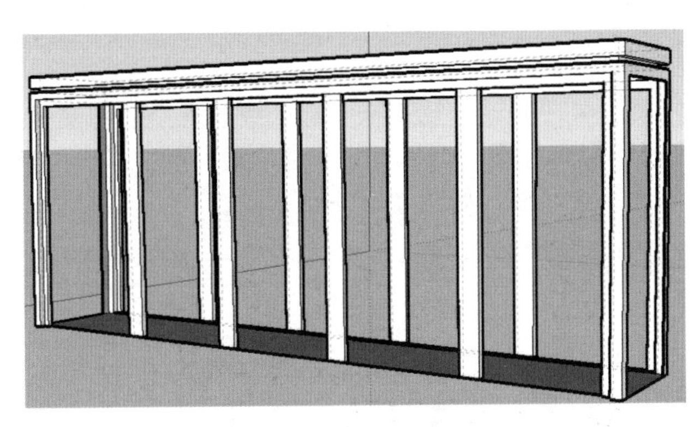

图 2-24　显示轮廓线

3. 深粗线

如果选择“深粗线”命令，那么系统会对场景中的边线进行强调（设置的数值越大，线条越粗），如图 2-25 所示。

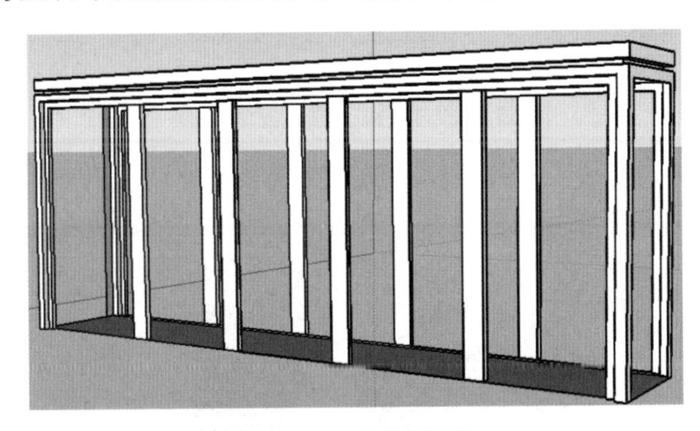

图 2-25　显示粗深线

4. 扩展

如果选择“扩展”命令，那么模型的边线以延长线的方式表现（设置的数值越大，线条延伸越长），该选项可以和其他选项同时选取，是一种显示风格，不会影响到线段的真实长度以及绘图过程中的捕捉，如图 2-26 所示（图中为演示需要，设置的数值较大）。

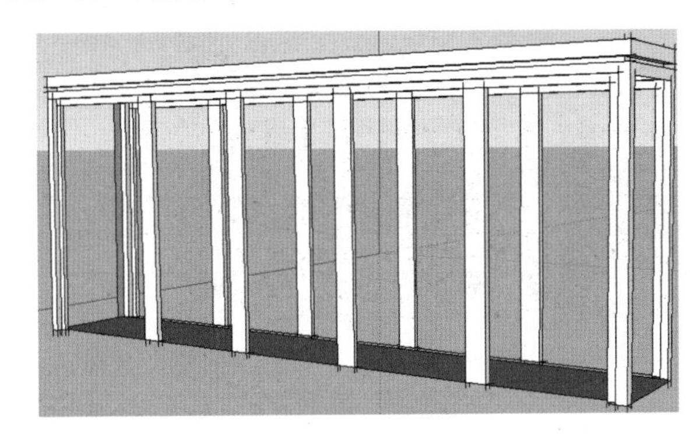

图 2-26　显示延长线

以上是基础的显示方式。SketchUp 特点之一是手绘方式的显示，在 2.3.3 节将有更加详尽的设置。

2.3.3　显示样式

样式设置的功能对手绘线条的设定更加细致，系统还自带了一些风格，例如纸张风格、水印风格、白板风格、帆布风格等。另外，背景、天空、地面的色彩，都可在“样式”对话框中设置。

选择“窗口”|“样式”命令，将弹出“样式”对话框。

打开“样式”对话框后，切换到“编辑”选项卡，如图 2-27 所示，在此选项卡中可以设置一些线条的属性。

1. 扩展

选中“扩展”复选框可以在线段的结尾处加粗，模拟手绘笔画，如图 2-28 所示。

2. 端点

选中“端点”复选框可显示模仿手绘风格，如图 2-29 所示。

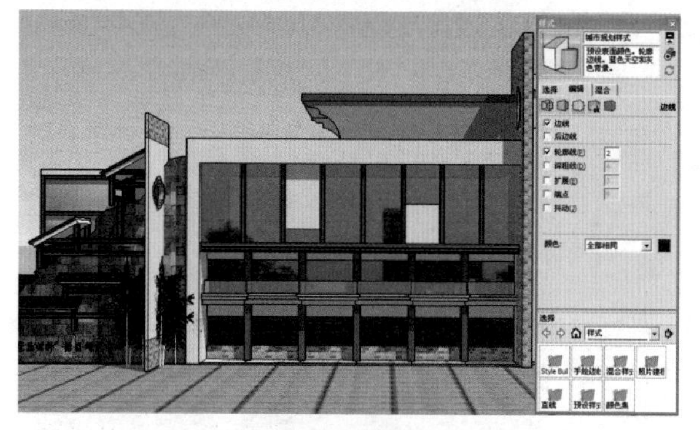

图 2-27　常用选项

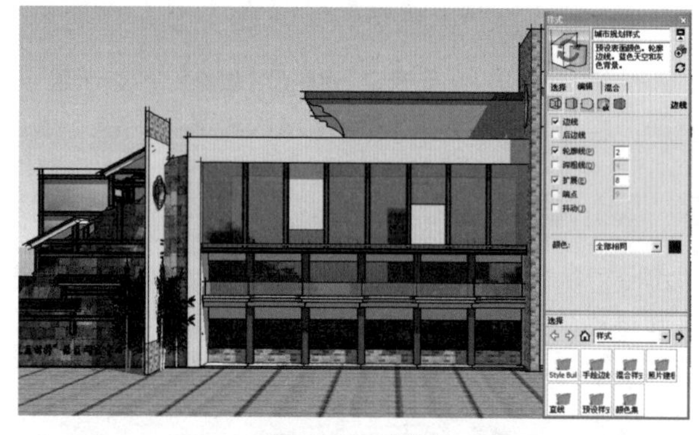

图 2-28　扩展

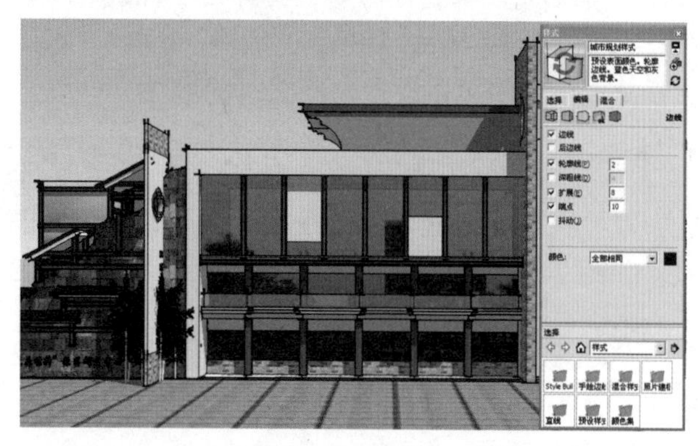

图 2-29　端点

3. 抖动

如果选中“抖动”复选框，那么线条有抖动和变化的效果，但是不影响绘图与捕捉。这一选项通常和扩展一同选取，最能表现手绘风格，如图 2-30 所示。

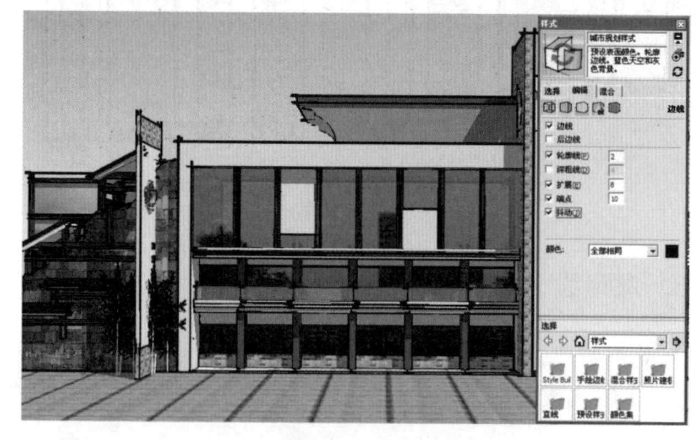

图 2-30　抖动

4. 天空、地面的显示与选择

在“样式”对话框的“编辑”选项卡中可以对天空和地面的颜色与显示进行设置，如图 2-31 和图 2-32 所示。

图 2-31　天空和地面的选用（1）

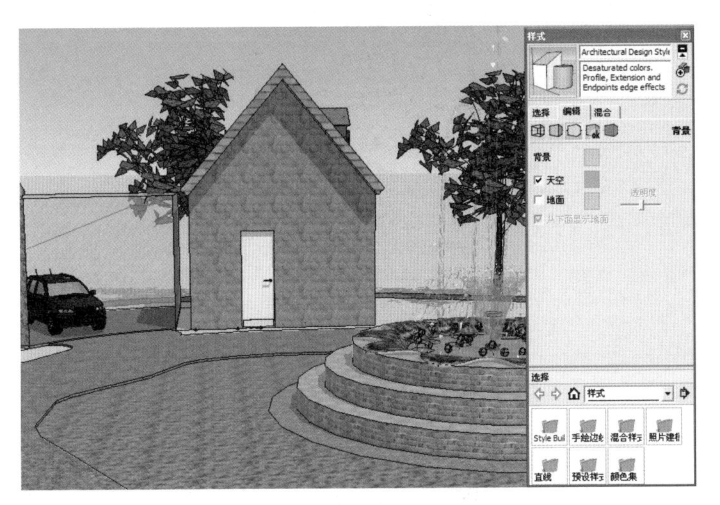

图 2-32　天空和地面的选用（2）

5. 样式

自 SketchUp 6.0 开始新增了风格设置的功能，可实现各种风格的套用，SketchUp 2014 让这一功能更加丰富和实用，例如纸张风格、水印风格、白板风格、帆布风格等。

选择“窗口”|“样式”命令，在弹出的对话框中切换到“选择”选项卡，即可切换至风格选择界面。具体操作方式及选项设置，如图 2-33 所示。

软件自带多种风格，双击即可打开，单击选中其中之一，可以实时的方式显示在屏幕场景中，如图 2-34 ～图 2-37 所示。

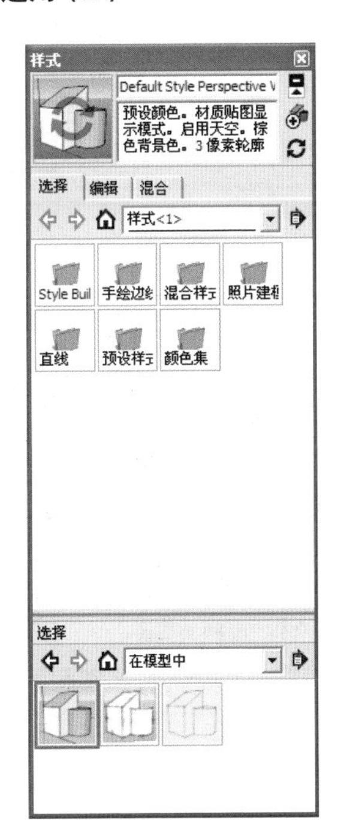

图 2-33　样式选项

图 2-34　样式举例 1

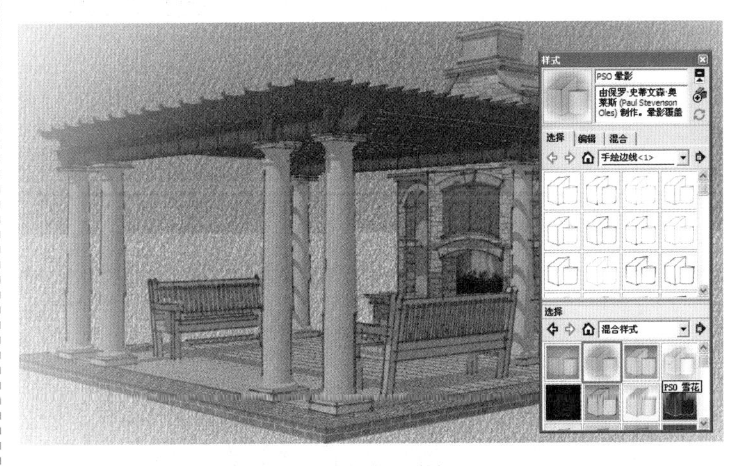

图 2-35　样式举例 2

6. 编辑水印设置

由于设计需要可以运用水印设置，在出图时图纸背景显示指定的水印图案或公司标识。

选择“窗口”|“样式”命令，在弹出的对话框中选择

“编辑”选项卡，单击水印标识，可切换至水印编辑部分，如图2-38所示。

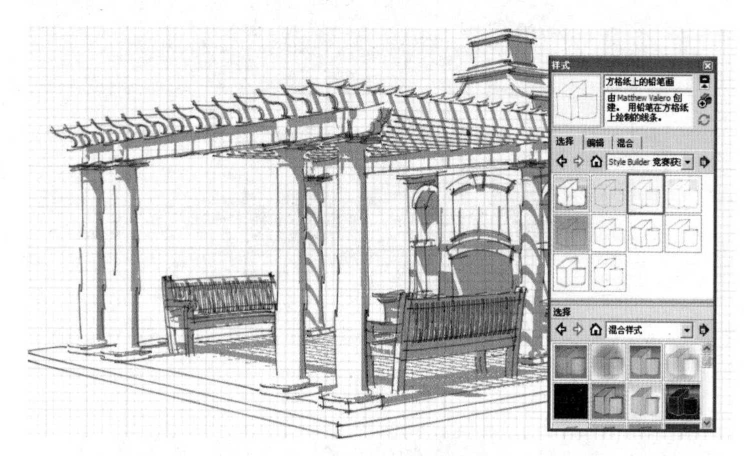

图2-36　样式举例3

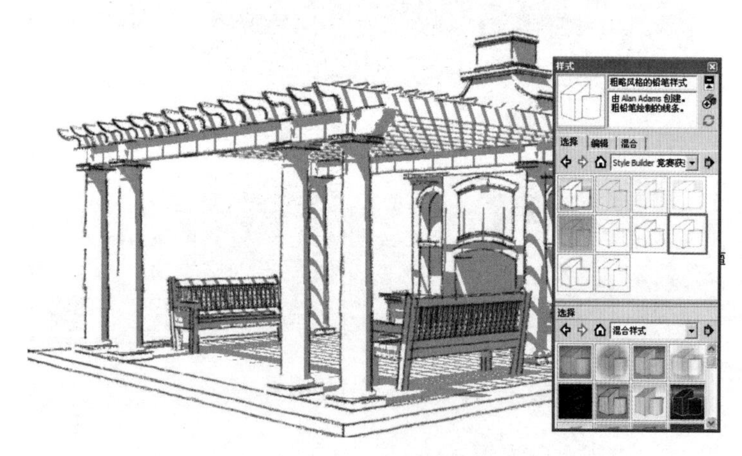

图2-37　样式举例4

添加新的水印文件，只要单击⊕按钮，在弹出的对话框中选择路径和相应的图形文件，如图2-39所示。

图2-38　水印编辑

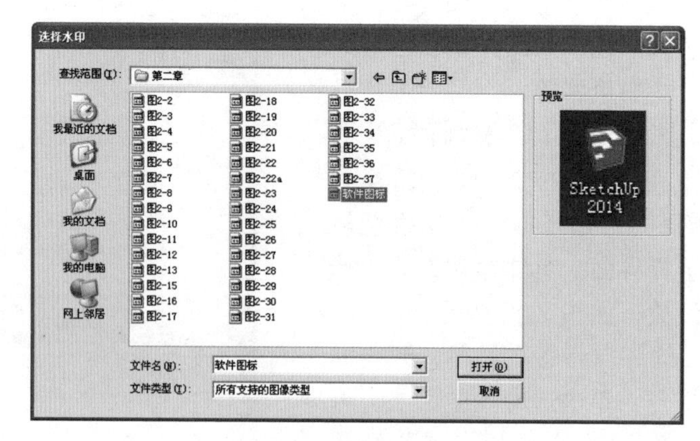

图2-39　选择水印文件

选择水印文件后按提示的步骤即可完成水印的添加，如图 2-40 所示。

图 2-40 添加完水印的效果

2.4 光影的设置及用法

为体现光照及物体阴影关系，SketchUp 设置项目相应的地理位置或精确经纬坐标，以及具体日期、时间，可立即在屏幕的模型中表现出来，其设定简单、光影准确、显示快速，可以很快模拟一年四季、一天四时的光影效果。下面对 SketchUp 中的光影设置及用法作详细介绍。

2.4.1 地理位置设置

选择“窗口”|“模型信息”命令，在弹出的对话框中选择“地理位置”选项，弹出如图 2-41 所示界面。

SketchUp 2014 可以通过互联网获取地理位置，也可以通过高级设置，手动输入地理位置，如图 2-42 所示。

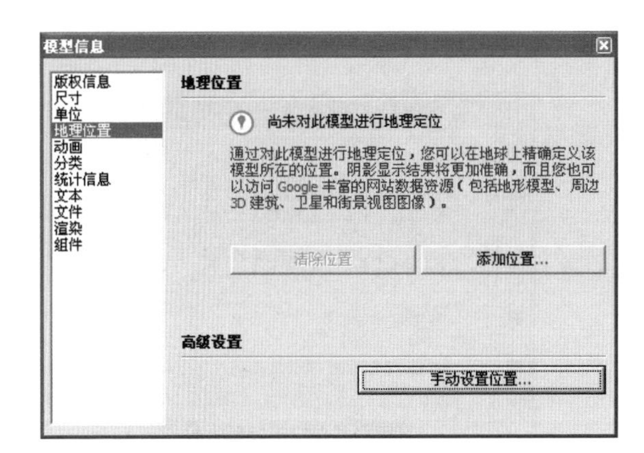

图 2-41 地理位置

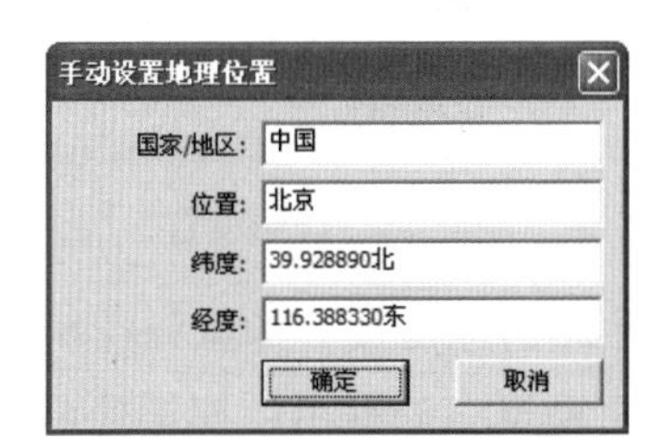

图 2-42 手动设置地理位置

2.4.2 阴影设置

在 SketchUp 2014 版本中，大型模型中设置阴影效果更快，在创建及操作大型、复杂的模型时，不必再靠关掉阴影来提高相对速度了，当然具体结果可能因人而异。

地理位置明确后，对日期、时间、光线强度、明暗度以及阴影显示进行设计。打开“阴影”工具栏，如图 2-43 所示。

图 2-43 “阴影”工具栏

单击按钮之后，即可进行阴影设置，如图 2-44 所示。

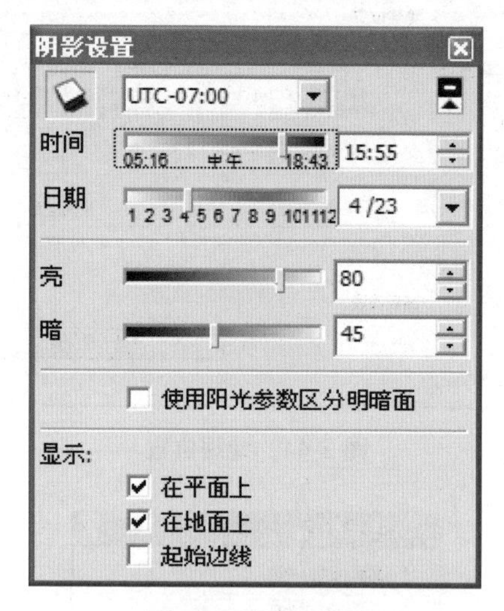

图 2-44　阴影设置

通过时间滑块和日期滑块，控制相应的具体时间，单击按钮控制阴影在场景中的显示，如图 2-45 和图 2-46 所示为同一效果图未开启阴影和开启阴影前后的对比关系。

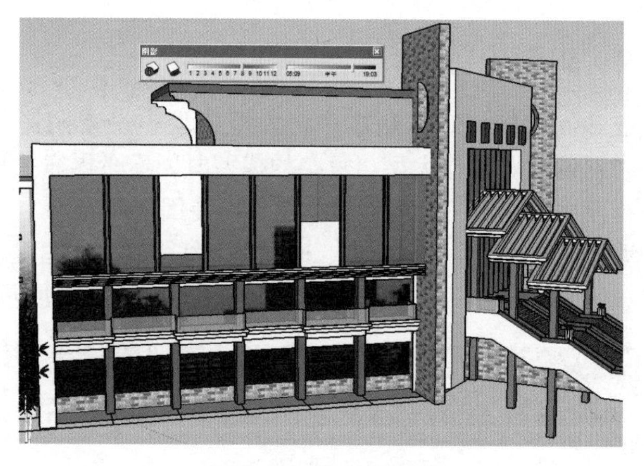

图 2-45　未开启阴影

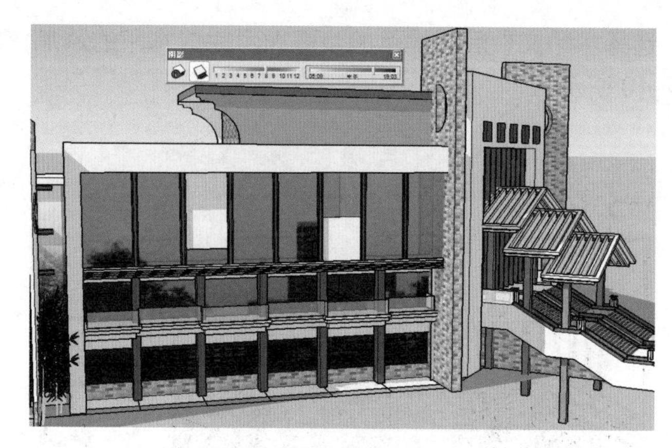

图 2-46　开启阴影

从图 2-44 中看出，系统自带的阴影显示模式有“在平面上”“在地面上”和“起始边线”3 种。一般在设计中常用的是“在平面上”和“在地面上”，接下来将对二者进行说明。

“在平面上”表示只表现光线投射到物体上的明暗关系，如图 2-47 所示。

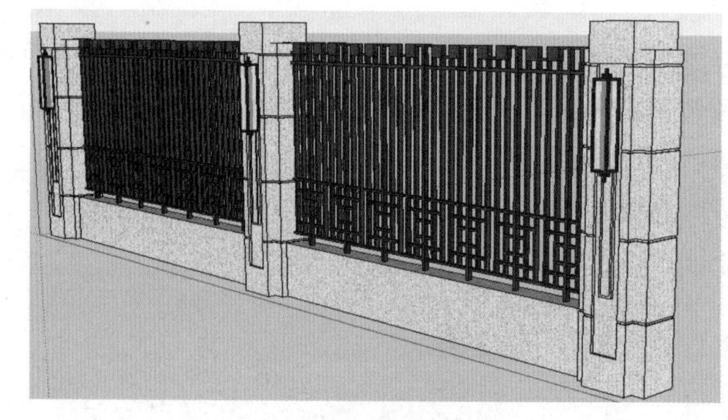

图 2-47　表面阴影

“在地面上”是指光线投射到模型在地面所形成的阴影，如图 2-48 所示。

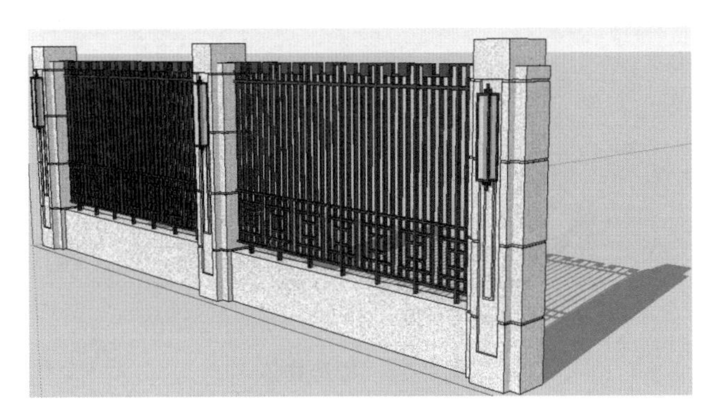

图 2-48　形成地面阴影

注意：设置阴影时，材质的不透明度小于 70% 时，系统认定是透明体，是没有阴影的，不透明度大于 70% 的球体是有阴影的，如图 2-49 所示。此外，如果需要将 SketchUp 模型导出到其他渲染软件中，这种阴影的设定本身不能和三维模型一起导出。

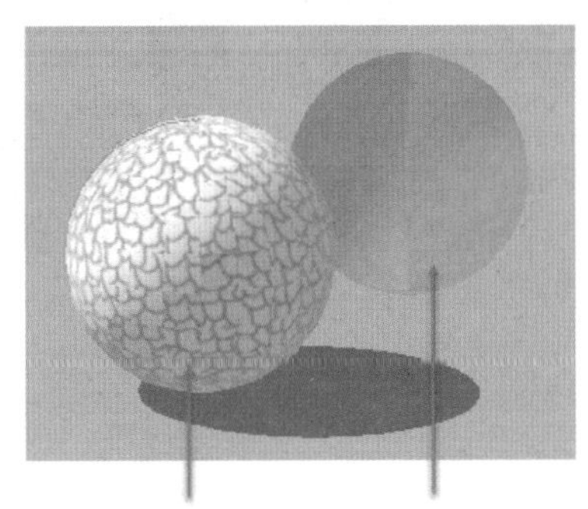

图 2-49　材质的阴影显示

2.4.3　雾设置

要进行雾效设置，可选择“窗口”|“雾化”命令弹出相关对话框，调整对话框的设置，对雾效进行控制。如图 2-50 所示为未开启雾化效果，图 2-51 为开启了雾化的效果，可以直观地看出差别。

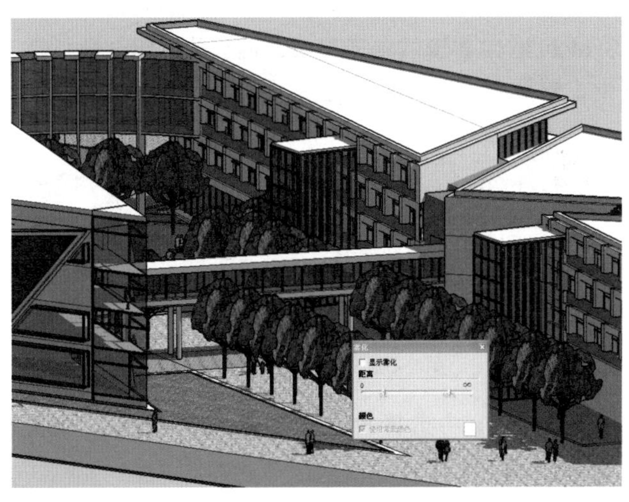

图 2-50　未开启雾化

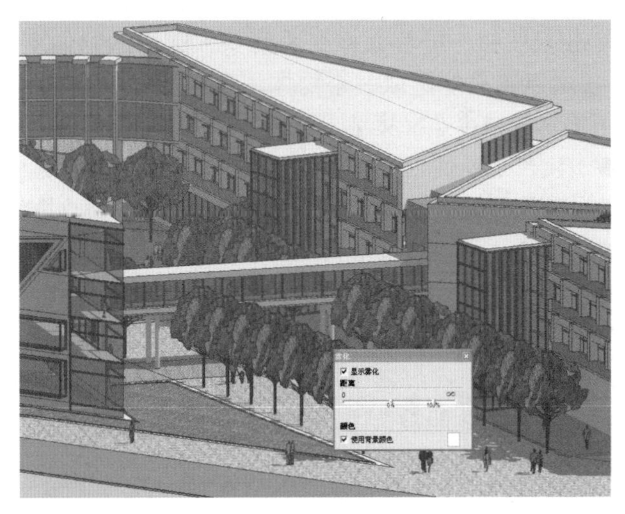

图 2-51　开启雾化

雾化功能对建筑、景观等户外场景表现有辅助作用。

2.5 选取物体方式

SketchUp 中建模的单元是线、面、体、组合体。在设计过程中，需要对这些建模单位进行选择，如图 2-52 所示。

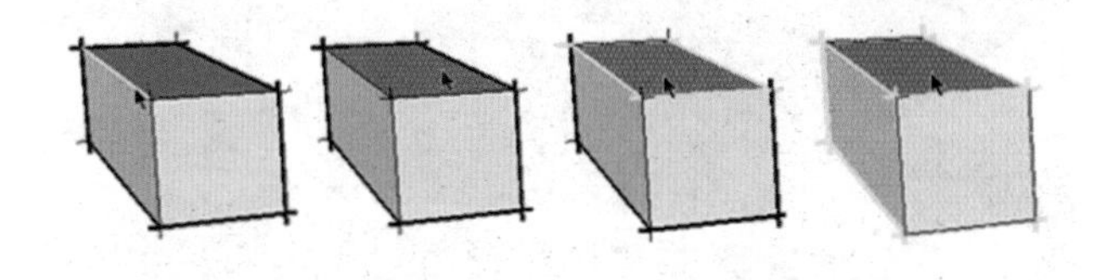

选定线　　选定面　　选定面及相关线　　选定体

图 2-52　建模单元的选择

在 SketchUp 中选择物体通常有点选、框选、交叉选和扩展选 4 种方式。

2.5.1 点选

单击按钮，屏幕光标变为箭头，选取的物体变为黄色。一次点选只能选取一个物体，在选取一个物体的情况下，可添加或减少选择集：

- 按住 Ctrl 键不放，屏幕光标变为↖+，为添加选择集。
- 按住 Shift+Ctrl 键，屏幕光标变为↖-，为减少选择集。
- 按 Ctrl+A 快捷键，可选中屏幕所有物体。

2.5.2 框选

单击按钮，在屏幕中从左至右进行框选，完全被框在选项框内的物体才能被选中，选中的对象显示为蓝色线，如图 2-53 所示。

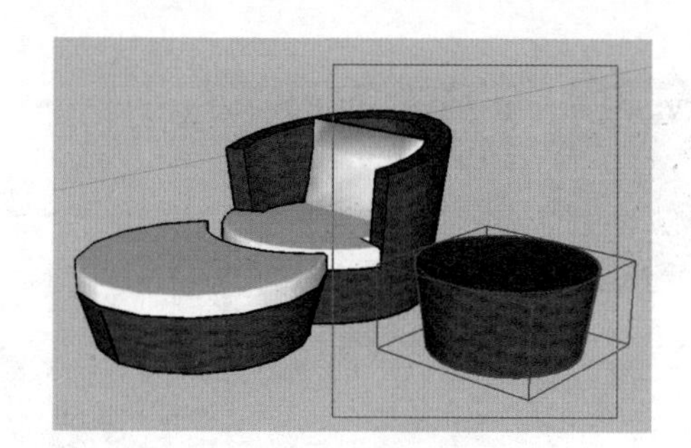

图 2-53　框选物体

2.5.3 交叉选

单击按钮，在屏幕中从右至左拉出一个虚线框，凡是与选取框相交叉的物体（包括框在内的物体）都能被选中，选中的对象显示为蓝色线，如图 2-54 所示。

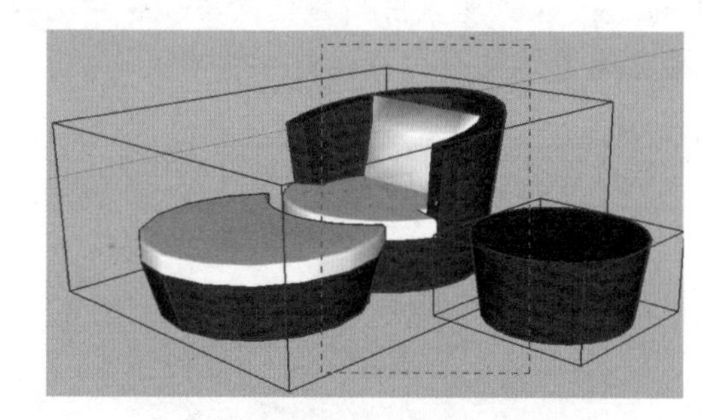

图 2-54　交叉选

2.5.4 扩展选

SketchUp 中建模的单元是线、面、体、组合体，还可以通过以下几种扩展方式进行选择，如图 2-55 所示。

- 双击：用工具选中一个物体后，双击即可选中与此物体相关的线或面。
- 三击：用工具选中一个物体后，快速三击此线或面，则与此相关的体会被选中。

● 选中物体时，右击进行快捷选取。

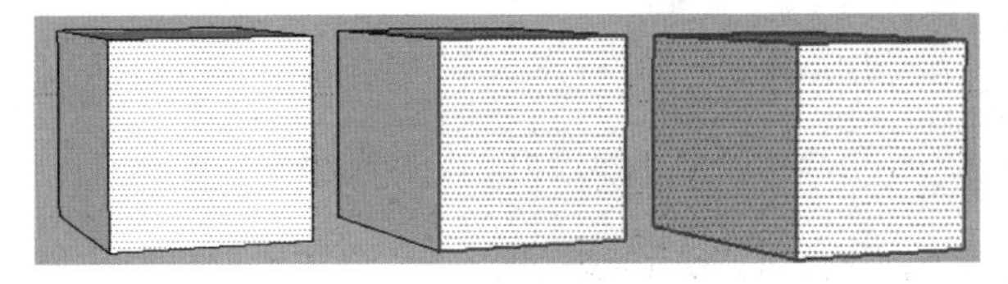

图 2-55 扩展选

2.6 图层的设置与用法

在 SketchUp 中有便捷的图层管理工具。通过图层管理可以将不同用途的模型分层管理，查看、定义图层色彩、控制图层可见。其功能和用法基本与 AutoCAD 中的图层管理功能相似。

选择“视图”|“工具栏”|“图层”命令，则弹出“图层”工具栏，如图 2-56 所示。

在“图层”工具栏中，可以在下拉列表中看到所有设置好的图层，如果是新建的文件，则只有默认的 Layer0 图层，单击按钮会弹出图层管理器，如图 2-57 所示。

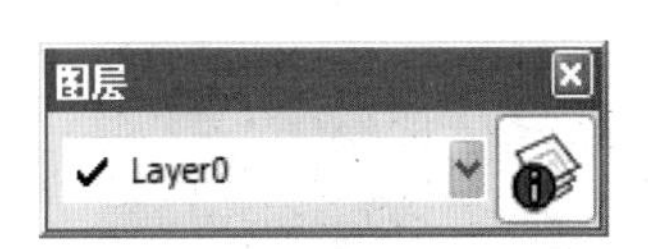

图 2-56 “图层”工具栏

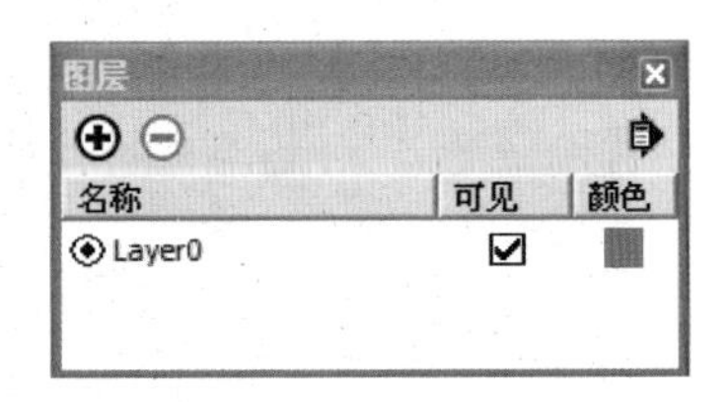

图 2-57 图层管理器

1. 新建图层

系统默认图层为 Layer0，需要在图层管理器中新建图层。在图层管理器上单击按钮，新建图层并输入图层名，如图 2-58 所示。

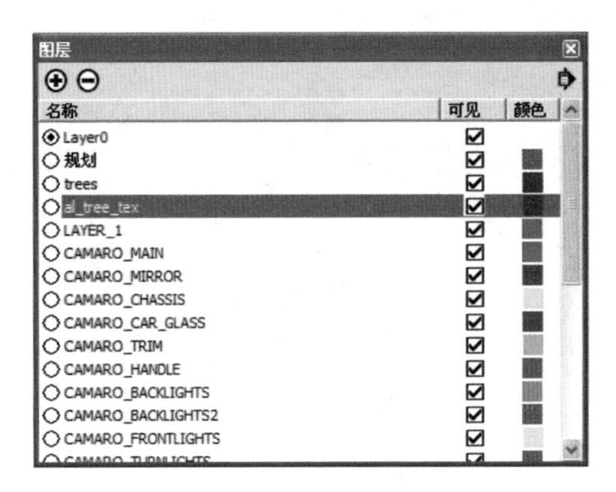

图 2-58 新建图层

单击“颜色”按钮，会弹出“编辑材质”对话框，可以选择每一图层的色彩，在该图层建立的模型将会以指定的色彩显示，以便于区分，如图 2-59 所示。在显示时可以以颜色来显示不同的图层，如图 2-60 所示。

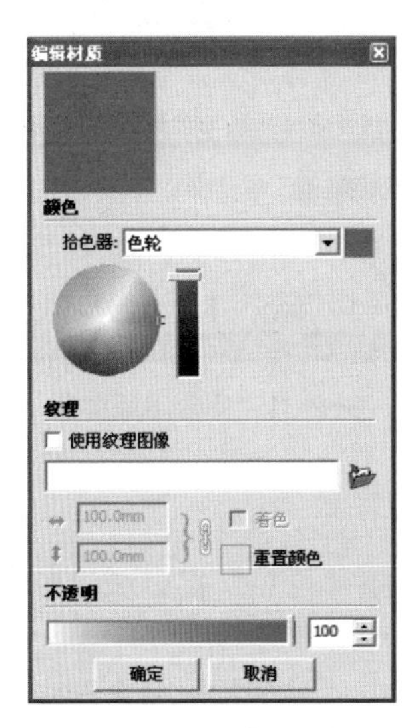

图 2-59 编辑材质

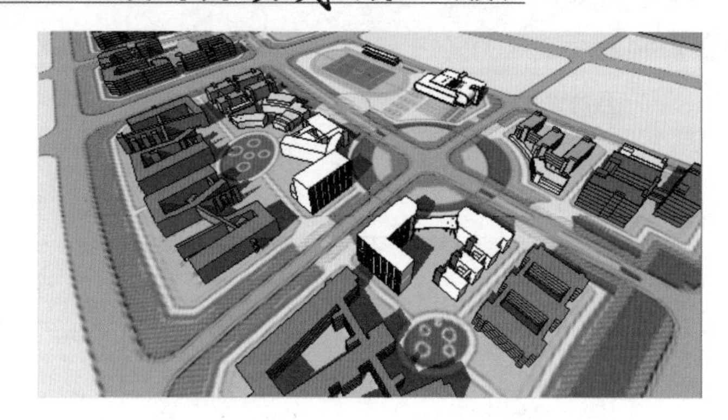

图 2-60　以颜色显示不同的图层

2. 删除图层

在图层管理器上单击⊖按钮，如图层中建有模型，会弹出“删除含有物体的图层”对话框，如图 2-61 所示，可以按要求进行相应的操作。

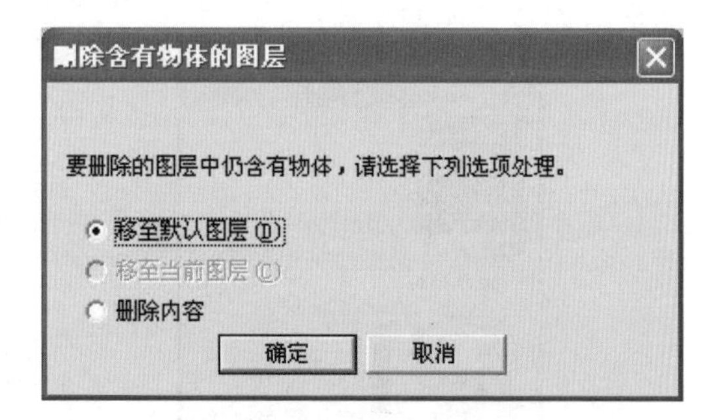

图 2-61　删除图层提示

3. 隐藏图层

当图层管理器中“可见”部分被选中时，则对应图层均处于显示状态，如图 2-62 所示，al_tree_tex 图层将被显示。

当图层管理器中“可见”部分未选中时，则对应图层均处于隐藏状态，如图 2-63 所示，al_tree_tex 图层将不显示。

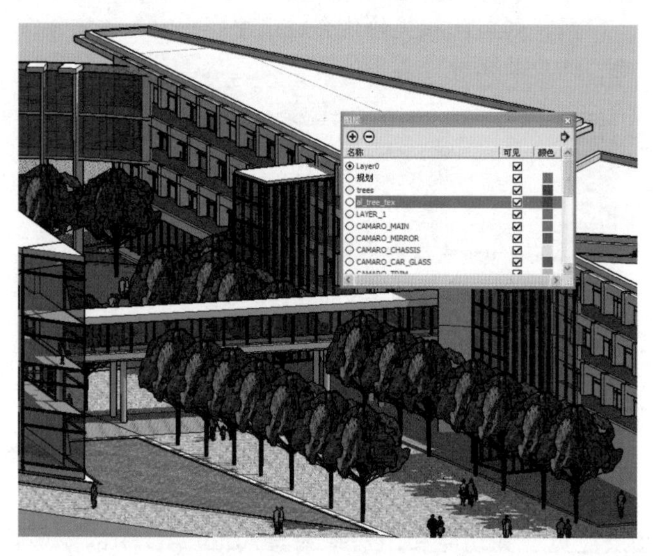

图 2-62　显示 al_tree_tex 图层

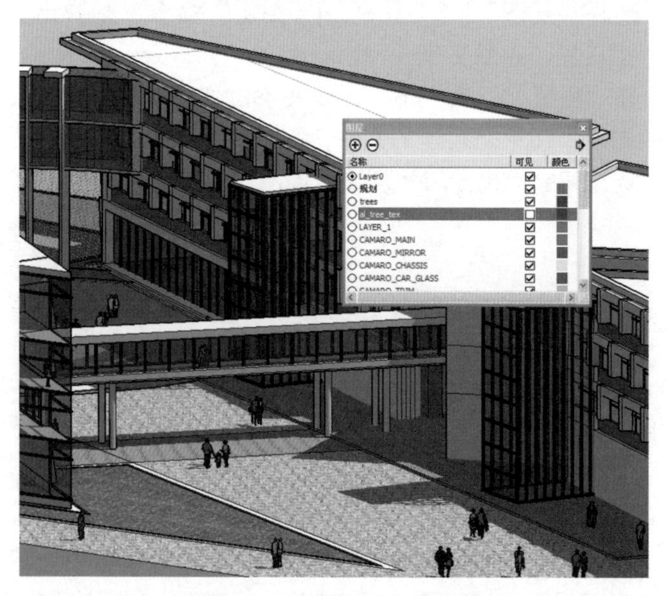

图 2-63　隐藏 al_tree_tex 图层

2.7 坐标系

SketchUp 作为三维绘图软件，系统默认以三维坐标系来指示方向辅助绘图。启动 SketchUp，会发现坐标轴有 3 种色彩：红色代表 X 轴、绿色代表 Y 轴、蓝色代表 Z 轴，实线为坐标轴正方向，虚线为坐标轴负方向。

1. 坐标的显示与隐藏

坐标系作为绘图的参考，在系统中是默认显示的，但如果出图或截屏，不需要坐标系显示出来。在“视图”菜单中取消选中“坐标轴”选项即可。

2. 改变坐标

单击※按钮，此时鼠标光标变为小的坐标轴。首先单击，以确认新的坐标原点位置，将鼠标移动到新轴方向，此时会出现一条虚线，以表示与以前的轴向水平，单击确认即可。共要确认 3 次，以确认 X、Y、Z 轴的朝向，此时就确定了新坐标轴，如图 2-64 所示。

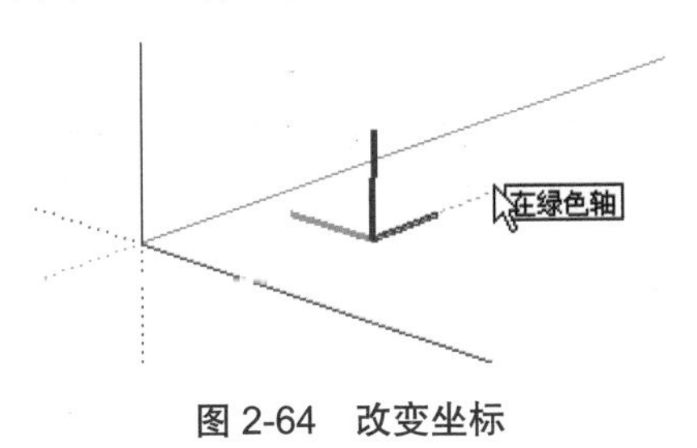

图 2-64 改变坐标

3. 坐标参考光标

选择“窗口”|“系统设置”命令，在弹出的对话框中选择“绘图”选项，选中“显示十字准线”复选框，如图 2-65 所示。此时屏幕的光标变为带坐标参考的光标，随时作为绘图的参考，如图 2-66 所示。

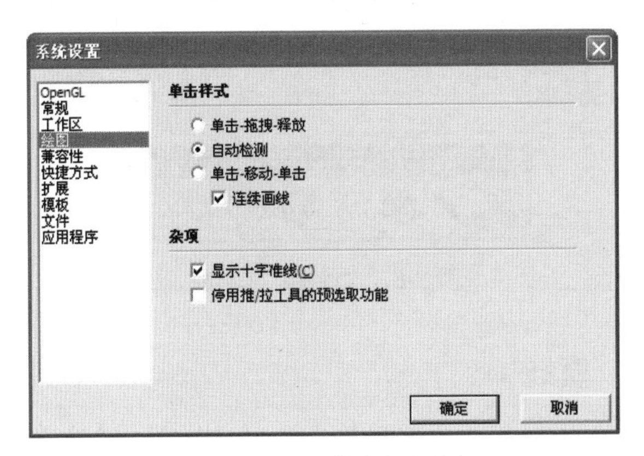

图 2-65 设定参考十字光标

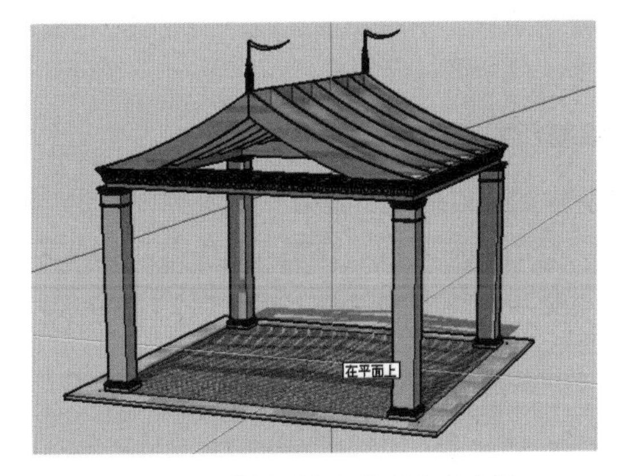

图 2-66 绘图时坐标参考十字光标

2.8 绘制图形基本工具

在 SketchUp 中所有模型的建立，都是先用绘图工具绘制平面二维图形，然后使用编辑工具将二维图形拉伸或放样成三维模型。因此，应先掌握“绘图”工具栏的每个绘图工具。

选择“视图”|“工具栏”|“绘图”命令，弹出“绘图”工具栏，如图 2-67 所示（可见基本的绘图工具是“矩

形”“直线”“圆形”“手绘线”“多边形”“圆弧”“饼图”“圆弧”)。

图 2-67 “绘图”工具栏

2.8.1 直线

在 SketchUp 中，线是最小的建模单位，线与线在同一个平面上组合成面，面与面在三维空间中构建成体。线工具可以完成任意直线、指定长度直线、指定端点的直线，还可以绘制成面、分割面、修复面。

1. 绘制任意或指定长度直线

单击按钮，或选择“绘图”|“直线”命令，还可直接输入“L”，在屏幕需要确定线起点处单击，沿一定方向拖动鼠标，将发现当绘制的线与某个坐标轴平行时，会出现文字提示，如图 2-68 所示。

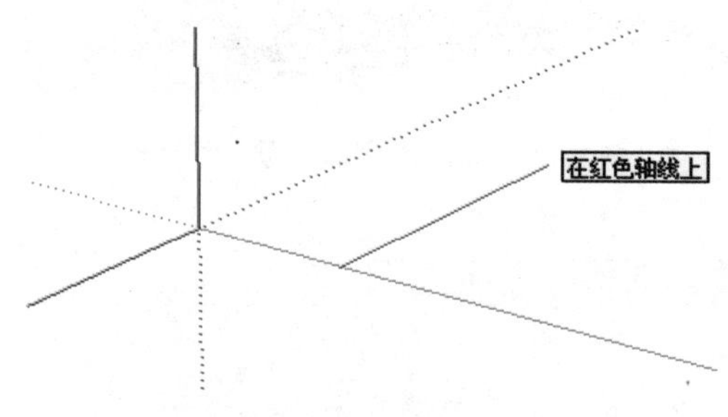

图 2-68 文字提示方向

最后在线段结束处单击确定即可。

在绘制直线的过程中直接在屏幕右下方的数字控制区输入线段长度数值，按 Enter 键确认即可，如图 2-69 所示。

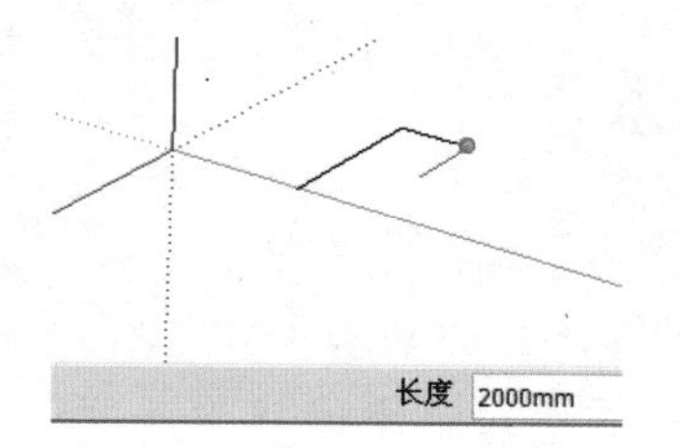

图 2-69 绘制指定长度直线

坐标值的输入分为绝对坐标与相对坐标，绝对坐标位置由 [X,Y,Z] 格式的一组数值确定，规划设计中的测量坐标即属于绝对坐标，例如输入“[50,100,200]”。

相对坐标是指绘图过程中相对于前一点的坐标，室内设计一般使用相对坐标值，例如输入“3000,2000,1000”。

2. 捕捉点的直线

SketchUp 绘图过程中会自动显示端点捕捉、中点捕捉、平行的从点捕捉等文字提示。依据文字提示，单击即可确定线的端点，如图 2-70 所示。

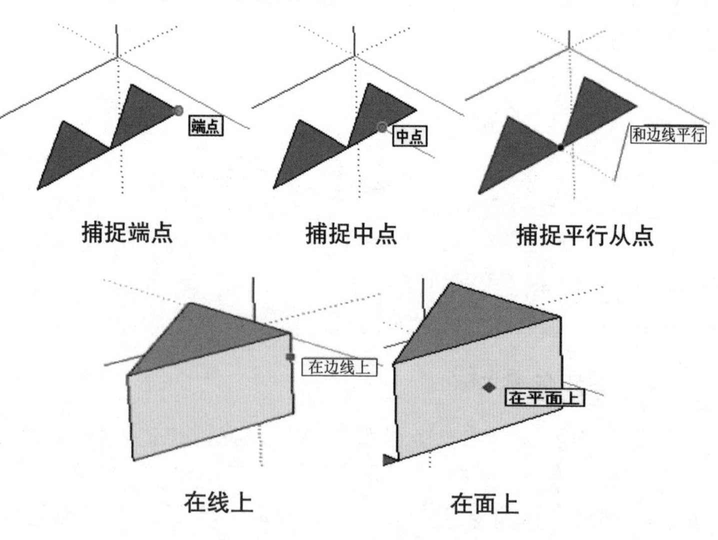

图 2-70 绘制直线的捕捉提示

3. 绘制成面

首尾相连的线在同一平面上封闭，就会生成一个面。但当其中一条线被删除时，相应这个面也就不存在了，如图 2-71 所示。

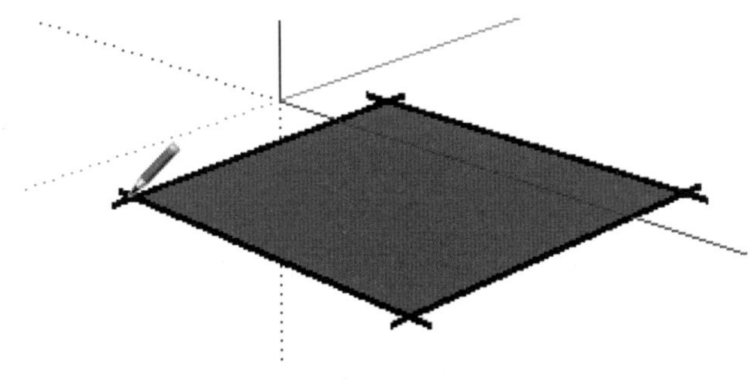

图 2-71　由线形成面

4. 线分割线段、分割面

SketchUp 中默认两点之间为线，在原有线条上绘制线条可以起分割作用，如图 2-72 所示。在已有一条直线基础上画一条与之相交的线，则原有直线就分割成了两条直线。

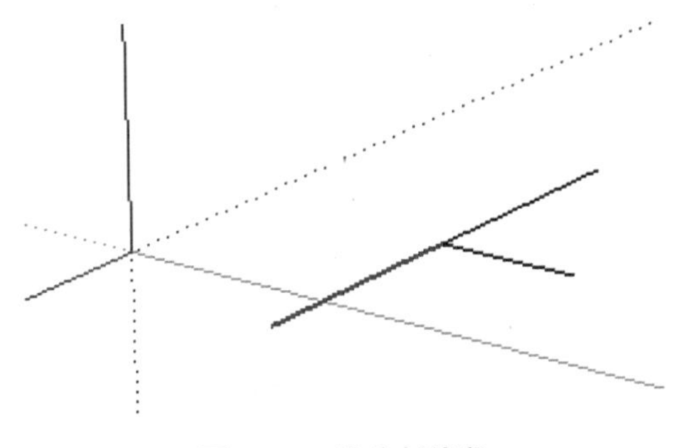

图 2-72　线分割线段

如果在已有面上绘制线条，那么可以将原有的面进行分割，如图 2-73 所示。

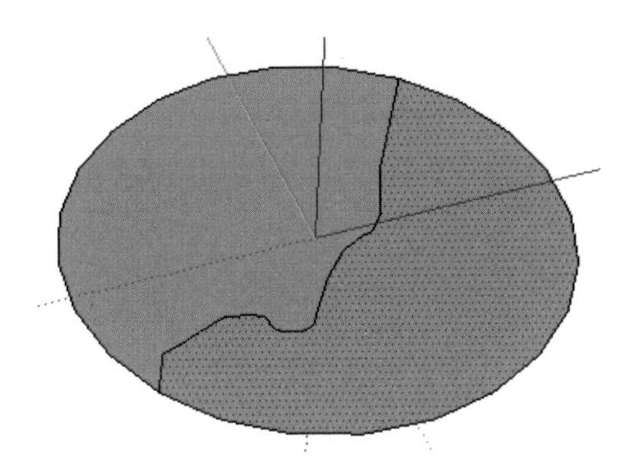

图 2-73　线分割面

5. 线的等分与延长

(1) 等分

选择线段并右击，在弹出的快捷菜单中选择“拆分”命令，如图 2-74 所示。

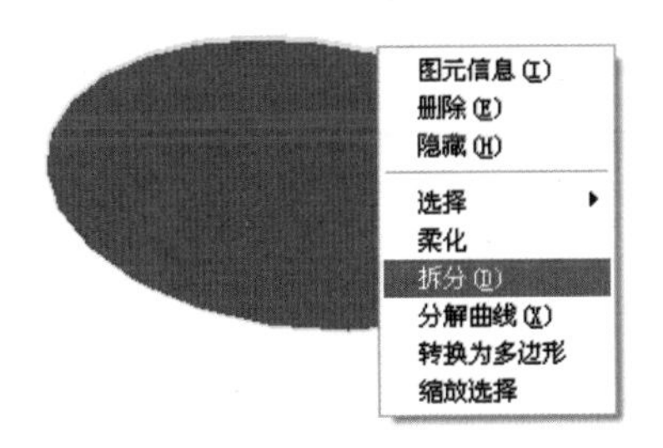

图 2-74　线段等分

线上面会出现多个红色的点，随着鼠标的左右移动，红色的点有疏密的变化，并且会有分成几段文字提示，这时在数值控制区直接输入等分的段数，按 Enter 键即可完成，如图 2-75 所示。

(2) 延长与剪切

在 SketchUp 中没有专门的延长与剪切工具。而当直线与弧线或面形成交叉需要剪切或延伸时，选择相应的线段，右击，在弹出的快捷菜单中选择“剪切至最近”命令，将对屏幕模型实施剪切，如图 2-76 所示。

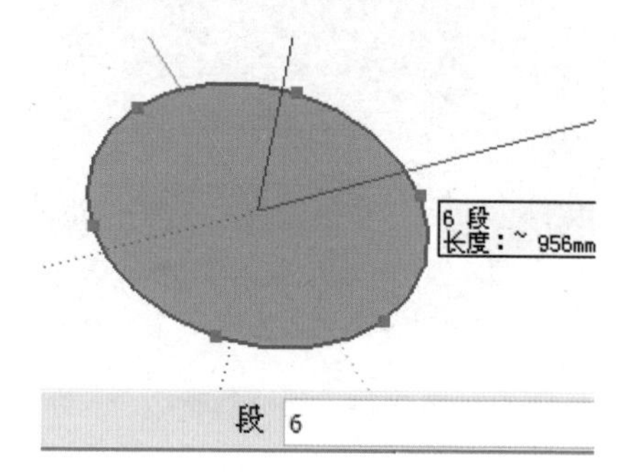

图 2-75　等分线段

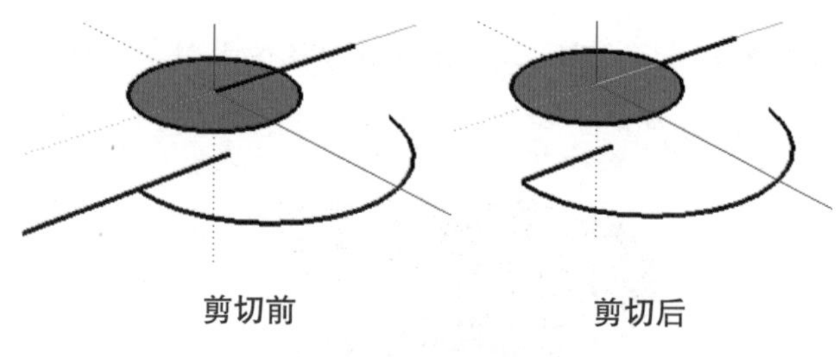

图 2-76　剪切模型

“延长至最近”命令用法同上，在弹出的快捷菜单中选择“延长至最近”命令即可执行，如图 2-77 所示。

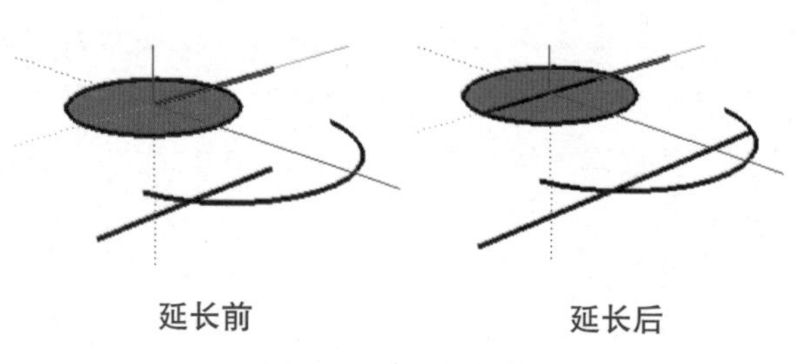

图 2-77　延长模型

2.8.2　弧线

在 SketchUp 2014 版本中，可以用 3 种不同的方法来绘制弧线，默认的两点弧工具可以选取两个端点，再选取一个定义弧线高度的第三个点。或者选取弧线的中心点，再选取边线上的两点，根据角度定义出弧度，饼图弧线工具的运用方式与此相同，但是可以生成饼形表面。

1. 弧线

单击按钮，或选择“绘图”|“圆弧”|“两点圆弧”命令，还可直接输入 A，即可开始绘制弧线。

在屏幕需要确定起点处绘制一条直线，在圆弧相应的方向移动鼠标，也可通过数值控制区直接输入弧高尺寸，即可绘制弧线，如图 2-78 所示。

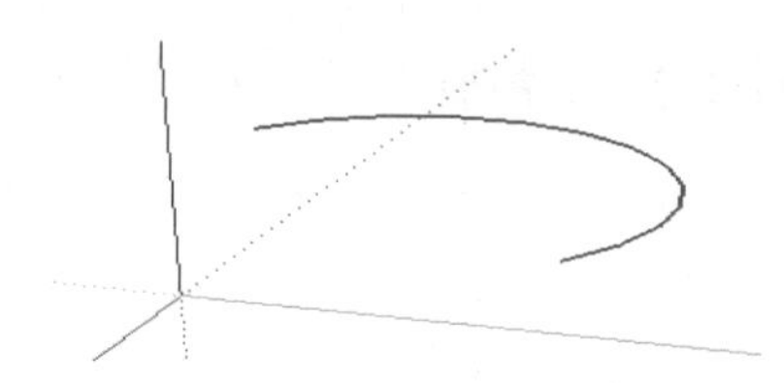

图 2-78　弦长 3000mm、弧高 1500mm 的弧线

单击按钮，或选择“绘图”|“圆弧”|“扇形”命令，即可绘制出封闭成面的扇形，如图 2-79 所示。

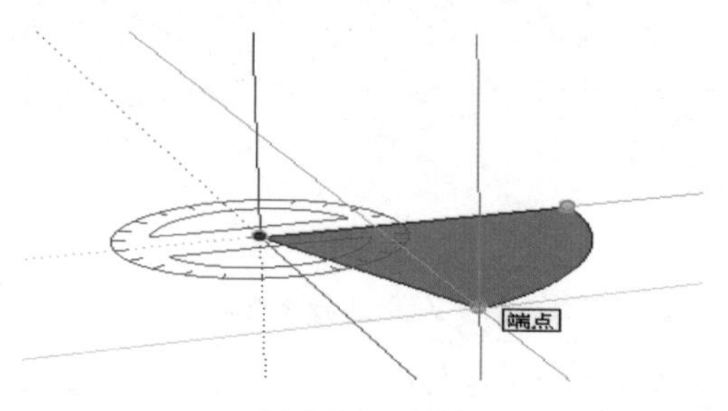

图 2-79　扇形

2. 半圆

绘制弧线时，光标旁边出现文字提示半圆时，单击鼠标左键以确定结束命令，如图 2-80 所示。

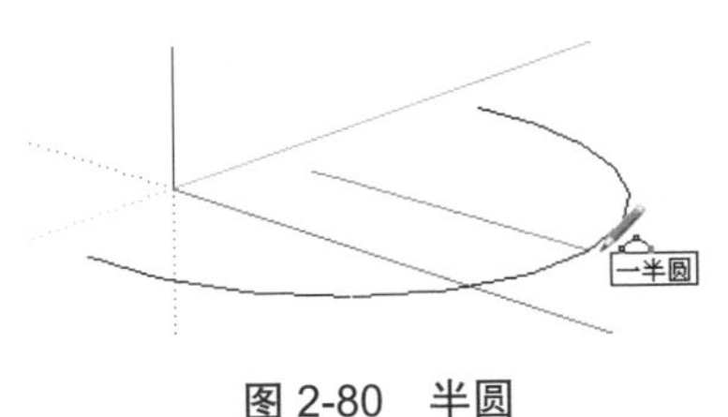

图 2-80　半圆

3. 弧线的平滑

在 SketchUp 中，所有的弧线是以直线构成的，系统都有默认的片段数，但如果弧线的显示片段数太小，可以通过数值输入区设置正常的显示。操作如下：执行弧线操作，直接输入片段数 XS，按 Enter 键确认，此时屏幕弧线以相应的片段数显示，如图 2-81 所示。

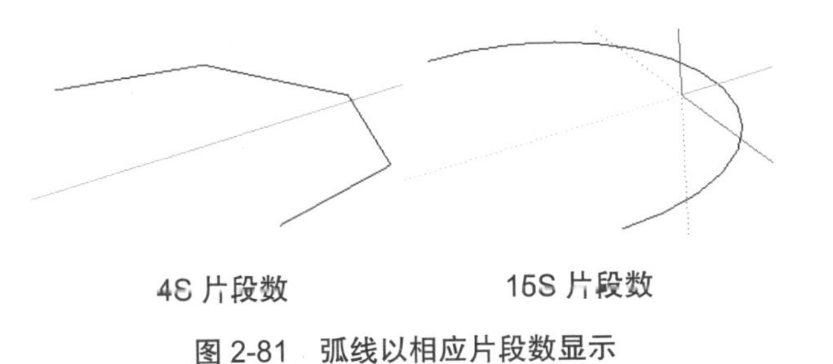

图 2-81　弧线以相应片段数显示

2.8.3　手绘线

手绘线工具可以绘制模型中的异形轮廓，如图 2-82 所示。

单击按钮，在屏幕需要确定起点处按住鼠标左键，在屏幕上以不规则的路线拖动鼠标，直到绘制完成，松开鼠标即可。

图 2-82　手绘线绘图

2.8.4　矩形

1. 任意矩形

矩形绘制通过两个角点来确定，执行如下操作：单击按钮，在屏幕需要确定线起点处单击，确定矩形的第一个角点，沿一定方向移动鼠标，单击确定第二个角点的位置，则完成矩形的绘制。

2. 定值矩形

整个坐标体系分为绝对坐标和相对坐标。绝对坐标是某点在绘图空间中距离原点（0,0,0）的坐标，而这样以原点作为参考的坐标模式在绘制具体的图形时很难计算清楚。

相对坐标是指某点相对于刚才一点的坐标。这样就能精确定下两点之间的矩离，相对坐标也是矩形绘制时 SketchUp 默认的坐标输入方式。

单击▨按钮，确定第一点后，在数字控制区输入“1200, 2400”这样一组数据。相对横坐标（即矩形的长）在前，相对纵坐标（即矩形的宽）在后，中间用逗号隔开，如图 2-83 所示。

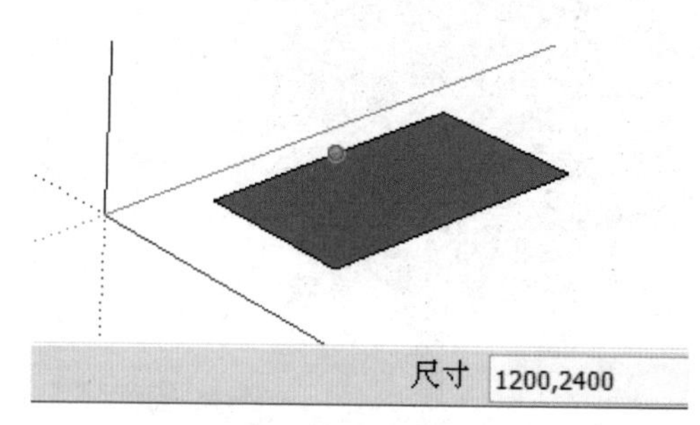

图 2-83　1200 × 2400 矩形

3. 黄金比例矩形

SketchUp 通过自动运算得出黄金分割矩形的另一个角点位置，并显示文字提示，确定后直接绘制黄金比例的矩形，如图 2-84 所示。

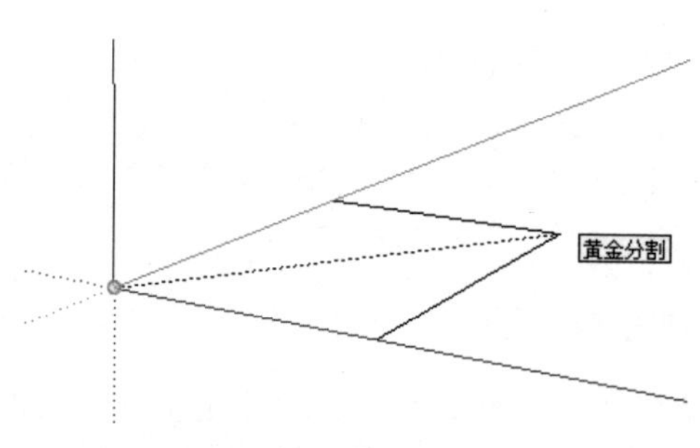

图 2-84　黄金分割提示

4. 空间矩形

空间上绘制矩形需要使用捕捉和 Shift 键进行辅助，通过捕捉确定矩形的第一个角点，矩形的第二个角点不在平面上，而在立面上。这时用鼠标将另一个角点移到平面对应位置上，通过捕捉找到矩形在平面的两个点（不需要单击鼠标），如图 2-85 所示。

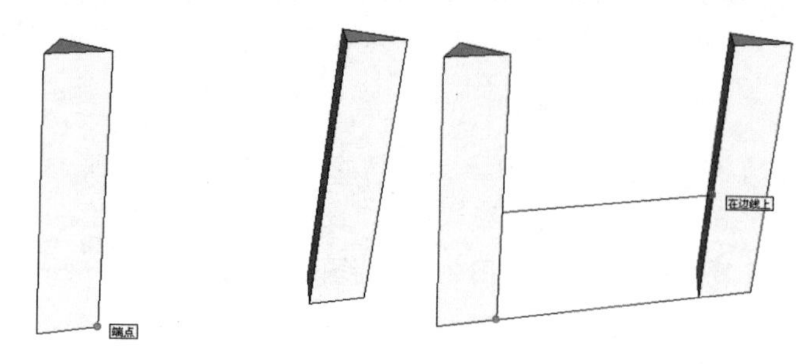

图 2-85　捕捉点

然后将鼠标向上移动，按住 Shift 键不放，才能锁定鼠标移动轨迹，拉到指定高度（也可数值控制），最后单击结束，如图 2-86 所示。

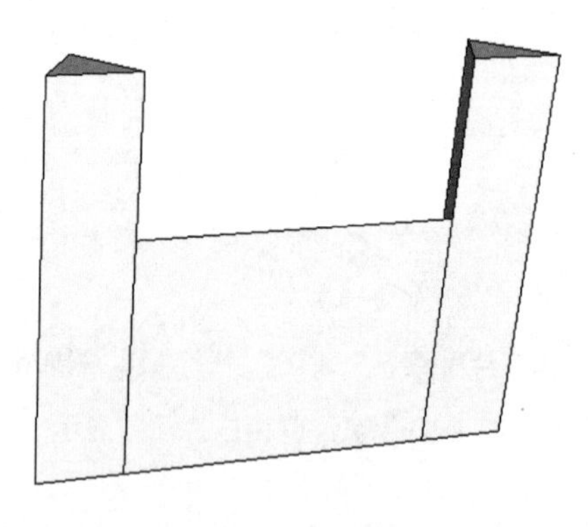

图 2-86　确定矩形

2.8.5　圆形

使用绘图工具可完成对圆形的绘制，圆形还可通过显示边数的设定绘制成多边形，通过删除面来形成圆线。

1. 定值圆形

单击按钮，指定圆心位置，确定半径(可以在数值控制区输入半径数值)，然后单击鼠标左键以确定，如图 2-87 所示。

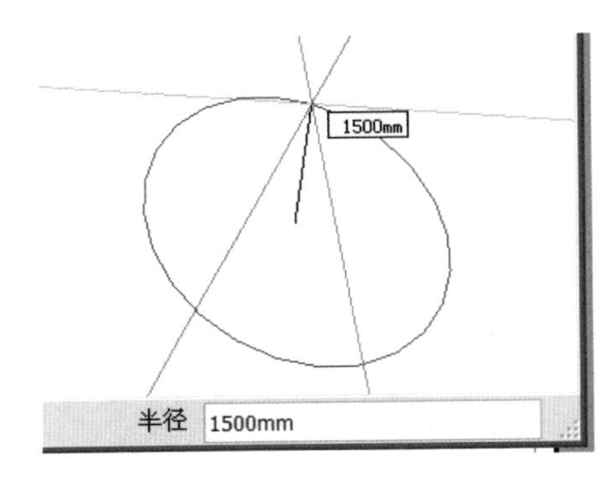

图 2-87　绘制半径为 1500mm 的圆

2. 设定边的圆形(多边形)

选择绘制圆形的命令，还未确定圆心时，数值控制区有显示“< 边 24>”，这是系统默认设置。如需修改边数，此时直接输入想要的数值，如想绘制六边形，直接输入“6”，按 Enter 键确认，然后再绘制圆形，如图 2-88 所示。

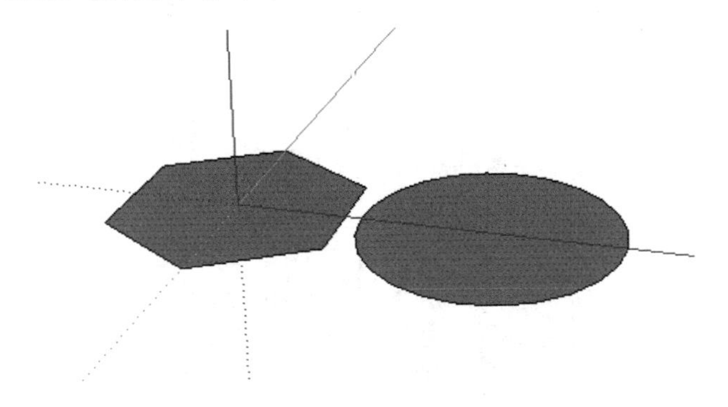

图 2-88　边数为 6 的六边形(半径 600)

2.8.6　多边形

单击按钮，在数值控制区输入多边形边数，然后拉出长度即可(与圆改变边数绘制出的多边形有区分)，如图 2-89 所示。

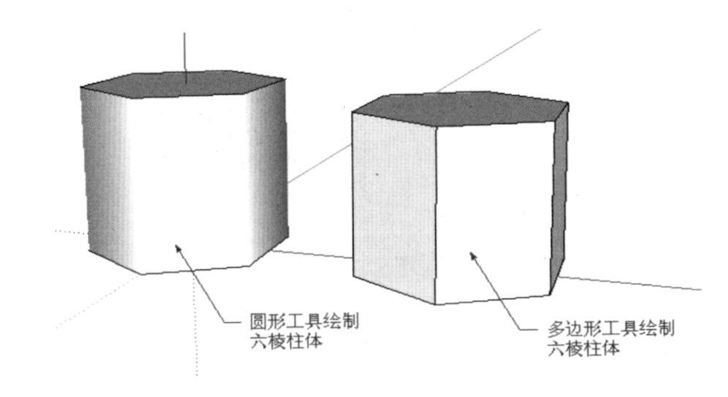

图 2-89　多边形

2.9　编辑图形

选择“视图”|“工具栏”|“编辑”命令，弹出“编辑”工具栏，如图 2-90 所示。

图 2-90　“编辑”工具栏

2.9.1　推/拉

“推/拉”是 SketchUp 中非常有特色的命令，将二维图形通过最快捷的方式精确生成三维物体。具体功能及操作如下：

单击按钮，在需要拉伸的面处按下鼠标左键，直至拉伸到需要的尺寸，松开鼠标即可。或在数值控制区输入数值，按 Enter 键，如图 2-91 所示。

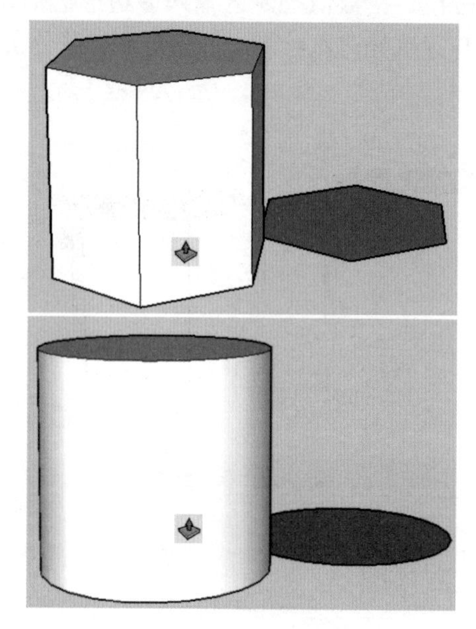

图 2-91　执行“推 / 拉”命令

例如，有一组墙的边线，需要建立成房屋，应执行如下操作：

选取相应的墙线形成的平面，后使用“推 / 拉”命令向上在数值控制区输入“2700”，效果如图 2-92 所示。

1．在原有物体上增加体面

在原有三维物体上面，可运用“推 / 拉”命令增加体面造型。

在“前视图”显示模式下，绘制房屋的截面，然后转换到“三维视图”用“推 / 拉”命令推拉出立体模型，如图 2-93 所示。然后，在立面上增加截面绘制，将不需要的线删除以形成正确的面。“推 / 拉”命令拉出的立体造型如图 2-94 所示。

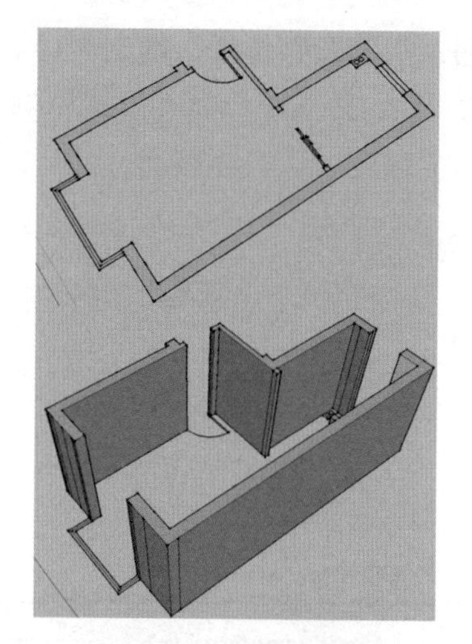

图 2-92　推拉成墙体

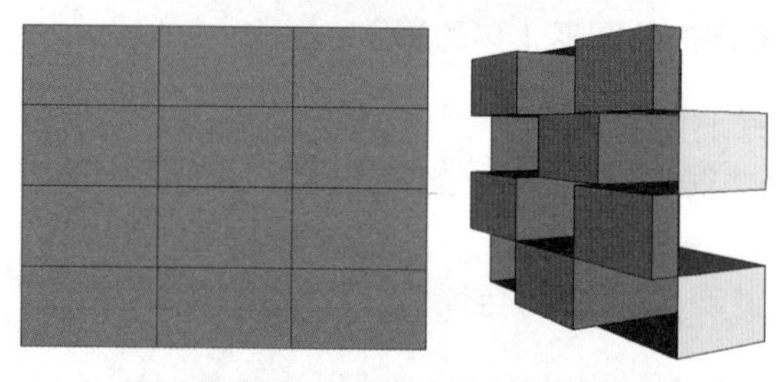

图 2-93　推拉出立体模型 1

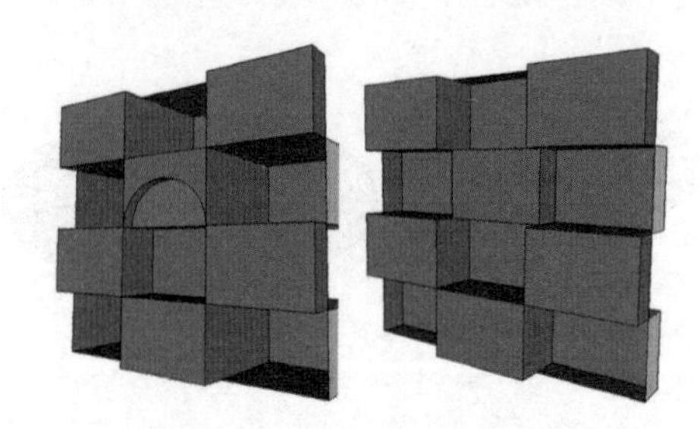

图 2-94　推拉出立体模型 2

2. 挖空

首先，将矩形绘制成形，并在矩形立面上绘制圆形图案。然后，使用“推/拉”命令，拖动鼠标向后推拉，直至出现文字提示“在平面上”时，释放鼠标，结束命令，如图2-95所示。

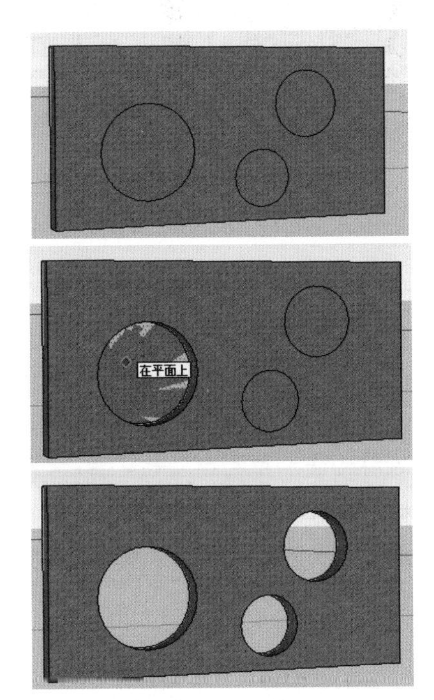

图2-95 挖空模型

3. 对推拉的复制

如果是草图阶段，用简单的多个推拉表示复制后的形状。具体操作如下：

选择“推/拉”命令后，按下Ctrl键，此时屏幕图标上会出现一个“+”号，表示复制。然后输入数值，按Enter键结束，连续执行可以连续复制，如图2-96所示。

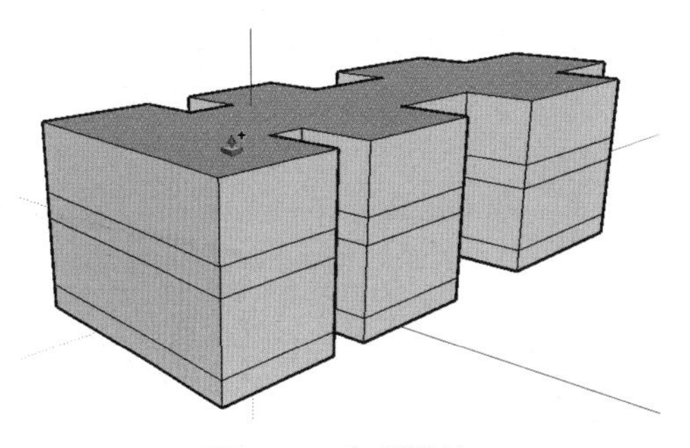

图2-96 复制推拉

2.9.2 移动

SketchUp中的移动功能很强大，可以实现线、面、体在屏幕空间的任意移动，也可通过捕捉定点移动，还可按需要定距移动；除此之外，SketchUp的复制功能也包含在移动工具之中，通过附加键来操作；还能通过对点的移动来调整线的长度（相当于线的拉伸），从而改变面的形状与大小。

1. 任意移动

首先选取需要移动的物体。单击“移动”按钮，在物体上选定一个点后单击作为移动前的参照，如图2-97所示。

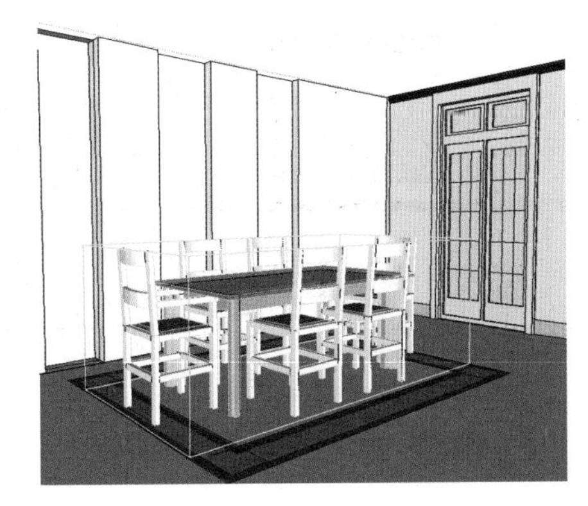

图2-97 选定第一点

然后在屏幕上移动鼠标，光标捕捉到相应的位置时，单击鼠标左键以确定移动后的位置，如图 2-98 所示。

图 2-98　选定第二点

2. 定距移动

在执行上述操作时，确认物体上的第一个参照点后，移动鼠标到移动的方向上（保持坐标相同），直接在数值控制区输入移动值即可。如画框的位置需向右移动 500mm，如图 2-99 和图 2-100 所示。

图 2-99　定距移动前

图 2-100　定距移动后

3. 复制

“复制”命令暗含在移动工具中，所以在工具栏上没有显示出来。具体操作如下：

首先，选中物体，单击“移动”按钮，在还没有确定第一点时，按下 Ctrl 键，移动光标旁多了一个“+”号。

其次，在原有物体上单击参照第一点，后按需要复制物体方向移动鼠标，也可在数值控制区直接输入距离，按 Enter 键确认以结束命令，确定距离的单个复制，如图 2-101 所示。

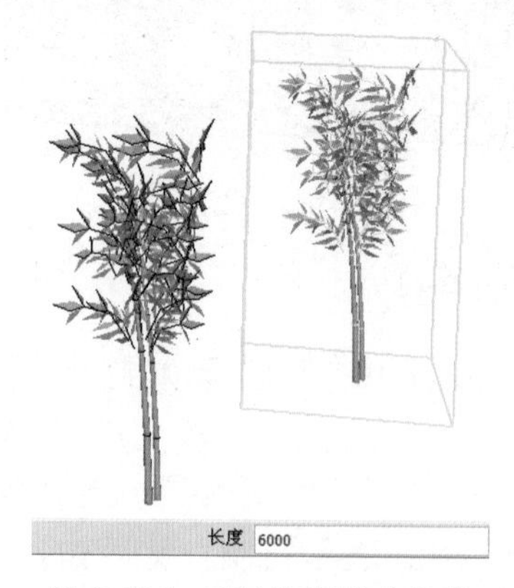

图 2-101　定距复制单个物体

4. 阵列（多个复制）

SketchUp 的“阵列”功能也暗含在移动工具之中。

首先，复制完成一个物体。

其次，在数值控制区按 3X 格式，输入阵列的物体个数，如 5 棵植物，则输入“5X”，按 Enter 键结束。被选物体会以之前的距离复制 5 个，如图 2-102 所示。

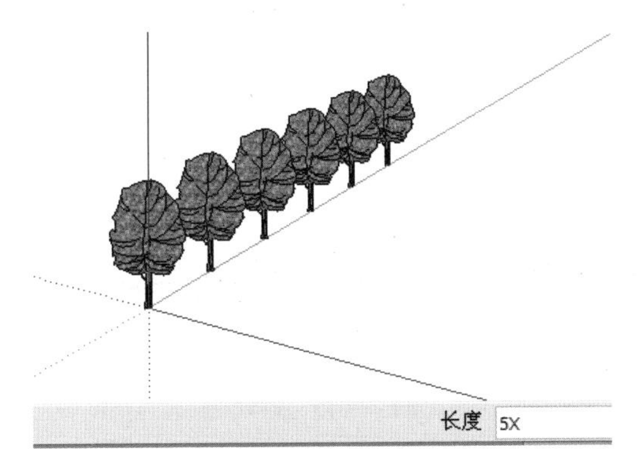

图 2-102　以间距 10 米阵列成 6 棵树

如果设计需要设置矩形阵列，则选定直线阵列的所有物体，按方向整体做阵列即可，如图 2-103 所示。

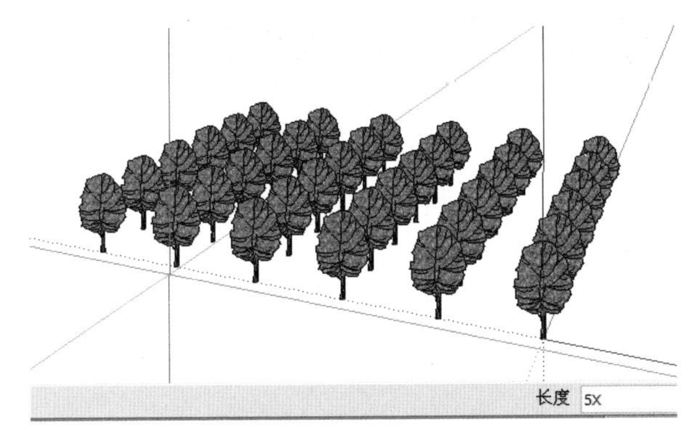

图 2-103　完成植物的矩形阵列

5. 拉伸

在 SketchUp 中对线、面的拉伸，也是通过移动工具来完成的。

选择要拉伸的图形，单击“编辑”工具栏上的按钮，执行移动操作。移动边线，会让与面相关的两个面发生改变，如图 2-104 所示。

移动面，会让所选面所处的位置以及其他相关面都发生变化，如图 2-105 所示。

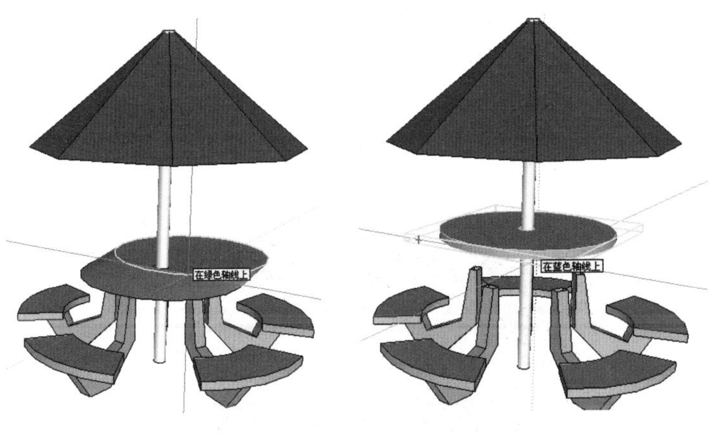

图 2-104　移动线　　图 2-105　移动面

2.9.3 偏移

“偏移”命令可以将对表面或一组共面的线沿一定方向偏移距离并复制物体。SketchUp 的“偏移”命令无法对单独的直线进行偏移，但可以对弧线、不规则线以及各种面进行偏移。具体操作如下：

单击“编辑”工具栏上的按钮，拖动鼠标时，直接在数值控制区输入需要偏移的距离数字，按 Enter 键结束，如图 2-106 所示。

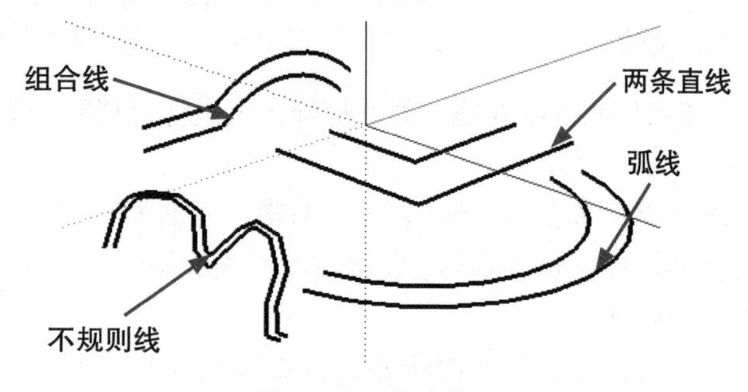

图 2-106　偏移线

针对面的偏移在设计当中用处颇多，它和线的操作基本相同。首先用矩形工具绘制矩形，然后用偏移工具偏移多个矩形，最后选择不同的面，用“推 / 拉”命令推拉到不同高度。如图 2-107 所示，上面的是偏移面，下面的是推拉面形成的三维形状。

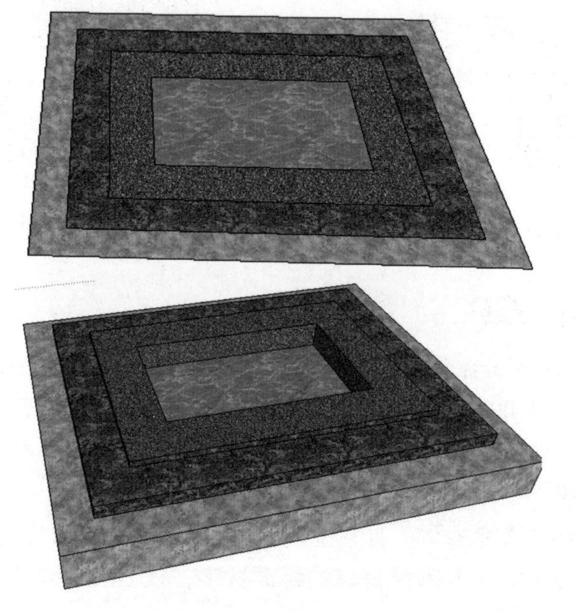

图 2-107　推拉面的过程

2.9.4　旋转

用 SketchUp 可进行二维及三维的旋转，在旋转中还可复制物体，并且通过设定完成圆形阵列。

单击“编辑”工具栏上的按钮，光标会变成一个量角器，调整光标，使之与理想的旋转轴向相符合。移动鼠标，量角器中心会拉出一条虚线，调整到合适的参照角度后单击确定，最后移动鼠标，可以看到图中的图形会随着光标的移动，围绕中心点在某个平面旋转。此时可以直接在数值控制区输入角度数值，按 Enter 键确认，如图 2-108 所示。

图 2-108　旋转

以上是物体自身的旋转，中心点定在沙发脚。如果以沙发围绕茶几的中心旋转，就形成了如图 2-109 所示的图形。

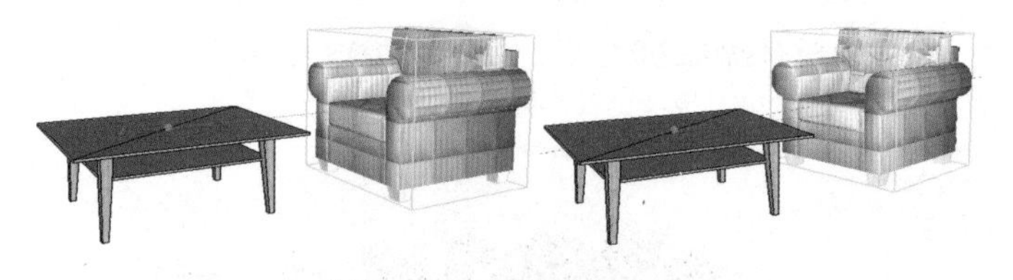

图 2-109　围绕物体旋转

1. 旋转时复制物体

单击“旋转”按钮，调整量角器，指定旋转中心，移动鼠标时按下 Ctrl 键，即可完成旋转时的复制，如图 2-110 所示。

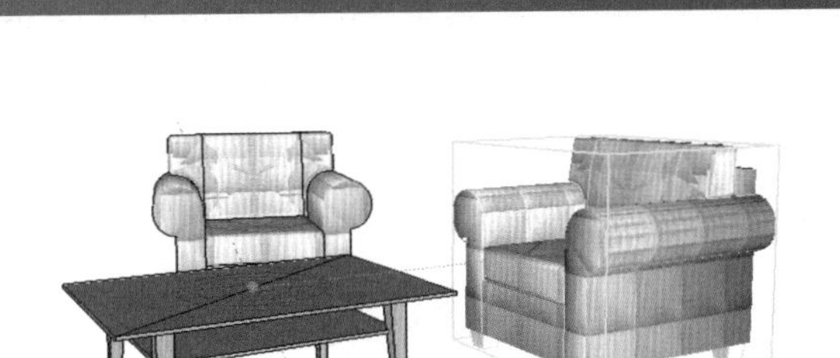

图 2-110　旋转时复制

2. 圆形阵列

旋转时复制完成后，可在数值控制区输入数值，完成同一旋转中心的多重复制。如图 2-111 和图 2-112 所示是圆形阵列图。

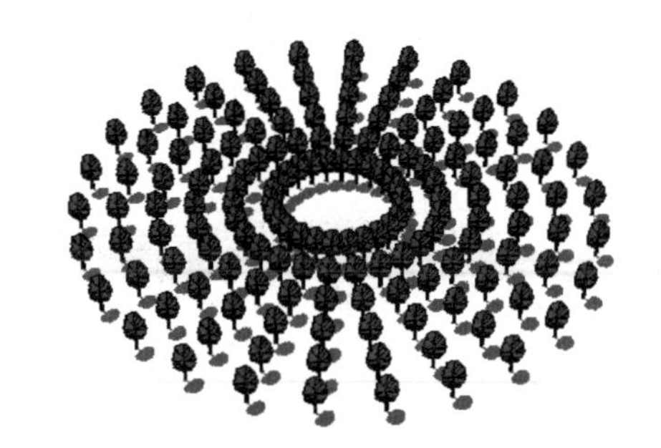

图 2-111　圆形阵列

图 2-112　树木圆形阵列

2.9.5 缩放

"缩放"命令既可进行等比缩放，也可进行不等比缩放。另外，SketchUp 中没有"镜像"命令，镜像通过反方向的缩放来完成。

首先，选中要缩放的物体，单击"编辑"工具栏上的按钮，二维图形控制框为 8 个控制点，三维控制框为 26 个控制点，而缩放主要通过对控制框的调节来完成，整个缩放过程如图 2-113 ～图 2-115 所示。

图 2-113　缩放前

图 2-114　对角点的等比缩放

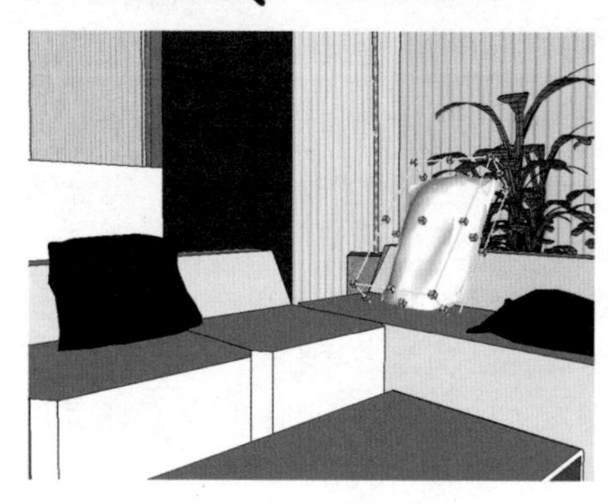

图 2-115　非等比缩放

镜像就是“缩放”命令执行过程中缩放比例设为 -1 时的操作。但镜像过程中，需要注意轴向的确定。

（1）选择需镜像物体——书架，然后选择“缩放”命令，单击绿轴上的控制点。

（2）沿绿轴方向拖动鼠标，在数值控制区直接输入“-1”，按 Enter 键确认即可完成正反的镜像，如图 2-116 所示。

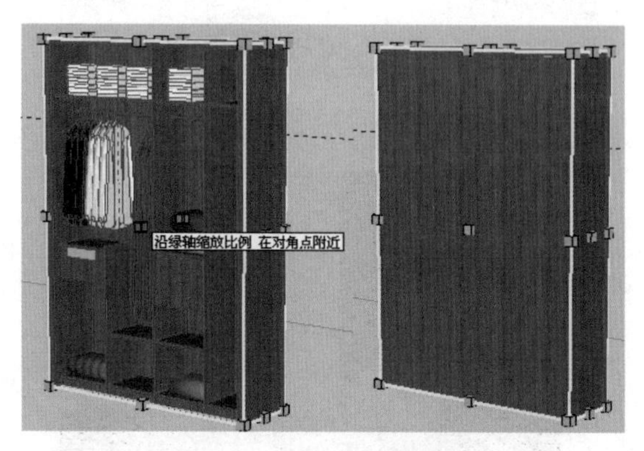

图 2-116　镜像物体

2.9.6　放样（路径跟随）

“放样”与“推 / 拉”是 SketchUp 主要的从二维图形向三维建模转换的工具。

1. 放样线路径

（1）将截面摆放在与房屋垂直的位置，如图 2-117 所示。

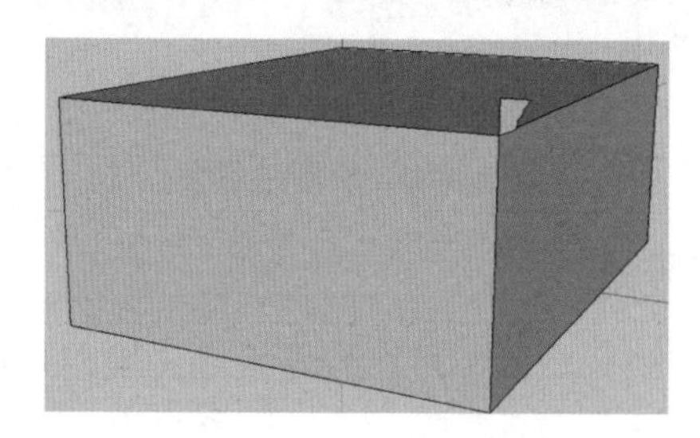

图 2-117　确定位置

（2）选择面的边线作为放样路径。单击“放样”按钮，按房屋顶面线拖动鼠标，完成后松开鼠标即可。如图 2-118 和图 2-119 分别为放样的过程和结果图。

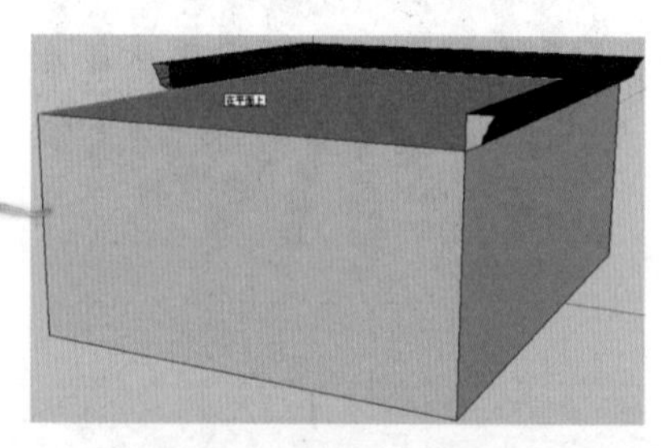

图 2-118　放样过程

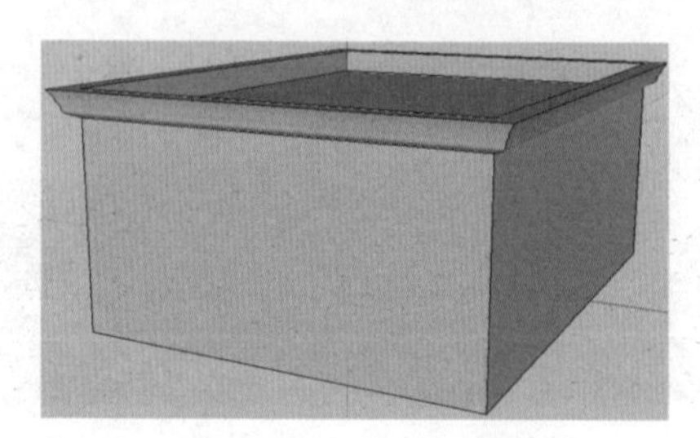

图 2-119　放样结果

2. 放样面路径

（1）绘制截面图形，并将此图形放置在物体的某个面上，与需放样的面保持垂直，如图 2-120 所示。

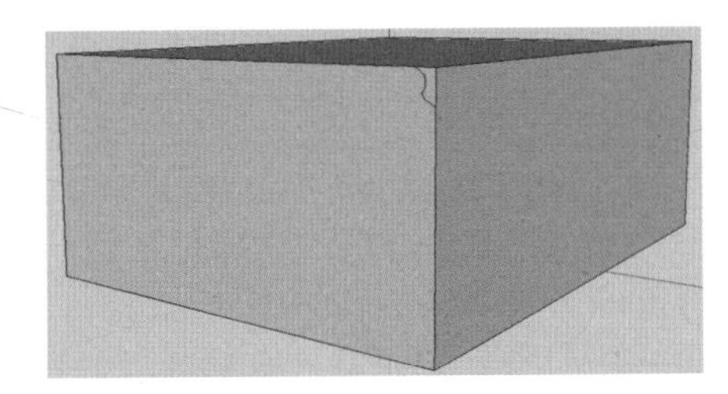

图 2-120　截面绘制

（2）按住 Alt 键不放，将光标移到需放样的面，系统自动判断作为路径的表面，如图 2-121 所示。

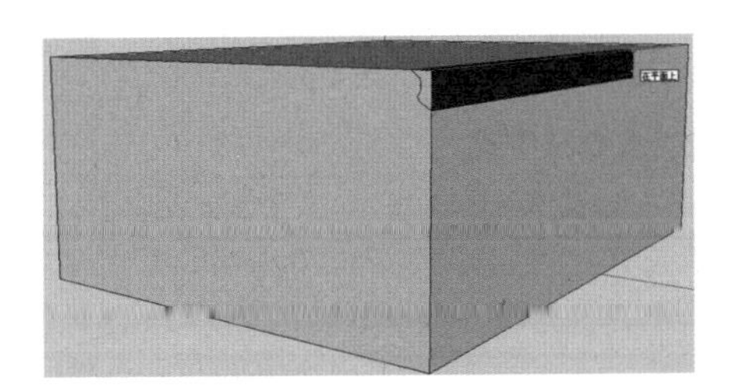

图 2-121　放样面

（3）单击确认路径面。在此表面模型会自动执行放样，如图 2-122 所示。

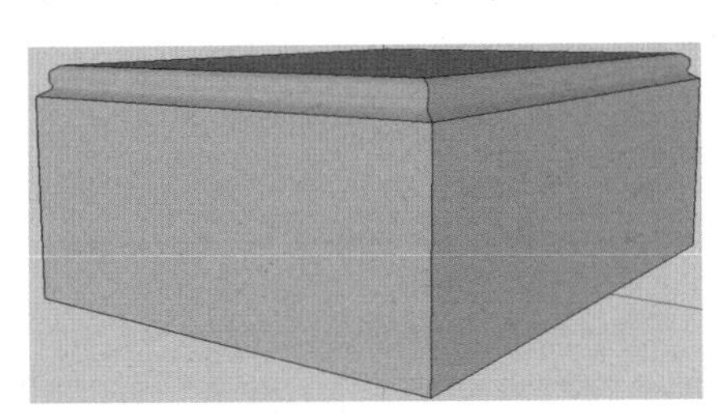

图 2-122　放样完成

通过放样，可以完成多种造型，如球体、台灯等，如图 2-123 所示。

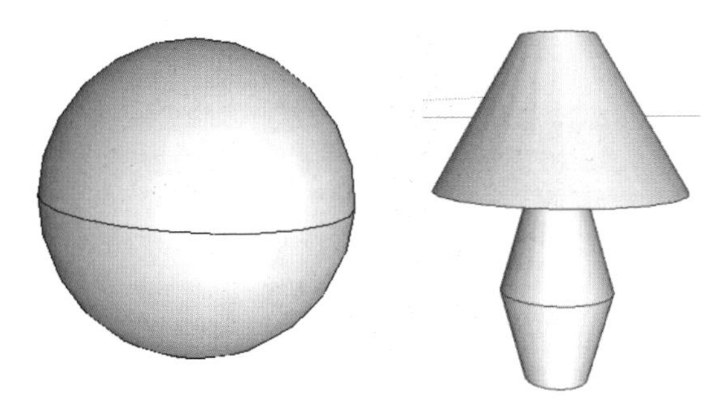

图 2-123　放样造型

2.10　辅助绘图工具

SketchUp 有 6 个基本的辅助绘图工具，即“辅助测量线”“辅助量角器”“尺寸标注”“文字标注”“坐标轴”和“3D 文字”。“建筑施工”工具栏默认打开，如果没有开启，则执行如下操作：

选择“视图”|“工具栏”|“建筑施工”命令，弹出工具栏，如图 2-124 所示。

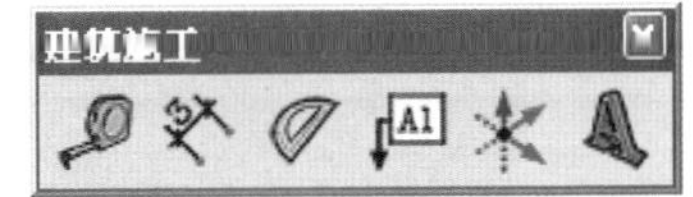

图 2-124　“建筑施工”工具栏

2.10.1　辅助测量线

SketchUp 中的“辅助测量线”是非常重要的定位工具，既可以作为测量两点之间长度的工具，也可以在屏幕中生成可隐藏的辅助线以辅助制图。

1. 测量距离

使用“卷尺”命令可以测量两点之间的直线距离。

选择“工具”|“卷尺”命令时会发现，卷尺光标带有一

个“+”号。按下 Ctrl 键，即可测量出两点间长度，如图 2-125 所示。

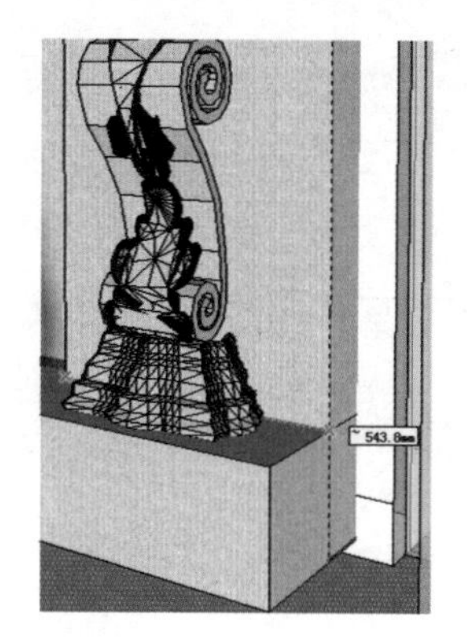

图 2-125　测量壁炉尺寸

2. 创建辅助线

为了精确建模，经常会使用辅助线，例如，在绘制建筑图时会先绘制轴线，此轴线可以用辅助线的方式来创建，如图 2-126 所示。

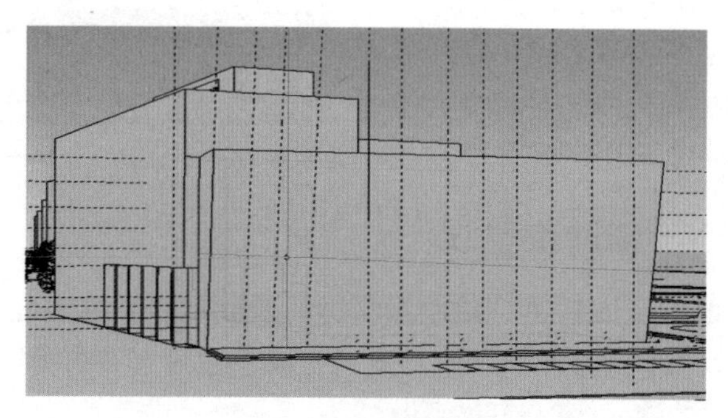

图 2-126　辅助线

如果要创建辅助线，首先单击“卷尺”按钮，单击参考的线或面，然后在屏幕上移动鼠标，即可拖出一条辅助虚线，拉到合适距离，单击确定辅助线位置，也可以直接在数值控制区输入辅助线相对于参考线的距离值，如图 2-127 所示。

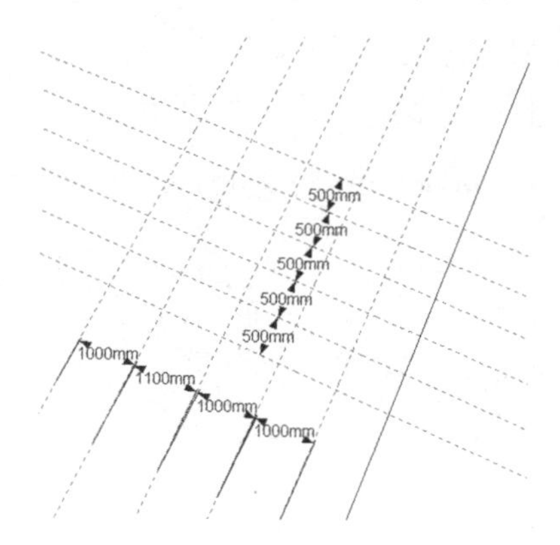

图 2-127　绘制辅助轴线

在绘图过程中，如需对辅助线暂时进行隐藏，可以通过选择“视图”|“参考线”命令，选中即可实现隐藏。

2.10.2　辅助量角器

SketchUp 中的“辅助量角器”作为测量角度工具的同时，也可以创建一定角度的辅助线。量角器刻度显示是根据“模型信息”对话框中的“单位”部分捕捉精度而定，如图 2-128 所示。

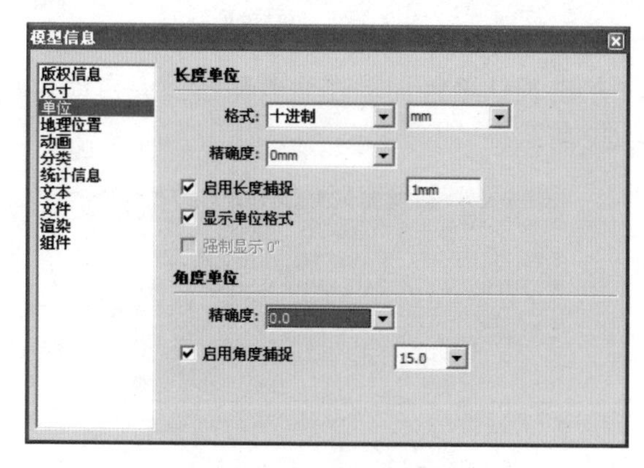

图 2-128　角度精度设定

不同精度的量角器显示如图 2-129 所示。

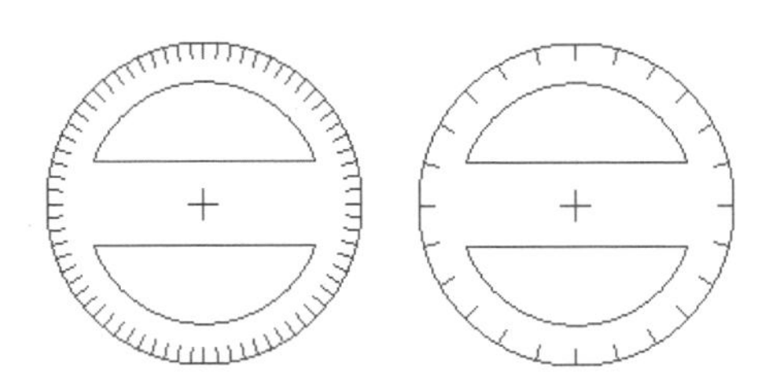

图 2-129　不同精度的量角器显示

1．测量角度

“辅助量角器”命令可以测量两点之间的角度。首先，单击“量角器”按钮，出现量角器光标，接着在需要测量的模型上拾取一点，以确认测量的中心，拉出测量线，在参照线的第二点处单击，这样边的第一条线就确定了。最后，在屏幕上移动鼠标，通过捕捉其他需确定的点，完成对角的第二条边的确定。数值控制区数值就是测量好的角度，如图 2-130 所示。

2．创建辅助线

创建角度辅助线使用“辅助量角器”功能，具体操作如下：

首先，选择辅助线工具，出现量角器光标，在屏幕中通过捕捉精确确认测量的中心，确定角点；然后，拉出测量线，移动鼠标，确定第一条边；最后，直接在数值控制区输入要设定的辅助线的角度。如顺时针方向 45°，则输入“-45”，按 Enter 键确认，屏幕出现相应角度的辅助线，如图 2-131 所示。

SketchUp 同 AutoCAD 软件一样，系统默认角度测量方向是自东向西，逆时针为正，顺时针为负。

- 如果逆时针角度 60°，则输入“60”。
- 如果顺时针角度 45°，则输入“-45”。

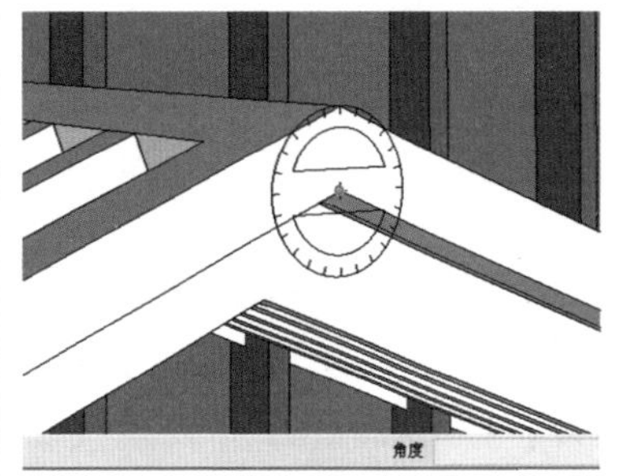

确定顶点

确定第一条边

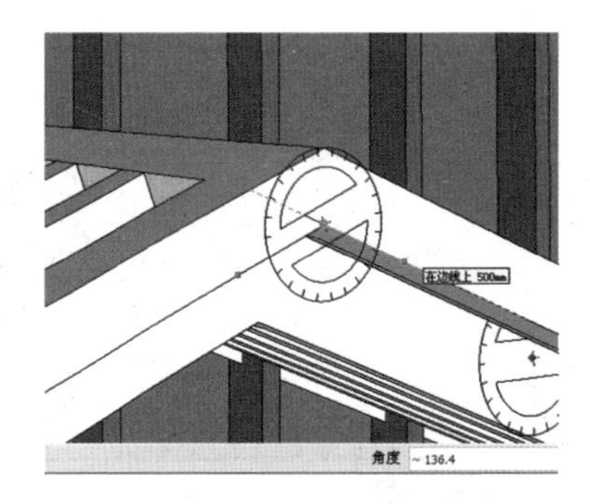

确定第二条边

图 2-130　测量角度的流程

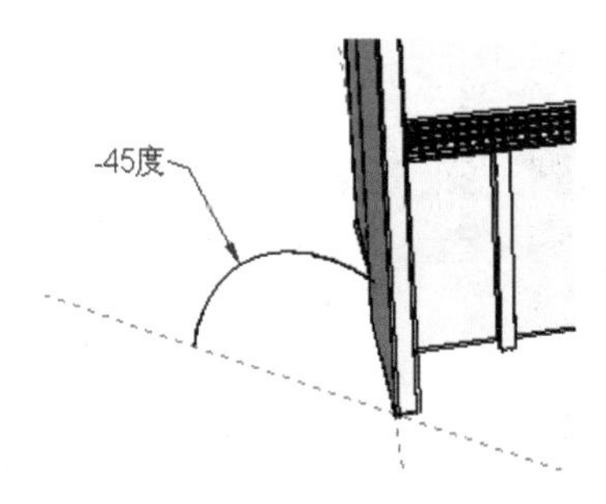

图 2-131　45° 角辅助线

2.10.3　尺寸标注

SketchUp 的特色功能是在二维和三维图纸中都可标注

精确尺寸。尺寸标注样式还可根据系统“模型信息”对话框中的选项来调整。

1. 标注方法

单击“建筑施工”工具栏中的按钮，屏幕出现空心箭头，在物体上确定两个点并拉出即可标注出尺寸，如图2-132所示为二维标注。除二维标注外，在SketchUp中还能实现三维标注，其效果如图2-133所示。

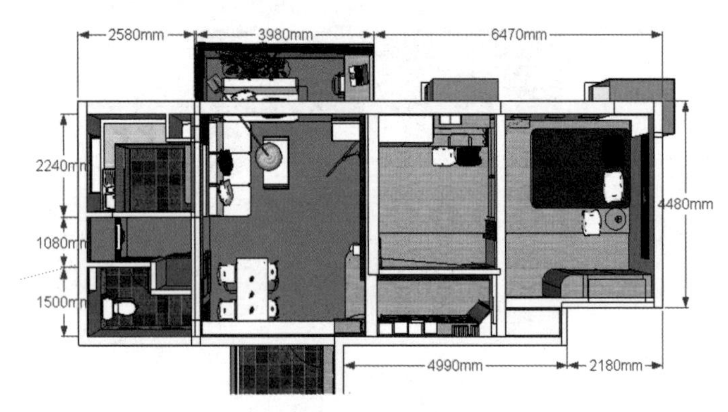

图2-132　二维标注

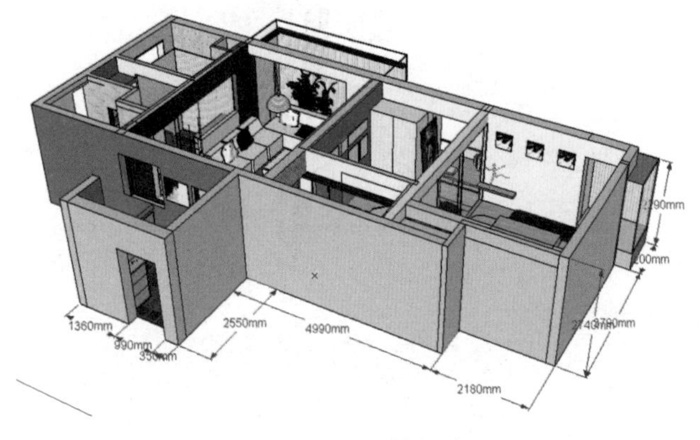

图2-133　三维标注

2. 直径与半径

标注直径和半径同样使用工具。在拉出标注后右击，在弹出的快捷菜单中选择相应命令即可，如图2-134所示，标注的效果如图2-135所示。

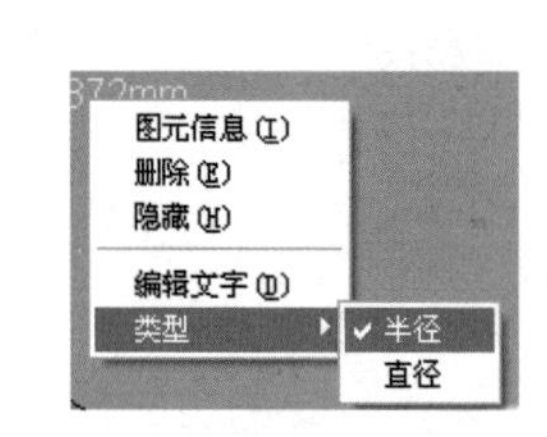

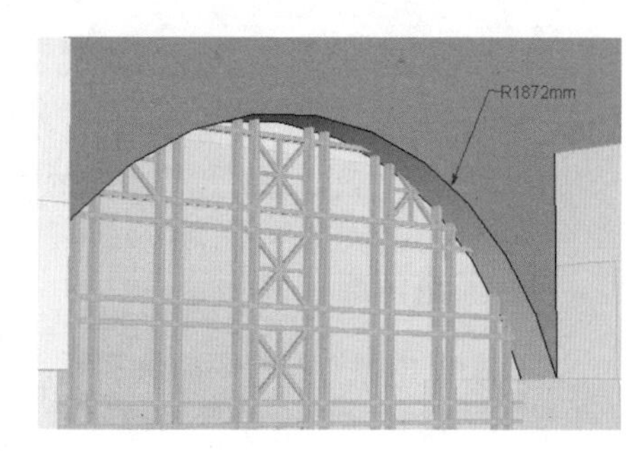

图2-134　“半径/直径”选项　　图2-135　标注半径

3. 标注的修改

在执行“尺寸标注”命令时，在屏幕上建好的标注上双击，会出现文字修改框，如图2-136所示。这样即可在修改框中实现添加或者删除文字，如图2-137所示。

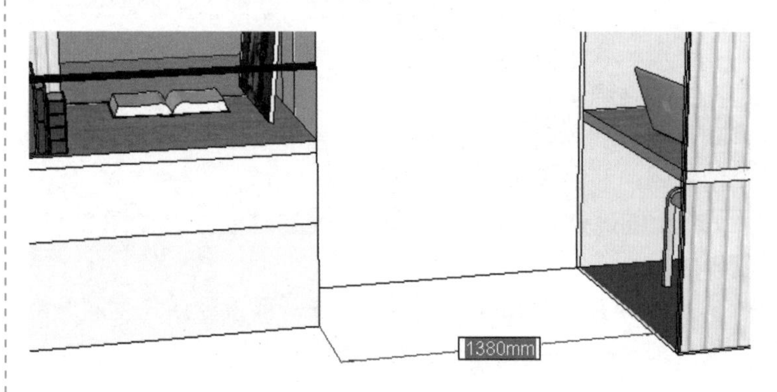

图2-136　修改标注

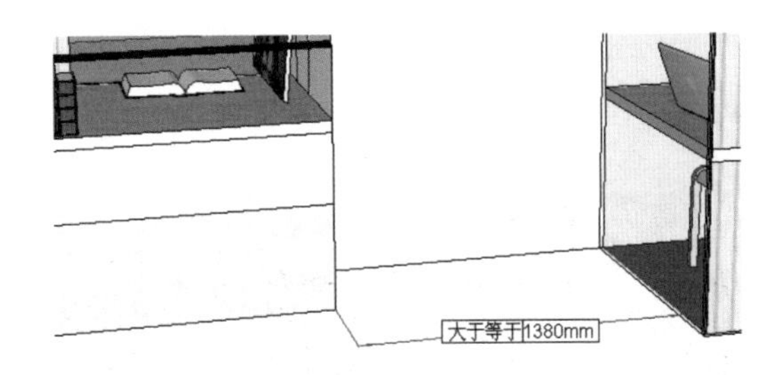

图 2-137　添加文字

2.10.4　文字标注

SketchUp 中有两种标注形式，除了上面讲解的尺寸标注外，还可以有客户编辑的文字标注。文字标注可根据系统“模型信息”|“文本”中的选项来调整文字标注的外观。

单击“构造”工具栏中的按钮，或选择“工具”|“文字标注”命令，屏幕出现工具图标，可以进行文字标注，效果如图 2-138 ～图 2-140 所示。

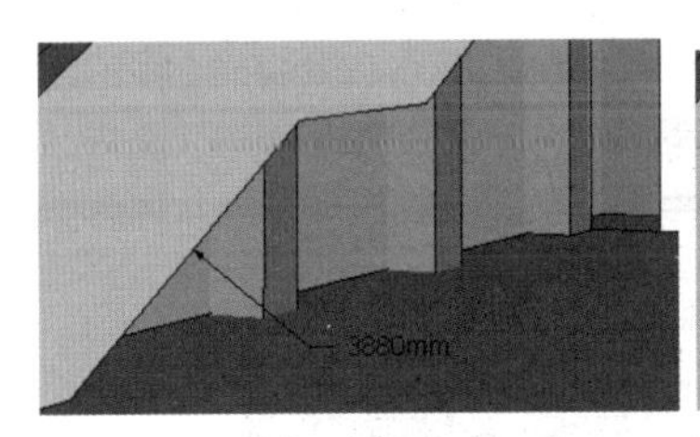

图 2-138　自动标注直线长度

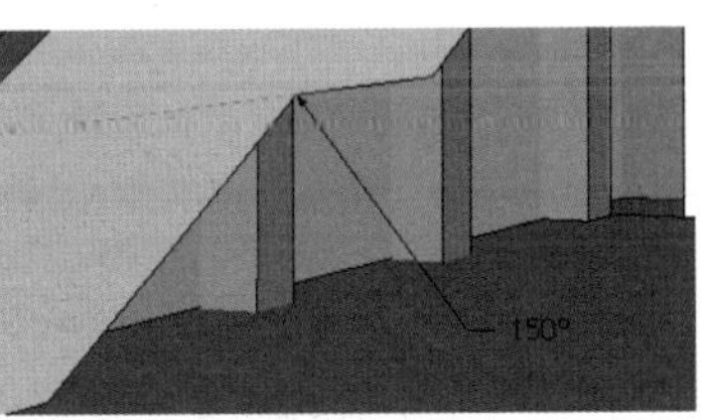

图 2-139　自动标注角度

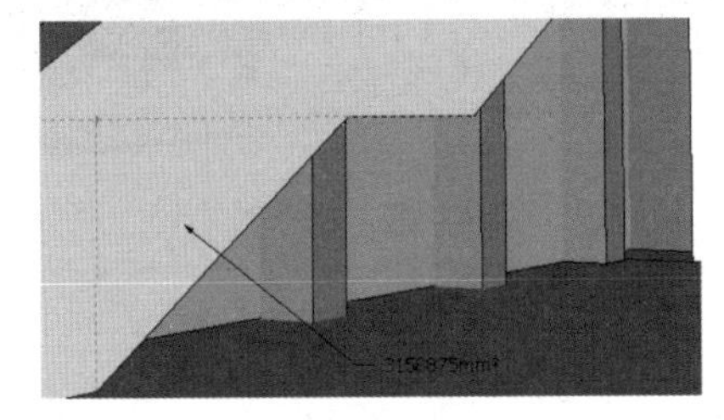

图 2-140　自动标注面的面积

2.10.5　三维文字

输入三维文字，可以在场景中生成平面、立体以及可以单独控制 3D 高低的文字。

1. 输入三维文字

（1）单击“构造”工具栏上的按钮，此时光标会变成一个四向光标，并弹出“放置三维文本”对话框，如图 2-141 所示。

图 2-141　“放置三维文本”对话框

（2）依次对对话框中的每一个选项进行设置，并放置在场景中相应的位置，如图 2-142 所示。

图 2-142　放置三维文字

2. 修改三维文字

三维文字的高度、大小可以通过“缩放”功能来实现整体的缩放，如图 2-143 所示。

图 2-143 修改三维文字

3. 修改单个文字

若要对三维文字进行单个修改，需要炸开文字，然后对单个文字进行调整，如图 2-144 所示。

图 2-144 修改单个文字

2.10.6 隐藏、显示、删除

1. 隐藏

选取物体后右击，在弹出的快捷菜单中选择“隐藏”“隐藏所选边”或“隐藏所选面”命令，即可实现相关的操作。如图 2-145 所示即对树木进行了隐藏操作。

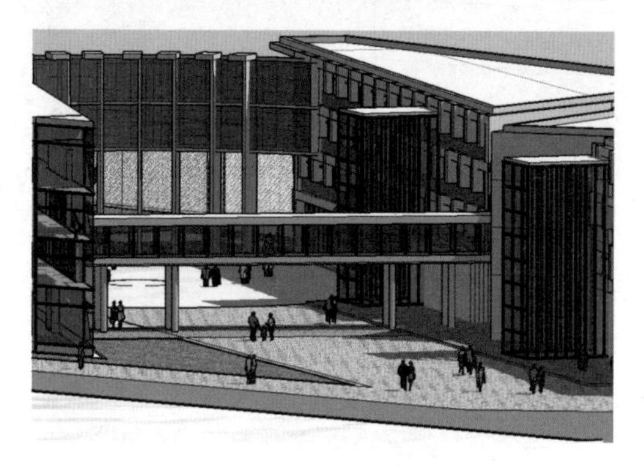

图 2-145 隐藏树木

2. 显示

选择“编辑”|“取消隐藏”命令即可对物体进行显示，在图 2-146 中将图 2-145 中隐藏的树木显示出来了。

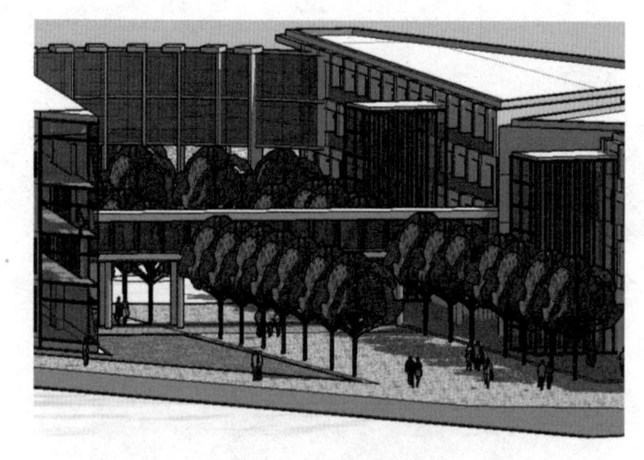

图 2-146 显示树木

3. 虚显

选择“视图”|“隐藏物体”命令，则隐藏的线以虚线显示，而隐藏的面以网格显示，如图 2-147 所示。

图 2-147　树木隐藏以虚线显示

2.11　沙盒的使用

SketchUp 中的“沙盒”工具栏主要用于地形的创建，有以下操作工具：“根据等高线创建”“根据网格创建”“曲面起伏”“曲面平整”“曲面投射”“添加细部”和“对调角线”。“沙盒”工具栏默认打开，如果没有开启，则执行如下操作：

选择“视图”|“工具栏”|“沙盒”命令，弹出“沙盒”工具栏，如图 2-148 所示。

图 2-148　“沙盒”工具栏

2.11.1　等高线创建沙盒

使用等高线创建沙盒，进而制作三维地形实体。具体操作如下：

先使用手绘线绘出等高线，或者从 AutoCAD 中精确导入等高线，如图 2-149 所示，然后单击“根据等高线创建”按钮，将等高线转换为三维地形实体，如图 2-150 所示。

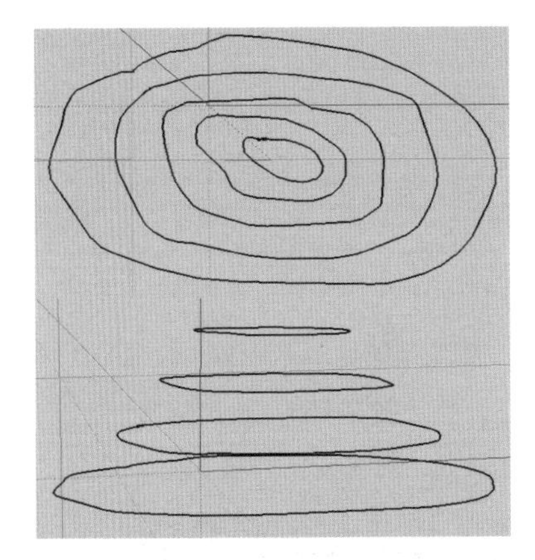

图 2-149　绘出等高线

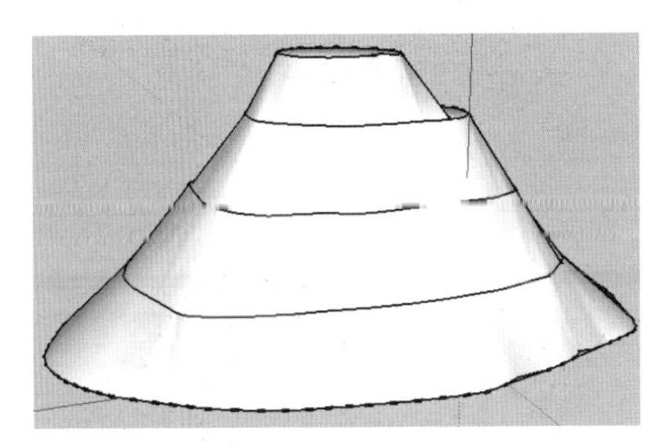

图 2-150　生成三维地形

2.11.2　网格创建沙盒

使用网格创建沙盒，进而制作坡面。具体操作如下：

单击“根据网格创建”按钮，建立网格，如图 2-151 所示。

双击平面网格组件，然后单击“曲面起伏”按钮，设置半径为 1000mm，如图 2-152 所示。

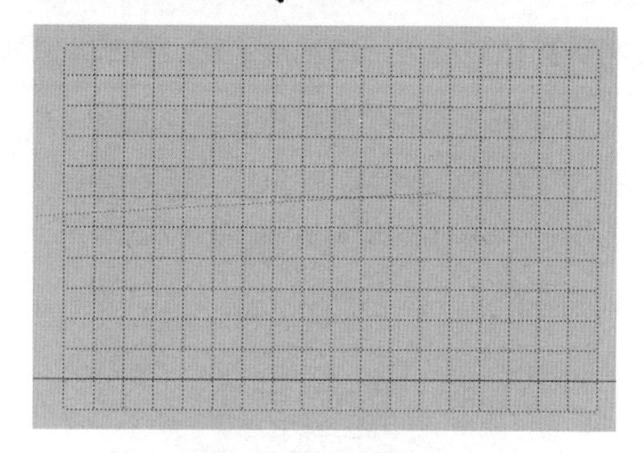

图 2-151　绘出网格

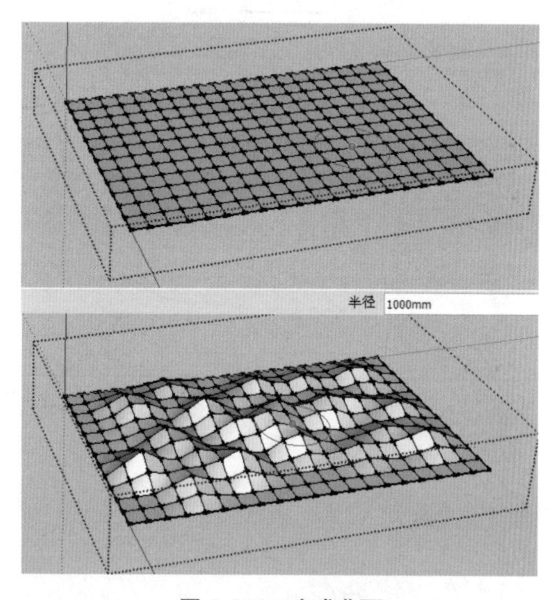

图 2-152　生成曲面

2.11.3　曲面平整

曲面平整工具可以在高低起伏的地形上平整场地和创建建筑基面，先将建筑体移动到网格曲面上方，如图 2-153 所示，然后单击“曲面平整”按钮（可手动设置偏移值），如图 2-154 所示。

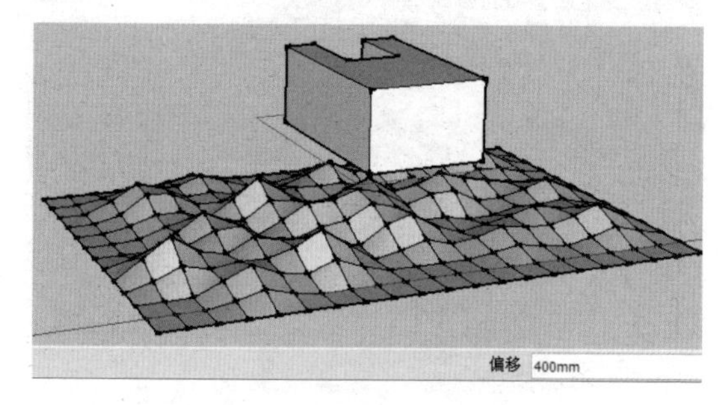

图 2-153　移动建筑体到地形上方

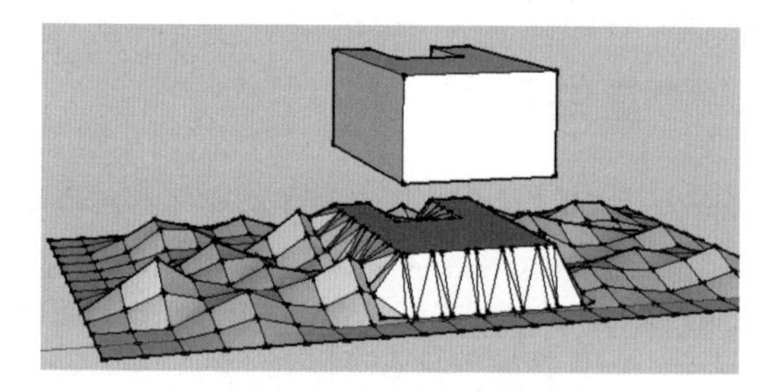

图 2-154　生成建筑基面

注意：SketchUp 不支持垂直方向上 90° 及以上的转折，否则会自动断开；也不支持镂空情况，否则会自动闭合。

2.11.4　曲面投射

曲面投射工具可以将物体的形状投影到地形上，先创建一个道路平面，然后移动到地形上方，如图 2-155 所示。

选中道路平面，单击“曲面投射”按钮，然后单击“地形”组件，将道路平面投影至地形中，如图 2-156 所示。

注意：选择“地形”组件并右击，在弹出的快捷菜单中选择“柔滑 / 平滑边线”命令可将地形边线进行柔化，如图 2-156 所示即为柔化后的地形图。

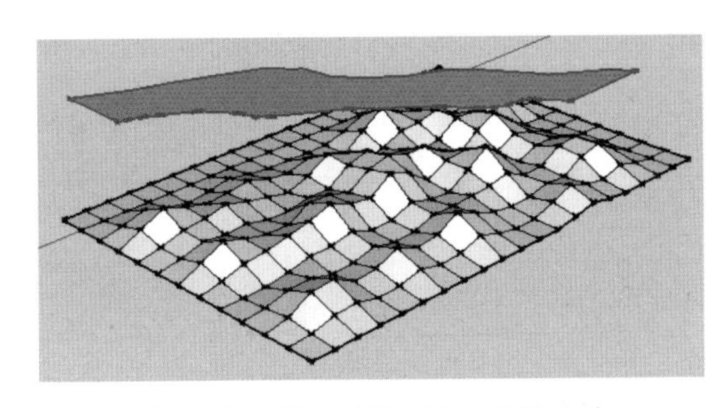

图 2-155　移动道路平面至地形上方

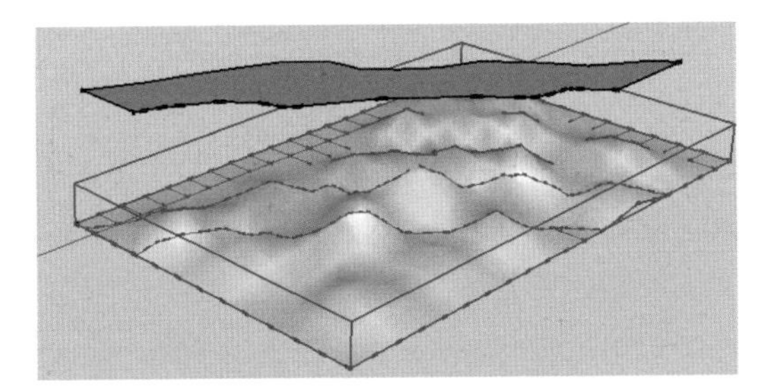

图 2-156　在地形上生成道路

2.11.5　添加细部

添加细部工具可以对地形网格进一步细化，首先双击“地形”组件，然后单击“添加细部”按钮，在地形图中需要的位置添加细部，如图 2-157 所示。

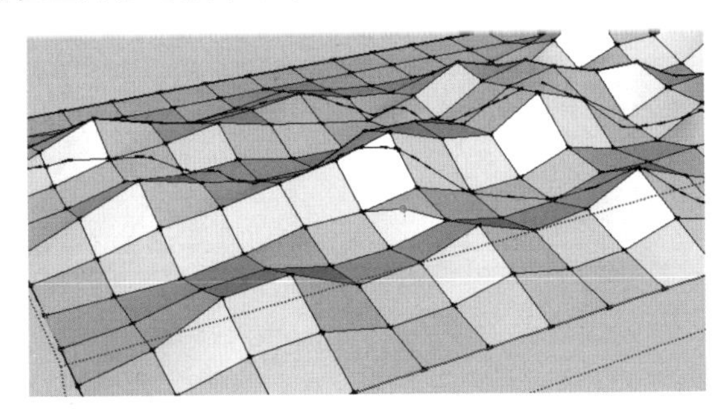

图 2-157　在地形上添加细部

2.11.6　对调角线

对调角线工具可以通过改变地形网格三角形边线方向对地形进行局部调整，首先双击“地形”组件，然后单击“对调角线”按钮，在地形图中需要的位置进行编辑，如图 2-158 和图 2-159 所示。

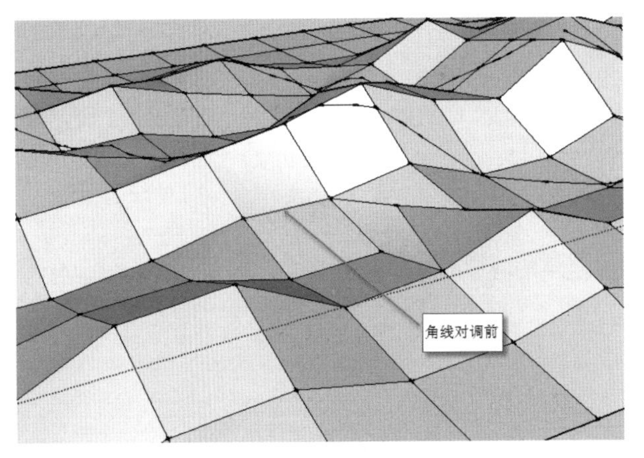

图 2-158　角线对调前

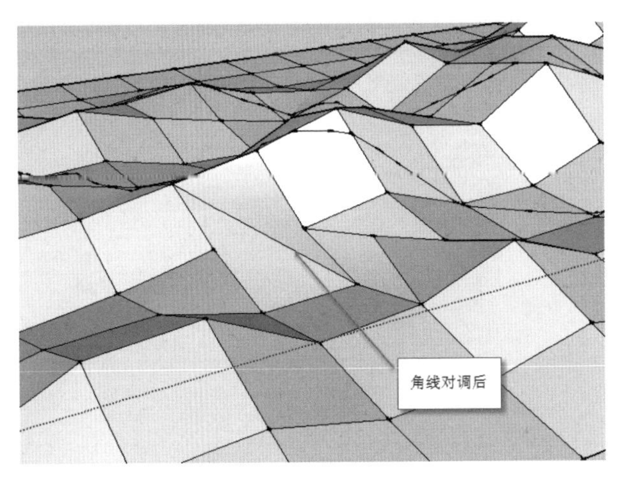

图 2-159　角线对调后

Chapter 3

草图建模的重点与难点

本章介绍 SketchUp 面、材质、动画、组件、群组等重要概念。灵活掌握这些概念是做好设计的基础，同时也是草图建模的重点和难点。

3.1 面

面的概念是 SketchUp 建模的核心。SketchUp 中最小的编辑单位是线，要将线形成三维物体，就必须将线连接成面，而后将面推拉成体。

3.1.1 面的柔化边线

在 SketchUp 中，面与面相交处显示为线。SketchUp 对面面相交的线的显示有 3 种方式：显示边线、不显示边线、柔化边缘（前两种在显示模式中已有讲解）。

如果需要柔化边缘，只要选中需柔化边线的模型，然后单击鼠标右键，在弹出的快捷菜单中选择“柔化 / 平滑边线”命令，在弹出的“柔化边线”对话框中设置相应的数值即可，如图 3-1 所示。具体的操作过程如图 3-2 和图 3-3 所示。

图 3-1 “柔化边线”对话框

图 3-2 显示边线的模型

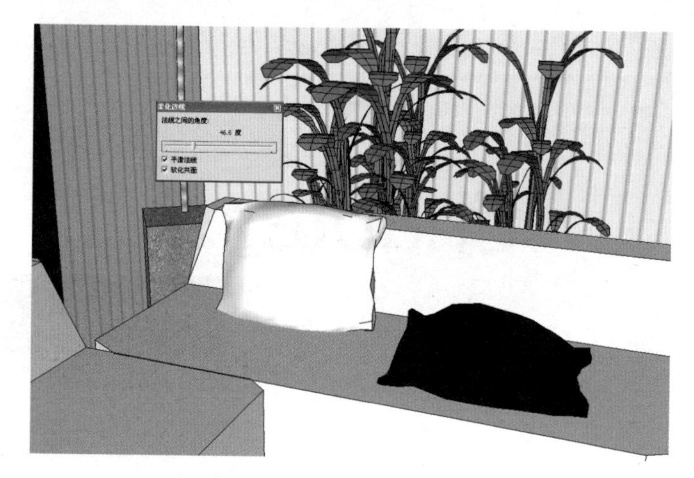

图 3-3 柔化边缘后的模型

3.1.2 面的正反

由于渲染常用单面渲染，因此 SketchUp 中建模通常采用单面建模，如图 3-4 所示。

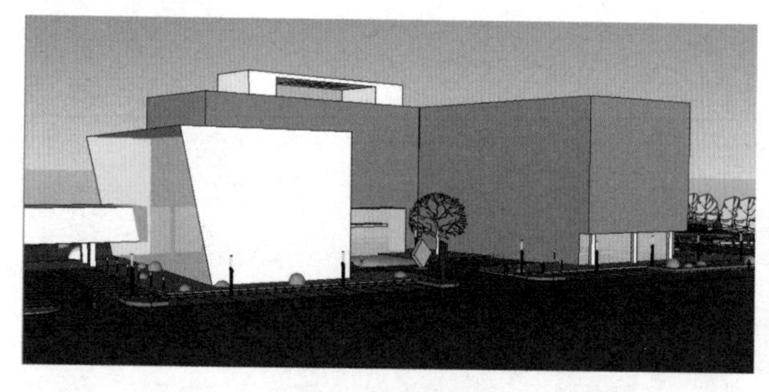

图 3-4 建筑模型

在 SketchUp 中，面是有正反的。系统默认蓝色表示反面，而灰色是正面，如图 3-5 所示。室内模型因为室内作为渲染的正面，因此需要将模型的面进行翻转。

双击选取任一墙面，右击，在弹出的快捷菜单中选择“将面翻转”命令，再右击，弹出快捷菜单，选择“确定平面的方向”命令，将整个室内模型的面进行翻转，如图 3-6 所示。

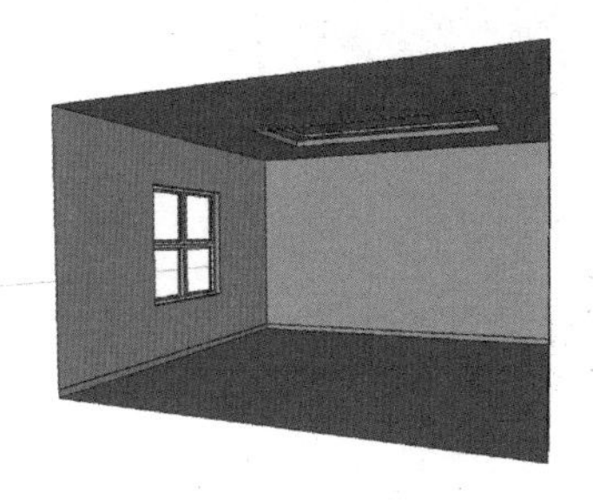

图 3-5　默认的室内模型面

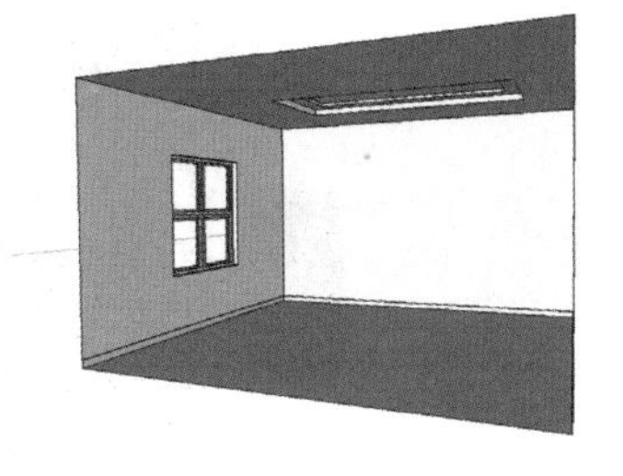

图 3-6　面翻转后的模型

3.2　群组

在 SketchUp 的建模过程中，由于 SketchUp 特殊的面体概念，很容易就让相连的线或面产生关联，最好能让相关的物体组成一个集合，这就是群组，如图 3-7 所示。

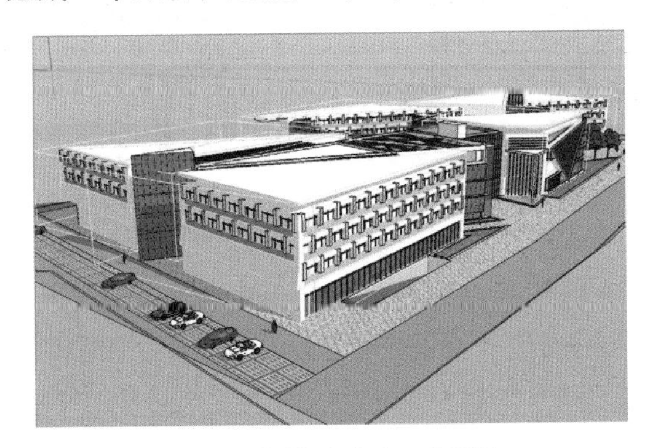

图 3-7　每幢楼成为一个群组

3.2.1　创建群组 / 取消群组

如果需要创建群组，只要选中所有需群组的物体，右击，在弹出的快捷菜单中选择“创建群组”命令即可，如图 3-8 所示。

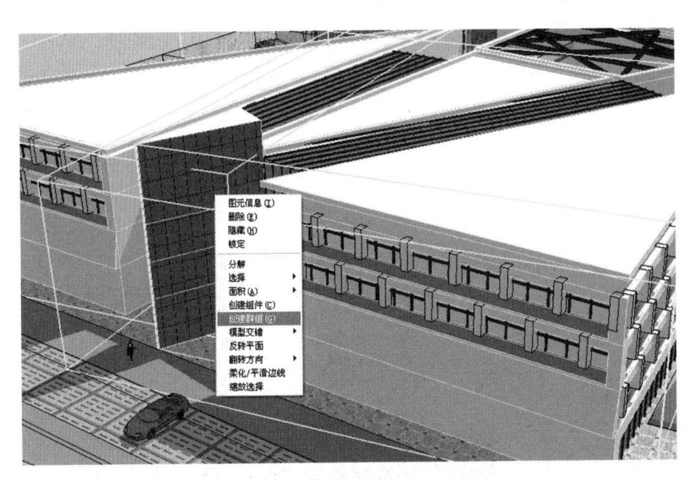

图 3-8　选择需要群组的物体

创建完群组后，选取群组的模型为一个整体，需要对内部进行编辑，则多次双击，如图 3-9 所示。

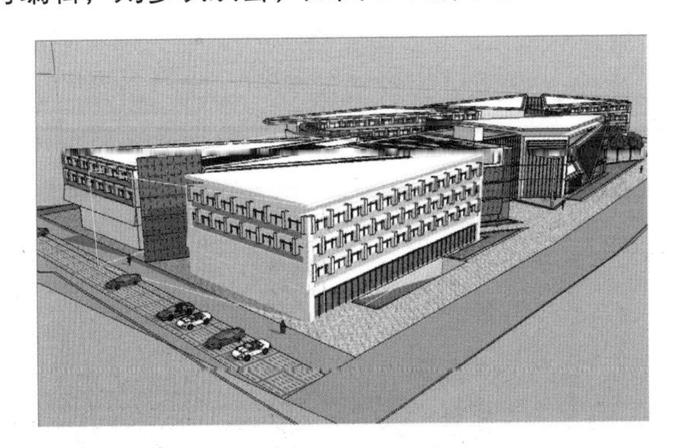

图 3-9　群组完成

群组的取消和群组的建立一样方便：选中群组，右击，在弹出的快捷菜单中选择“分解”命令，即可取消群组。

3.2.2　锁定群组 / 解锁群组

锁定的群组不能进行任何修改操作，在设计时可将一些确定无误的部分进行锁定，以免受到干扰。选择需要锁定的群组，右击，在弹出的快捷菜单中选择“锁定”命令即可锁定群组，如图 3-10 所示。

锁定群组后，所选中群组的外框以大红色显示，如图 3-11 所示。

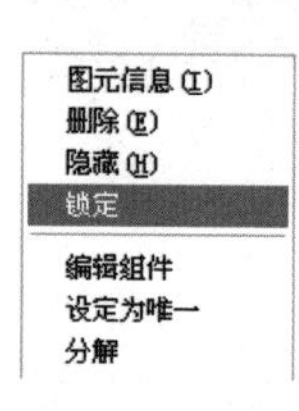

图 3-10　锁定

图 3-11　锁定群组

如果需要对锁定的群组进行解锁，只要先选择需要被锁定的群组，右击，在弹出的快捷菜单中选择“解锁”命令，即可解除群组的锁定，如图 3-12 所示。解锁后的群组如图 3-13 所示。

图 3-12　锁定的群组

图 3-13　解锁的群组

3.2.3　编辑群组

在设计时，可能需要从群组中移出物体。其操作比较简单。

（1）双击群组进入编辑状态，选取需要移出的物体后，按 Ctrl+X 快捷键，剪切选中的物体，如图 3-14 所示。

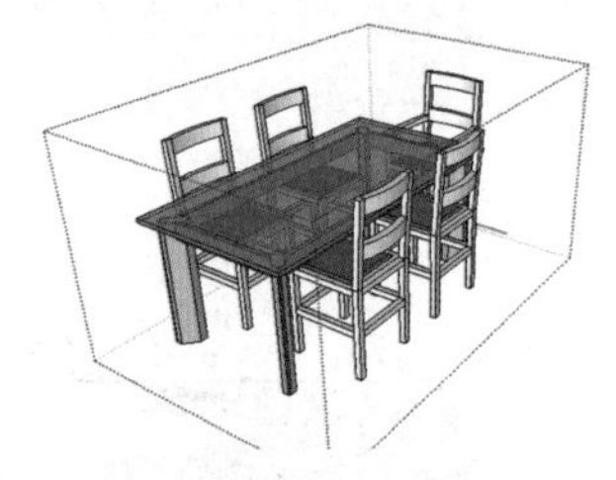

图 3-14　剪切其中一把椅子

（2）在群组外需要放置此物体的位置单击，确定位置，按 Ctrl+V 快捷键，即可将物体成功移出群组，如图 3-15 所示。

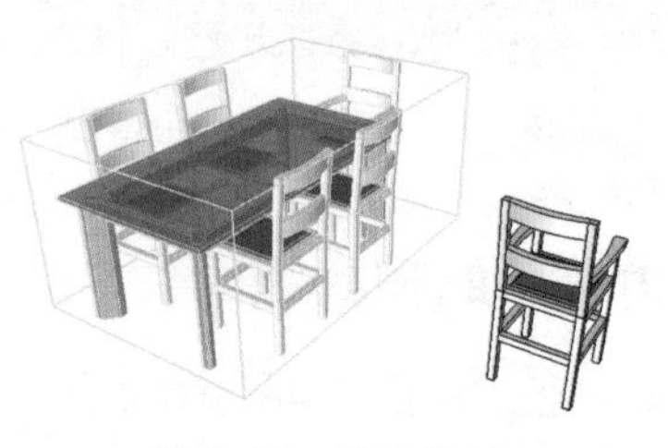

图 3-15　移出物体

不同文件之间的群组可以通过复制、粘贴的方式，在不同的文件之间相互引用。

3.3 组件

组件和群组类似，都是一个或多个物体的集合。组件可以输出成后缀为 .skp 的 SketchUp 文件，在任何文件中以组件形式调用；组件间有关联特性；组件有自身的坐标系，可以方便地对齐表面或物体。

3.3.1 选择组件

选择“窗口”|“组件”命令，在打开的“组件”对话框中实现对组件的运用，如图 3-16 所示。软件自带了一些常用的组件，例如建筑中常用的行人、树木、车辆等。

图 3-16 “组件”对话框

组件的选用与材质选用类似，软件自带一系列组件，可直接调用，但 SketchUp 2014 在联网的情况下，可直接输入要查找的组件名称，中英文均可，如图 3-17 所示，搜索完成后会直接显示组件的图示，如图 3-18 所示。

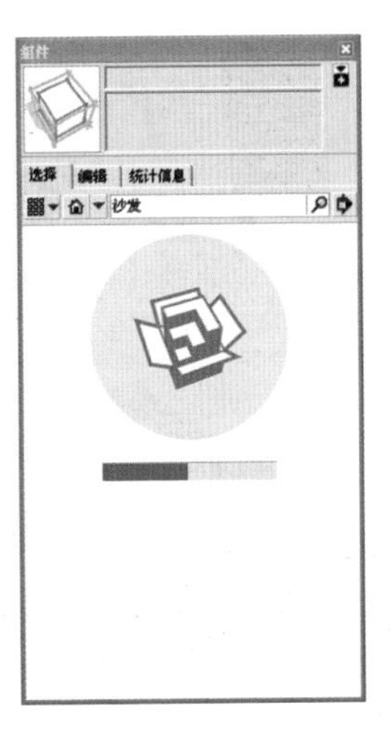

图 3-17 搜索组件

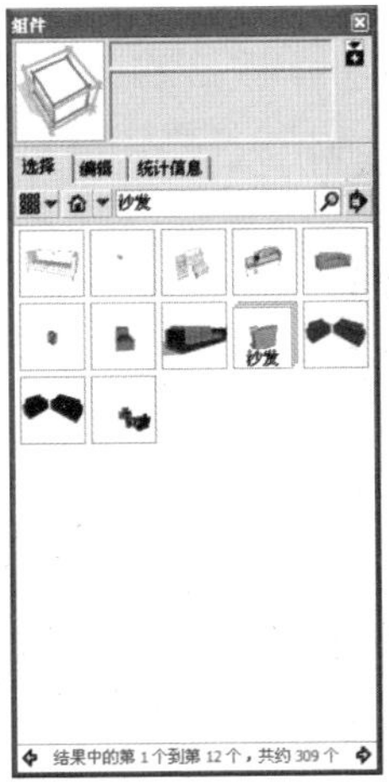

图 3-18 搜索到的组件

单击需要的组件，将进行下载并显示下载进度，如图 3-19 所示。

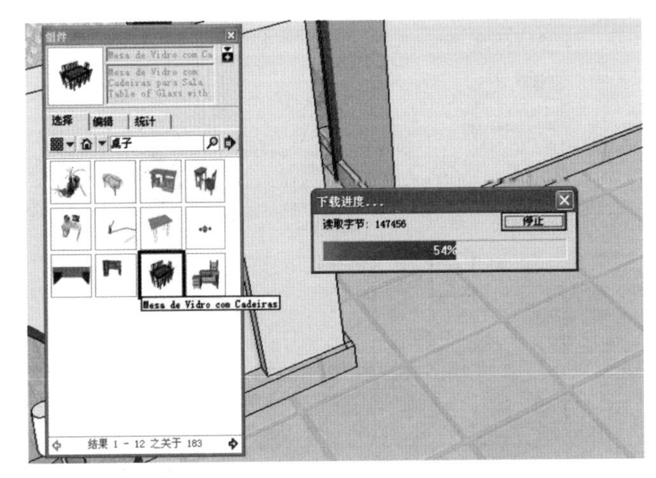

图 3-19 下载组件

下载完成后，可以直接将组件放置于场景中，如图 3-20 所示。

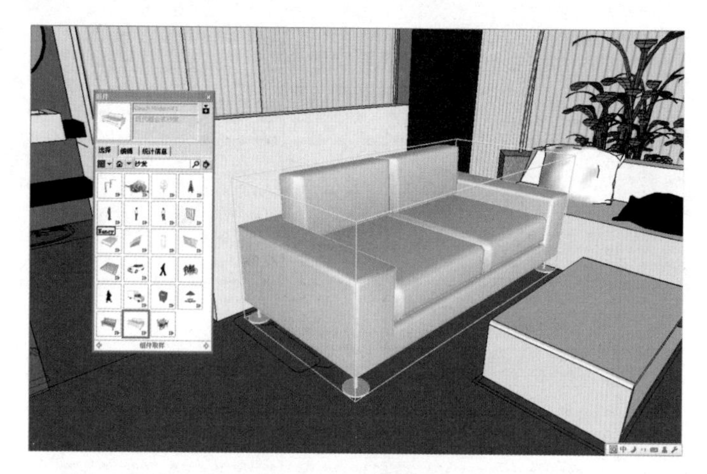

图 3-20　放置组件

除了直接在搜索框中搜索外，还可以直接到 Google 3D 模型库，以网页的方式查看，具体操作如图 3-21 ～图 3-23 所示。看到所需的组件，即可直接单击下载。

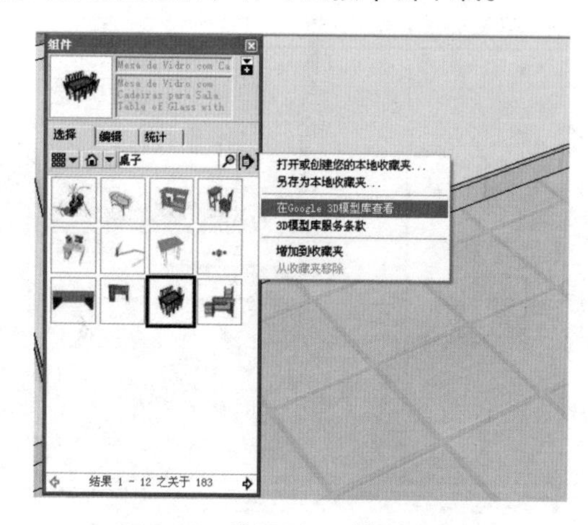

图 3-21　选择到 3D 模型库查看

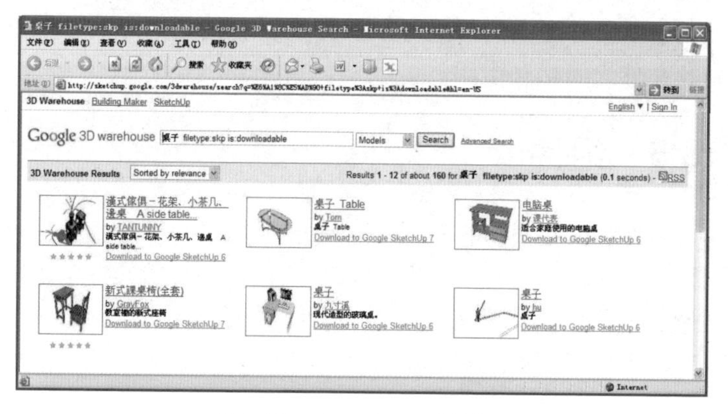

图 3-22　Google 3D 模型库

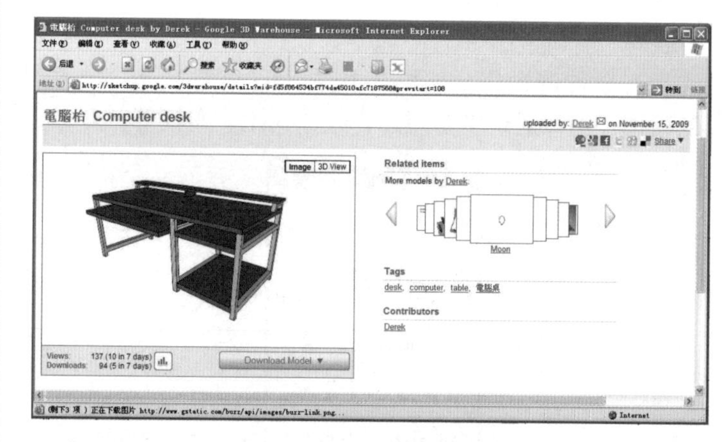

图 3-23　选择相关的模型

因此，SketchUp 2014 功能的重大进步之一就是组件库的运用，使软件直接连接网络模型库，搜索任何需要的组件。

3.3.2　创建组件

选择“视图”|“工具栏”|“主要”命令，打开“主要”工具栏，如图 3-24 所示。当绘图过程中有建立组件的条件时（选中了一定的面或线或物体），按钮会变成红色。这

只是一个提示功能，与设计人员是否建立组件无关。

图 3-24 “主要”工具栏

选中模型并右击，在弹出的快捷菜单中选择“创建组件”命令，弹出“创建组件”对话框，如图 3-25 所示。

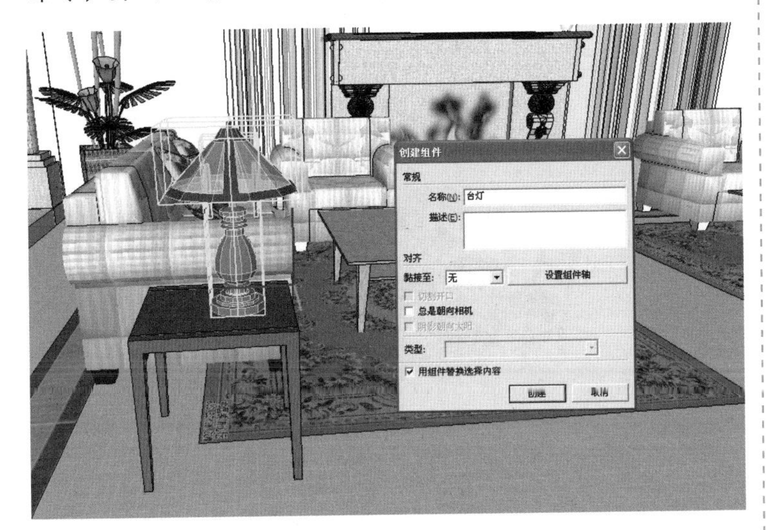

图 3-25 “创建组件”对话框

如果选中“总是朝向相机”复选框，那么插入后的组件始终对齐到视图，以面向相机的方向显示，不受视图变更的影响。二维图形中如需要定义组件，就要选中此复选框。如图 3-26 所示为选中了此项功能，可以看出二维图形随视图而变化。而图 3-27 中为未选取此项功能，二维图形不随视图变化。

如果创建了组件，那么就可以在组件管理器中找到刚刚创建的组件，如图 3-28 所示。

图 3-26 “总是朝向相机”功能启用

图 3-27 “总是朝向相机”功能未启用

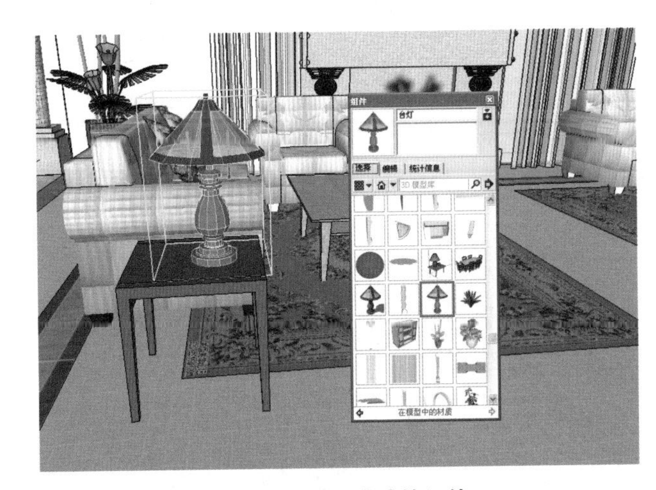

图 3-28 创建成功的组件

3.3.3 添加组件库

可将组件添加到个人组件库中，以方便在任何文件中调用。

在“组件”对话框中单击按钮，在弹出的菜单中选择“另存为本地集合”命令，如图 3-29 所示。

在弹出的“浏览文件夹”对话框中选择组件文件存放的文件夹，单击“确定”按钮增加组件，即可在“组件”对话框的“选择”选项卡中找到相应的组件库，如图 3-30 所示。

图 3-29　增加组件库

图 3-30　添加到组件库

3.3.4　组件的编辑

场景中将组件复制多个，可以对组件统一地关联编辑，也可以进行单独编辑。

1. 组件的关联编辑

在 SketchUp 中将组件多处复制后，编辑其中的一个，则所有的组件都会关联改变，这就是关联编辑，如图 3-31 所示。

双击需要编辑的组件，如图 3-32 所示，图中黄色框显示的组件就是选中的所需编辑的组件。

如图 3-33 所示，通过观察，会发现当编辑其中一个组件时，其他相同定义的组件都会发生变化。

图 3-31　复制多个组件

图 3-32　编辑组件

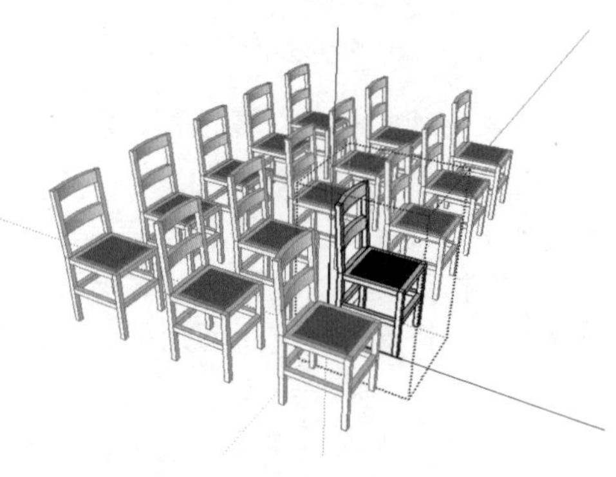

图 3-33　编辑组件效果

2. 组件的单独编辑

选中需要单独编辑的组件，右击，在弹出的快捷菜单中选择“设定为唯一”命令，即可将组件独立出来，与其他的组件脱离关联，如图 3-34 所示。

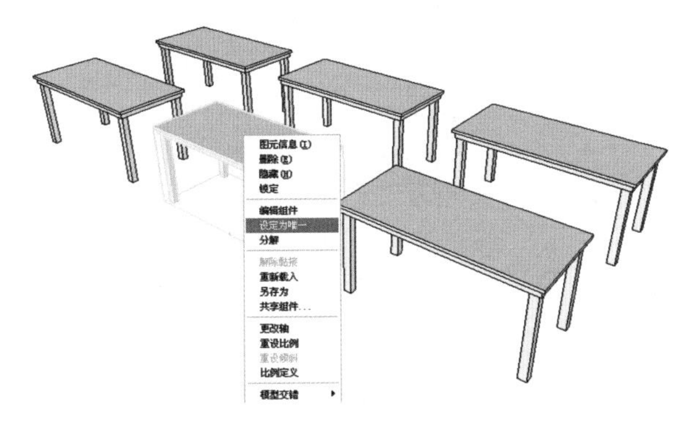

图 3-34　分离组件

组件独立后，即可进行单独编辑，这一组件与其余组件之间没有关联特性，如图 3-35 所示。

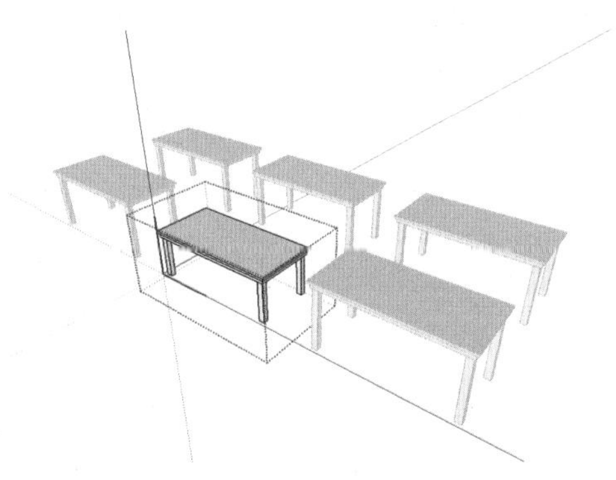

图 3-35　单独编辑

3. 组件的替代

原有路灯组件名称为“路灯组件 A”，效果如图 3-36 所示。

图 3-36　原有路灯组件

建模另一个路灯 B，并以之前路灯 A 的名字命名，系统提示是否替代，如图 3-37 所示。

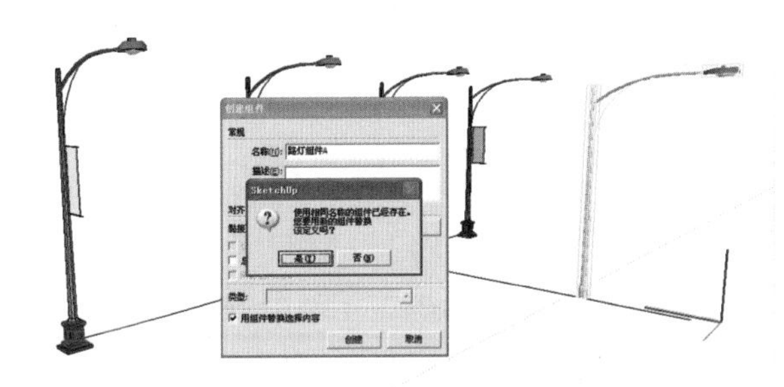

图 3-37　系统提示是否替代

单击“是”按钮，则场景中的路灯全部更新为新的组件样式，效果如图 3-38 所示。

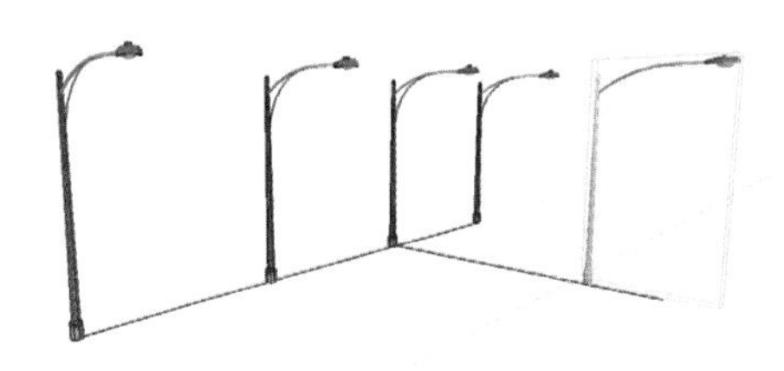

图 3-38　组件替代

3.4 实体工具

SketchUp 2014的实体工具类似于3ds Max软件中的“布尔运算”命令，可以在组或组件之间进行布尔运算，以便创建复杂模型，不再需要拆分进行编辑。选择“视图”|“工具栏”|“实体工具”命令，弹出“实体工具”工具栏，如图3-39所示。

图3-39 “实体工具”工具栏

3.4.1 实体外壳

实体外壳工具是将所有选定实体合并为一个新的实体并删除所有内部图元。操作如下：选择圆锥体群组及六棱柱群组，然后单击按钮，生成一个新的群组，如图3-40所示。

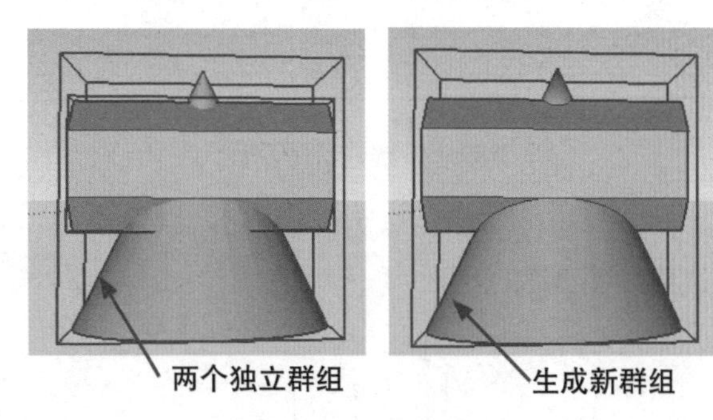

图3-40 生成新群组

3.4.2 相交

相交工具使所选的全部实体相交并将其交点保留在模型内，其余部分被删除。操作如下：选择圆锥体群组及六棱柱群组，然后单击按钮，相交部分生成一个新的群组，如图3-41所示。

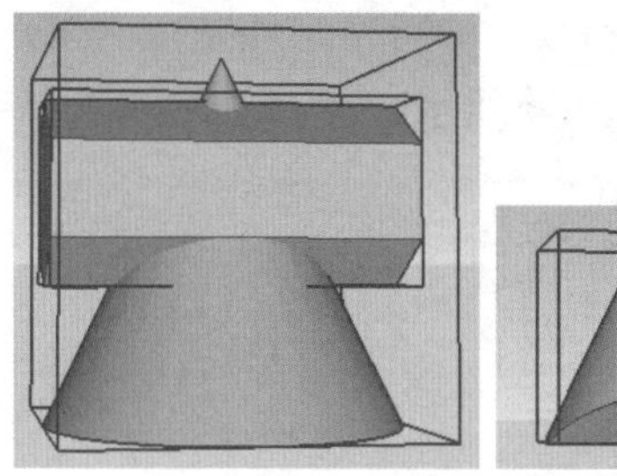
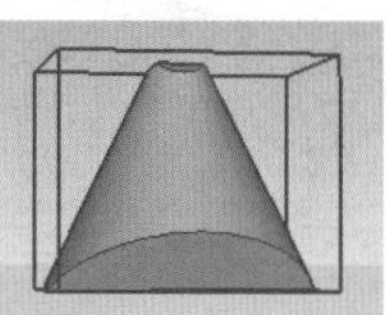

图3-41 相交生成新群组

3.4.3 联合

联合工具可将所有选定实体合并为一个实体并保留内部空隙。操作如下：选择圆锥体群组及六棱柱群组，然后单击按钮，生成新的群组，如图3-42所示。

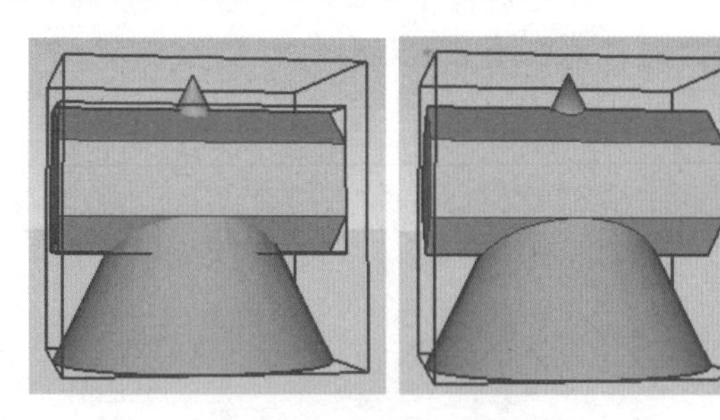

图3-42 联合生成新群组

3.4.4 减去

减去工具可从第二个实体中减去第一个实体，并将结果保留在模型中，删除第一个选中的实体。操作如下：单击按钮，选择圆锥体群组作为第一个实体，然后选择六棱柱群组作为第二个实体，生成新的群组，如图3-43所示。

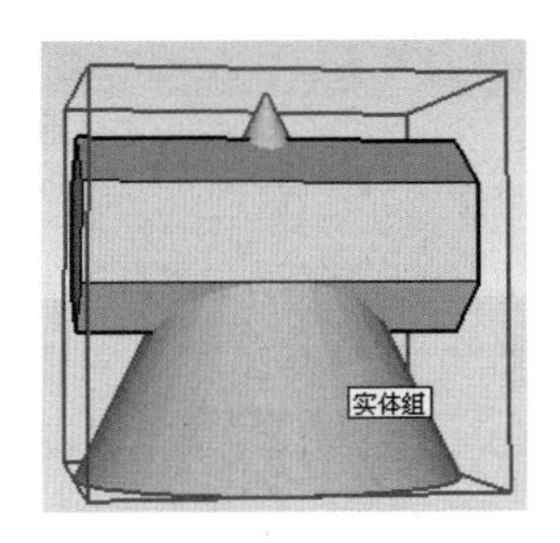

选择圆锥体作为第一个实体

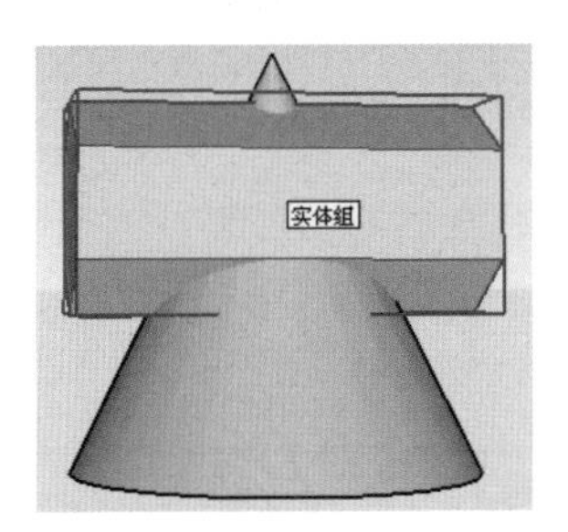

选择六棱柱体作为第二个实体

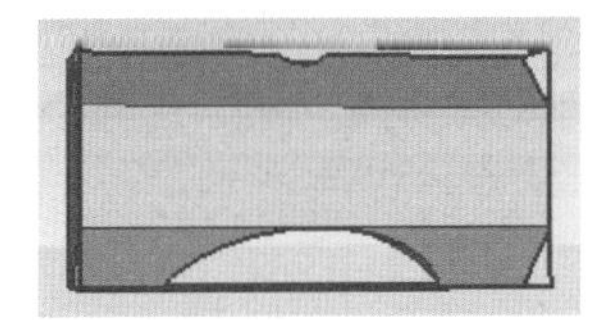

使用减去工具生成新的群组

图 3-43　减去生成新群组

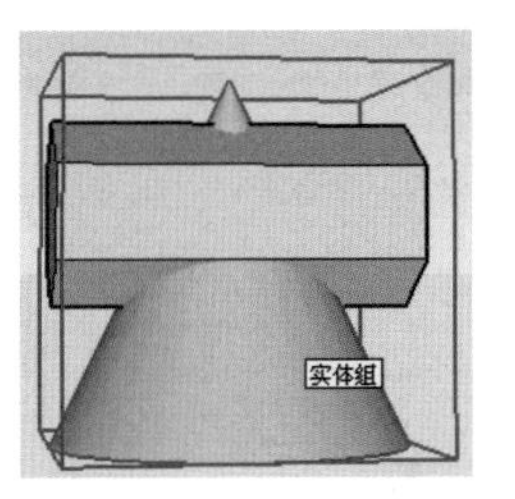

选择圆锥体作为第一个实体

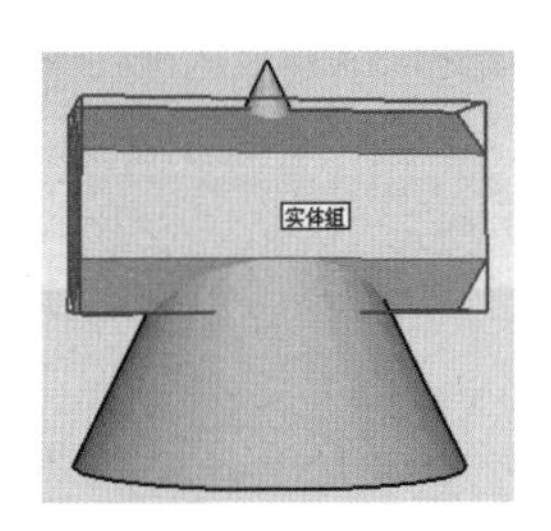

选择六棱柱体作为第二个实体

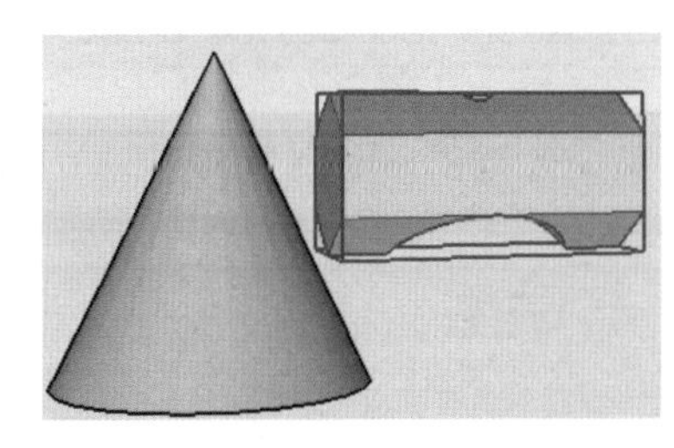

使用剪辑工具生成新群组，同时保留原群组

图 3-44　剪辑生成新群组

3.4.5　剪辑

剪辑工具可从第二个实体中剪辑第一个实体，并将二者同时保留在模型中，不删除原群组或组件。操作如下：单击按钮，选择圆锥体群组作为第一个实体，然后选择六棱柱群组作为第二个实体，生成新的群组，如图 3-44 所示。

3.4.6　拆分

拆分工具使所选全部实体相交并将所有结果保留在模型中，即原实体相交部分、不相交部分分别生成新的群组。操作如下：选择圆锥体群组及六棱柱群组，然后单击按钮，生成新的群组，如图 3-45 所示。

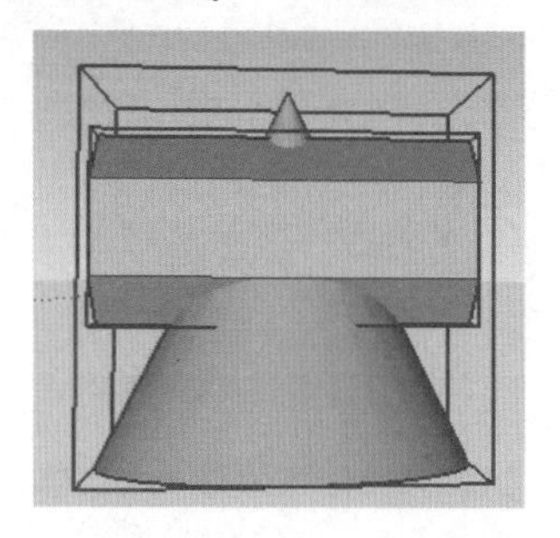

选择圆锥体及六棱柱体

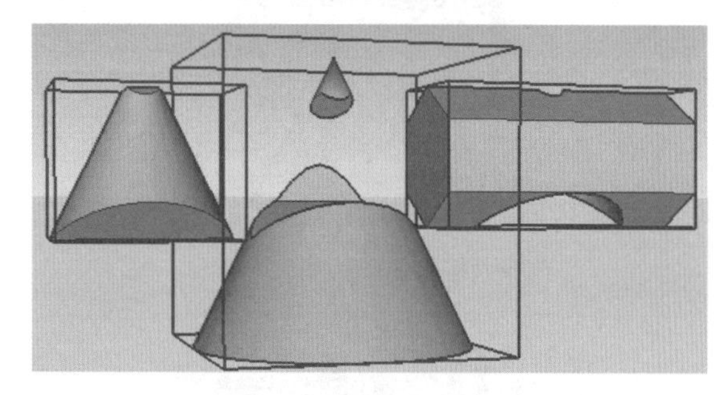

图 3-45　拆分生成新群组

3.5　材质与贴图

SketchUp 2014 的材质管理操作简便、功能清晰，并自带大量的材质素材。选择“视图”|“工具栏”|“主要”命令，弹出“主要”工具栏，如图 3-46 所示。

图 3-46　“主要”工具栏

单击“油漆桶”按钮，打开“材质”对话框，如图 3-47 所示，材质的选用、编辑均在此对话框中完成。

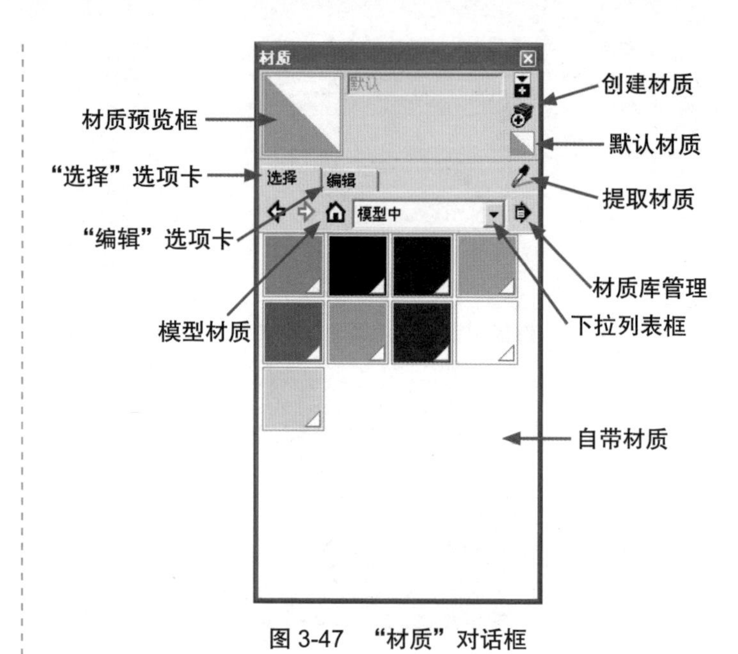

图 3-47　“材质”对话框

3.5.1　选择材质

赋予模型材质的第一步，就是选择材质，下面介绍各种材质的选择方法。合适的材质会为设计带来更多的真实感和视觉冲击力。

1. 提取材质

单击按钮，光标将变成吸管形状，在场景中单击所需要的材质，材质预览窗口中会显示相应材质，如图 3-48 所示。

选中此材质后，将光标移动至需给赋材质的模型处单击，将此材质给赋，如图 3-49 所示。

2. 默认材质

单击右边的按钮，选择系统默认显示色彩。将光标（此时为油漆桶形状）移动到屏幕中单击，即可将屏幕中材

质改变为系统默认的色彩，如图 3-50 所示。

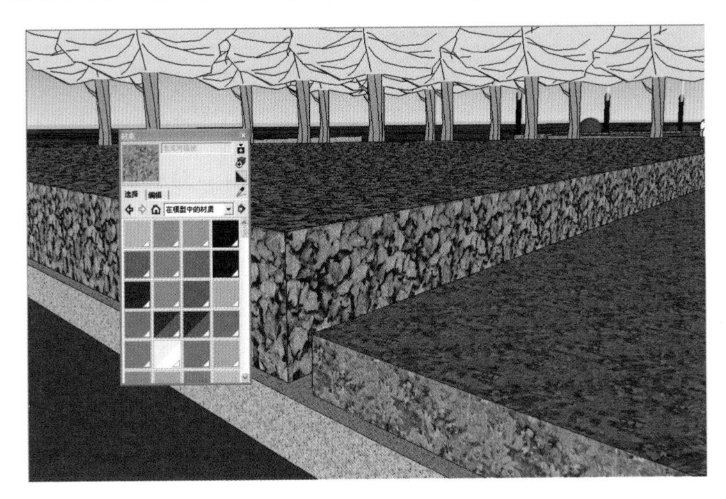

图 3-48　从场景中选取材质

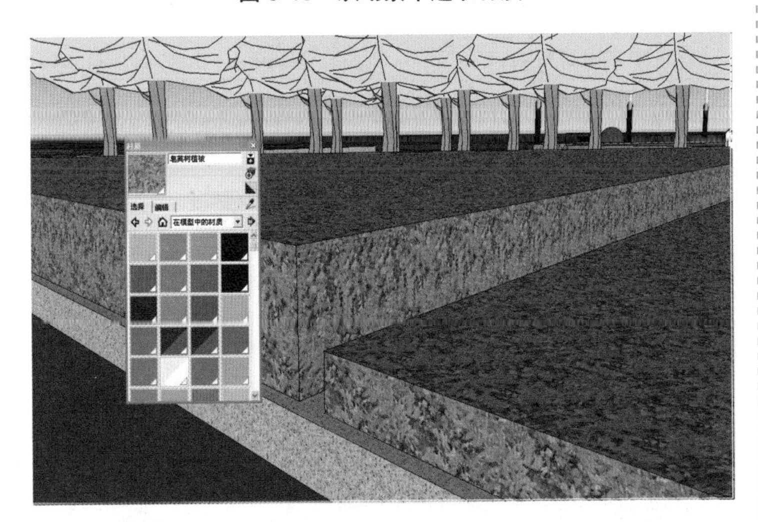

图 3-49　给赋材质

3. 选择 SketchUp 自带材质

“材质”对话框的下拉列表框中自带各类型的材质贴图，如图 3-51 所示，包括多种常用材质。可以看到，这些材质以列表和文件包两种形式列出，双击打开即可选中，然后就可以赋给场景中的模型了，如图 3-52 所示。

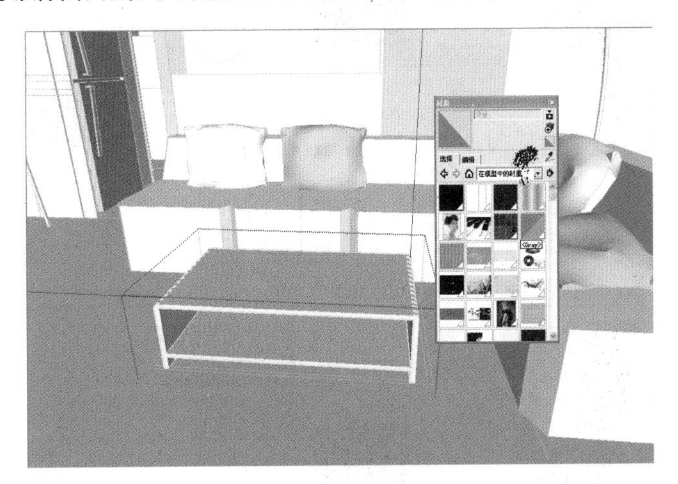

图 3-50　给赋默认材质颜色

图 3-51　自带材质

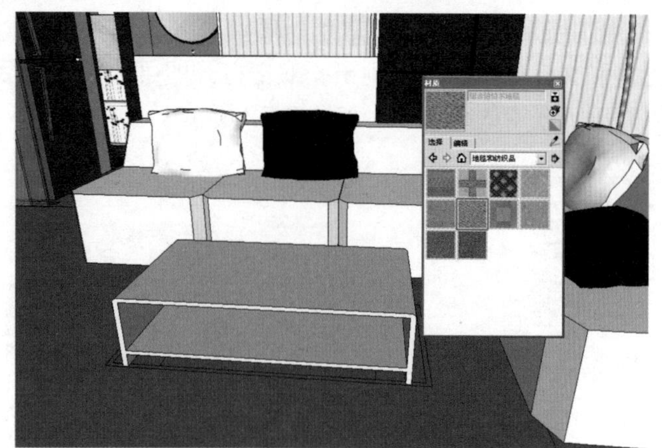

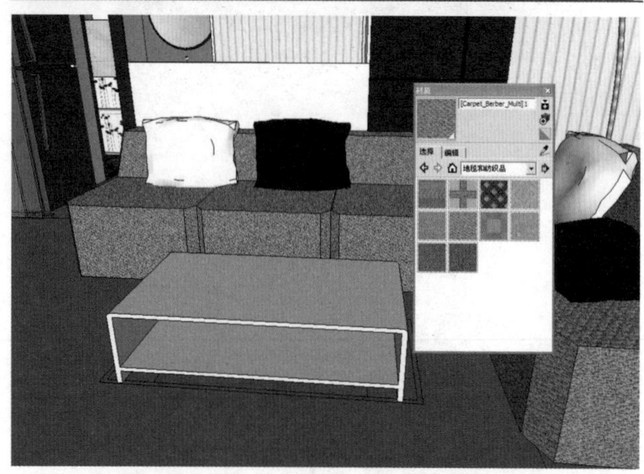

图 3-52　选用地毯材质给赋沙发

3.5.2　编辑材质

设计中通常需要编辑材质，可以对现有的任何材质（包括软件自带的材质）进行编辑。选择需要编辑的材质，切换到"编辑"选项卡，如图 3-53 所示。

"编辑"选项卡中共有"颜色""纹理"和"不透明"3 个功能区。通过这 3 个功能区，可以实现对材质的基本编辑。

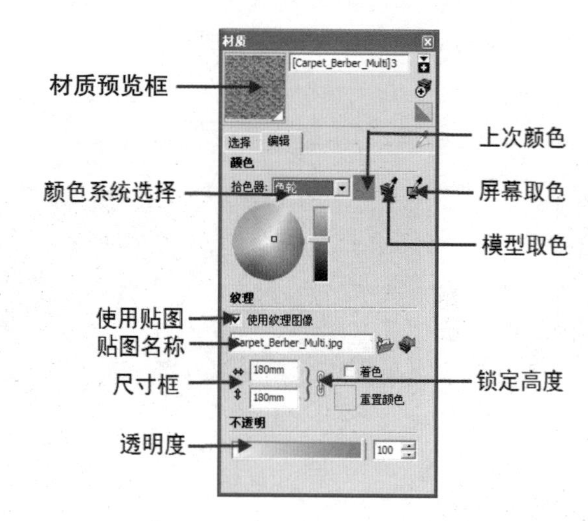

图 3-53　"编辑"选项卡

1. 编辑色彩

对现有材质的色彩通过色环、RGB、HLS、HSB 多种调色模式进行调整，并且调色的过程在场景中会有实时的显示。如图 3-54 和图 3-55 所示为调整场景中的材质色彩。

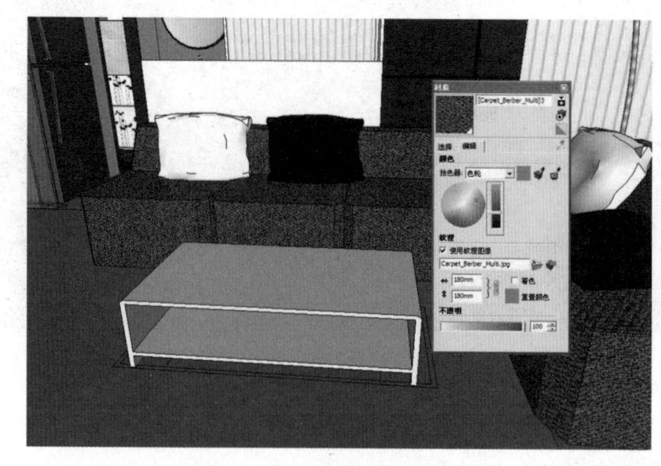

图 3-54　调整材质色彩 1

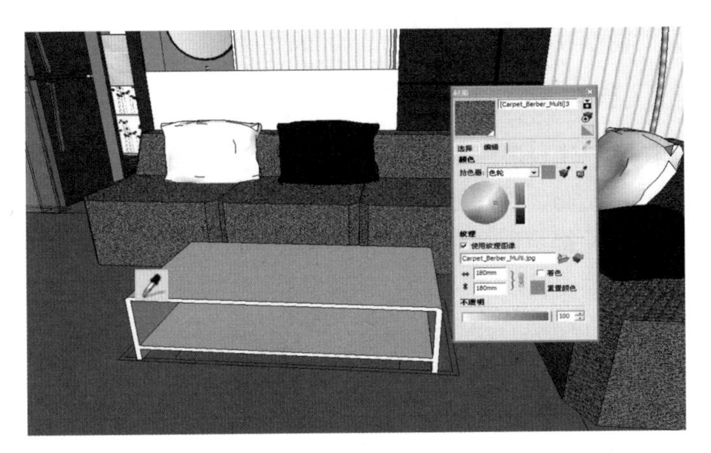

图 3-55 调整材质色彩 2

2. 使用外部贴图

在“纹理”功能区中选中“使用纹理图像”复选框，并单击按钮，在打开的“选择图像”对话框中选择需要的贴图图片，如图 3-56 所示，这样所选择的外部图片即可自动添加为贴图图片。

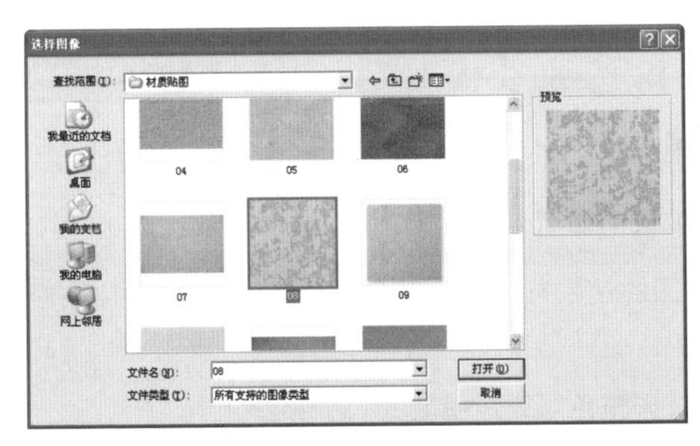

图 3-56 选择图片

3. 调整贴图尺寸

对于自有的材质贴图尺寸以及外部贴图尺寸，可通过数值调整来贴合设计需要，如图 3-57 和图 3-58 所示。

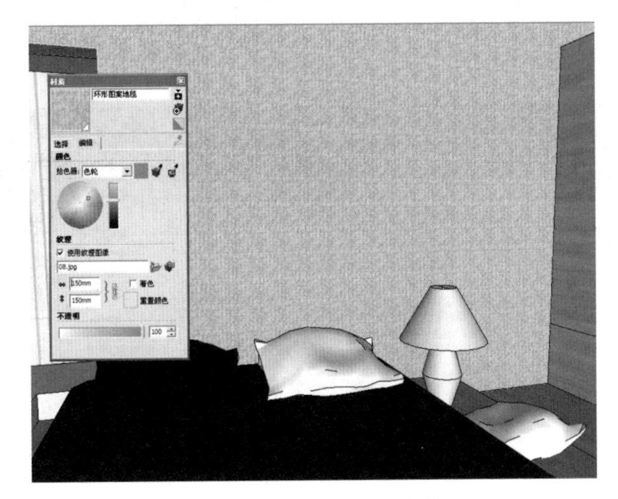

图 3-57 修改贴图尺寸前

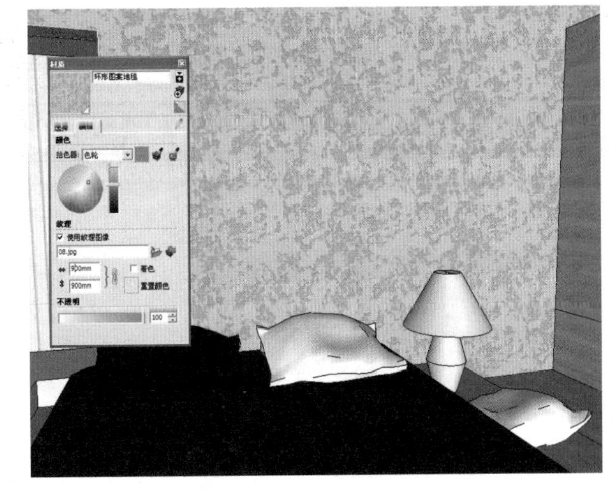

图 3-58 修改贴图尺寸后

4. 调整材质透明度

水、玻璃、透光板等材质需要设置透明度，以得到真实质感。在“编辑”选项卡的“不透明”功能区中，通过滑块对材质透明度进行实时调整，并于场景中显示，如图3-59和图3-60所示。

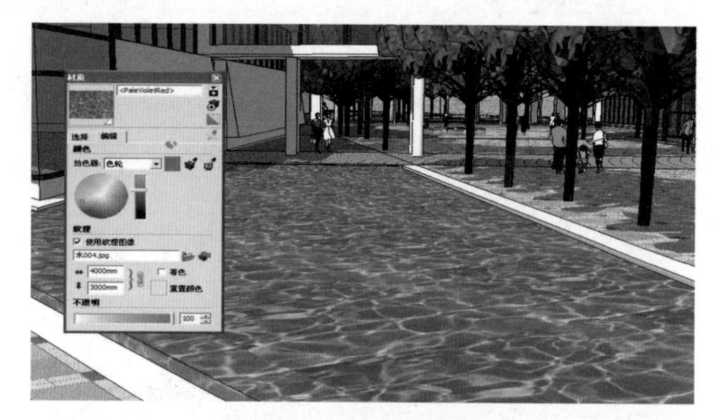

图3-59　调整透明度前

图3-60　调整透明度后

3.5.3　创建材质

创建材质并以新的名称命名保存于本文件，便于调用。在“材质”对话框上单击按钮，弹出的“创建材质”对话框，如图3-61所示。

1. 命名材质

在“创建材质”对话框中，可以设置材质名称、选用颜色、使用贴图、调整透明度，除命名材质名称外，其余的编辑调整功能都与前面介绍的材质编辑调整方法完全相同。新建名为“墙布01”的材质，如图3-62所示。

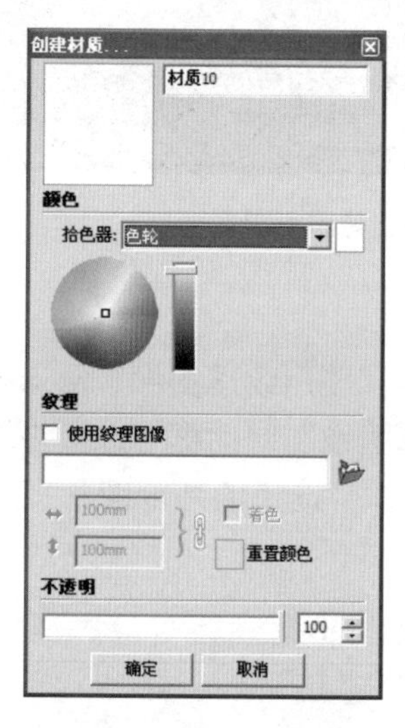

图3-61　“创建材质”对话框

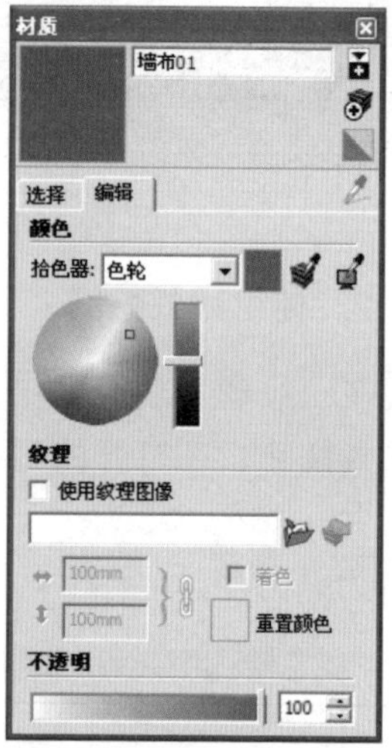

图3-62　新建材质

2. 使用贴图

贴图的使用方法与前面介绍的编辑部分相同，如图3-63所示。

3. 调整色彩或透明度

可以在“创建材质”对话框中完成对材质的调整，也可以单击“确定”按钮后，在“材质”对话框中选取这一材质名称继续进行编辑，如图3-64所示。

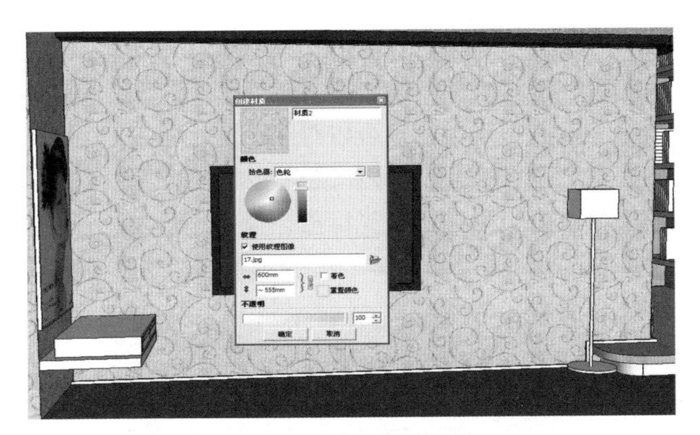

图 3-63　使用贴图并调整尺寸

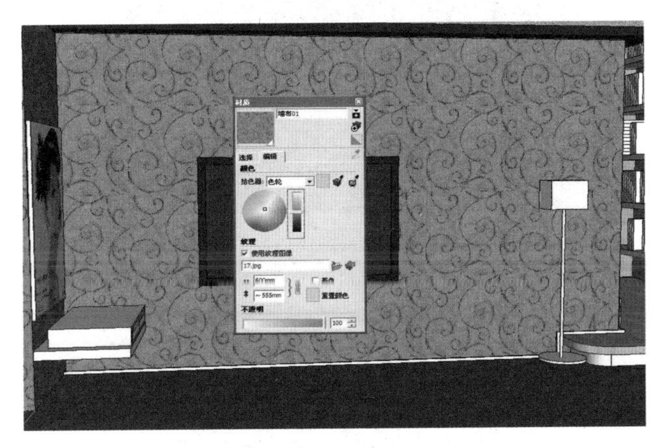

图 3-64　编辑新创建的材质

3.5.4　材质库管理

SketchUp 2014 自带有强大的材质库，需要学会进行管理，另外，为了以后更好地运用，也可以将每次创建的材质纳入材质库，丰富设计师的资料，以便在任何一个文件中进行调用。

1. 将创建好的材质保存成材质库文件

（1）选中之前创建的材质，在材质图标上右击，在弹出的快捷菜单中选择“另存为”命令，如图 3-65 所示。

图 3-65　另存材质

（2）弹出“另存为”对话框，选择保存至 SketchUp 系统文件的“材料库（*.skm 格式）”选项，命名后单击“保存”按钮即可。

材质库文件的默认保存路径是 C:\Program Files\SketchUp\SketchUp 2014\Materials。在此路径下建立一个文件夹，将材质库文件保存其中，可以统一进行管理。

2. 材质库生成工具

如果有大量的图片需要转换成材质库文件，使用材质库生成工具来批量生成材质库文件。材质库生成工具可将 SketchUp 支持的 5 种格式（JPG、TIF、BMP、TGA 和 PNG）的图像文件转换为后缀是 .skm 的材质库文件（SKM）。使用材质库生成工具转换材质时，读者可以通过网上搜索下载相关的工具。

3.5.5　贴图坐标

SketchUp 的贴图材质附着在模型表面，只能调整其尺寸大小，更多的对贴图的调整需要用到贴图坐标完成。如图 3-66

所示为没有进行贴图之前的贴图。

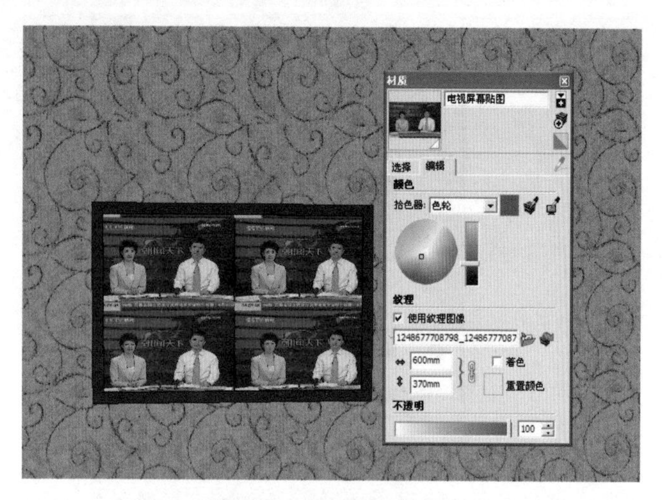

图 3-66　贴图未调整前

右击模型上需要调整的材质，在弹出的快捷菜单中选择“纹理”|“位置”命令，在场景中出现 4 个别针，如图 3-67 所示。

图 3-67　调整贴图坐标

4 个别针拥有不同的功能：光标放在红色别针上，按住鼠标左键并拖动鼠标，移动贴图；光标放在绿色别针上，按住鼠标左键并拖动鼠标，可以对贴图进行缩放 / 旋转操作；光标放在黄色别针上，按住鼠标左键并拖动鼠标，可以根据表面来修改几何形贴图；光标放在蓝色别针上，按住鼠标左键并拖动鼠标，可以对矩形做变形操作，如图 3-68 所示。

图 3-68　调整完成的贴图

3.5.6　特殊材质贴图的制作

1. 制作镂空材质

镂空材质能将材质背后的场景显示出来，在 SketchUp

的自带材质中有镂空材质，如图 3-69 所示。

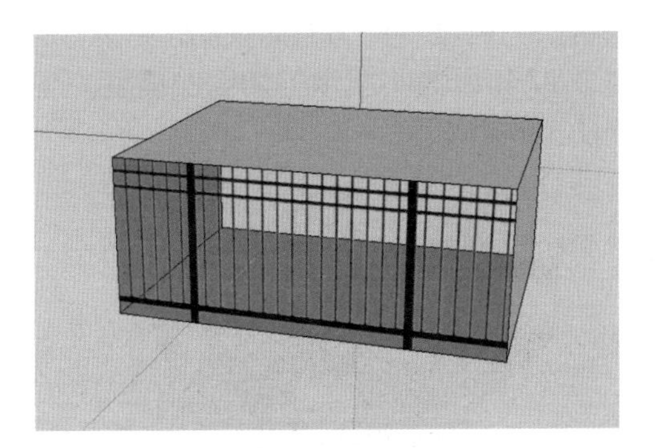

图 3-69　镂空材质

2.　曲面贴图的调整

曲面贴图需要进行设置后才能与曲面更好地贴合，有立体感，否则效果会比较生硬。可以通过如下方式来进行调整。

（1）建立一个与曲面面积相当的面，并给赋材质，调整材质纹理位置，如图 3-70 和图 3-71 所示。

图 3-70　建立图形与弧面大小相同

（2）单击“材质”对话框的样本“颜料拾取”按钮，将调整后的材质拾取，赋予圆柱形表面，如图 3-72 所示。

（3）将此材质赋予圆柱形面，会发现图形以整体的形式按弧面大小贴图到柱面，如图 3-73 所示。

图 3-71　调整图形纹理位置

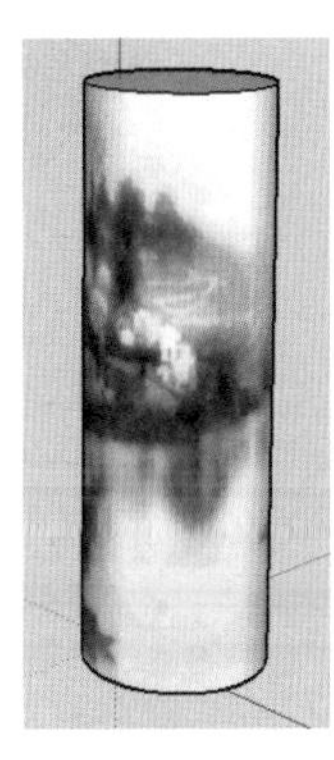

图 3-72　将材质赋予圆柱面　　图 3-73　将图形以弧面大小贴图

3.6　剖面功能

在 SketchUp 中，可以直接在三维模型上运用剖面功能，直接观察剖面，并能根据情况来调整剖切位置。动态的剖切显示可以制成动画来表达设计构思，还可以导出 AutoCAD 的 DWG 格式剖面图，作为施工图的依据。

选择“视图”|“工具栏”|“剖切工具栏”命令，打开“剖切”工具栏，如图 3-74 所示。

图 3-74 “剖切”工具栏

单击按钮，可创建剖面。单击该按钮后，屏幕中会出现一个剖切面，将其放置在模型的某个部位，则会显示剖面。如图 3-75 所示的剖切面上的 4 个方向符号表示剖切方向。如图 3-76 所示为调整剖切方向之后的模型。

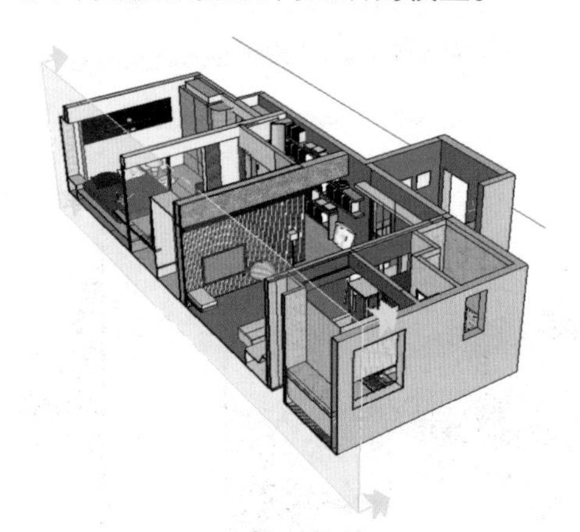

图 3-75 剖切面 1

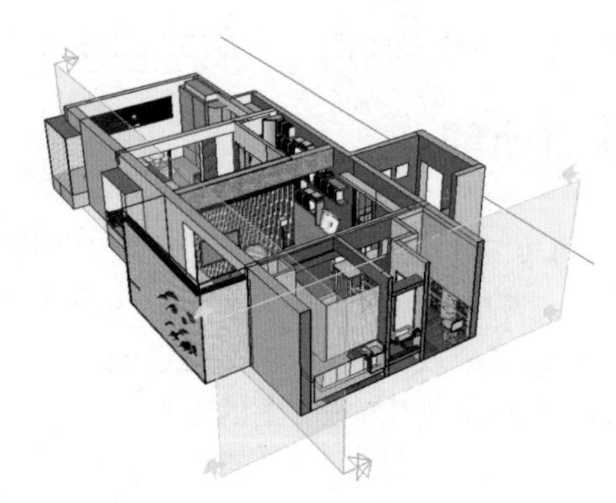

图 3-76 剖切面 2

单击按钮，用于显示剖切面。单击该按钮后，场景中会显示出剖切面，通过对剖切面的控制，可以动态调节剖面显示，如图 3-77 所示为不显示剖切面的模型，而图 3-78 所示为显示剖切面的模型。

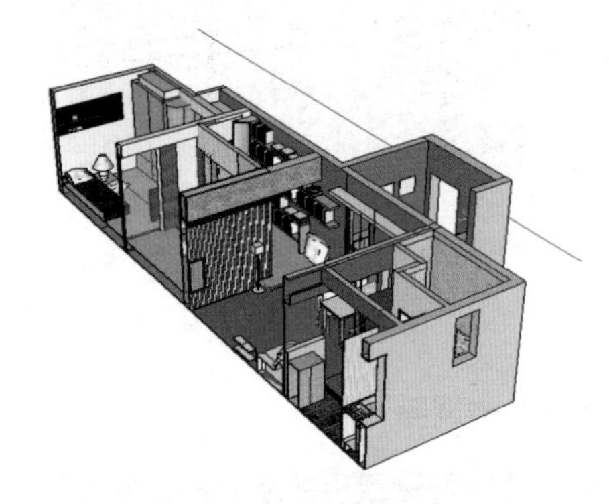

图 3-77 不显示剖切面

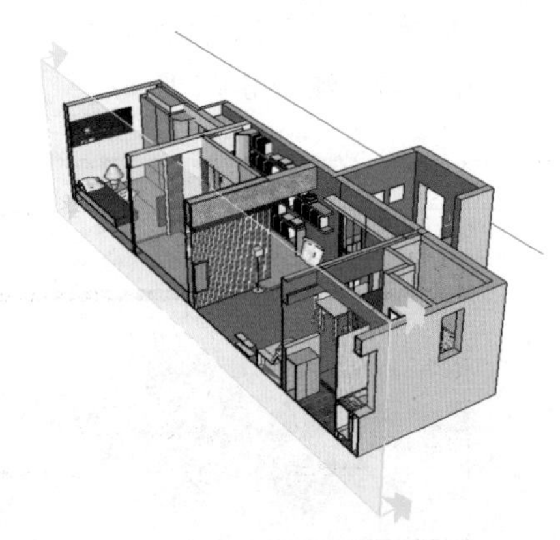

图 3-78 显示剖切面

单击按钮，可显示剖面切片。剖面切片指在场景中运用剖面功能的前提下，屏幕中的模型与剖切面相交的剖面，如图 3-79 所示为不显示剖面切片，而图 3-80 所示为显示剖面切片的图形。

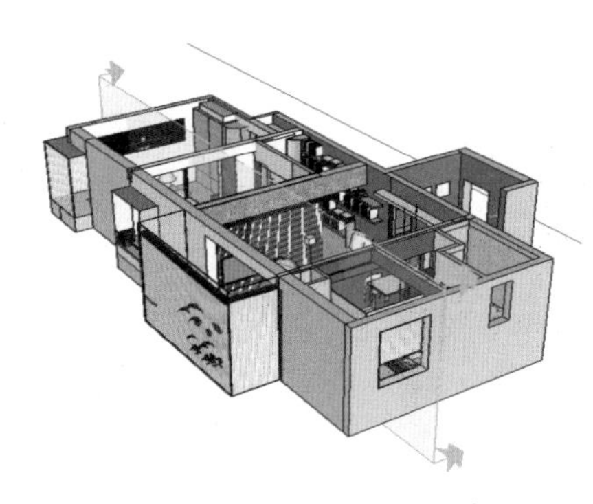

图 3-79　不显示剖面切片

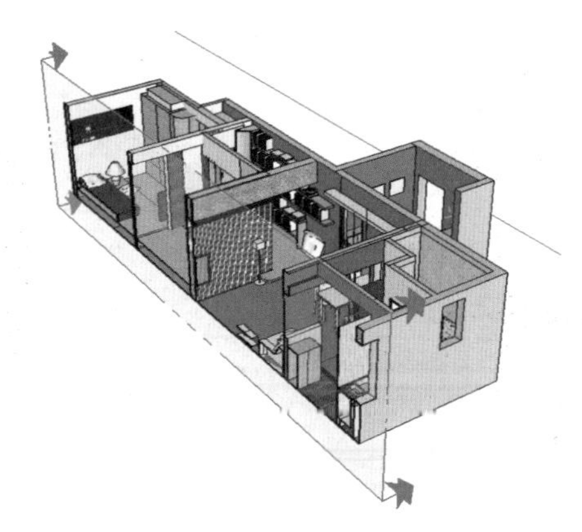

图 3-80　显示剖面切片

有了剖面切片之后，在 SketchUp 中，还可以将剖面切片建成组，导出为二维剖面矢量图。按照上述所讲剖面操作，如果再进行必要的视图调整与透视处理，这样就能方便地制作出二维图纸，效果如图 3-81 所示。

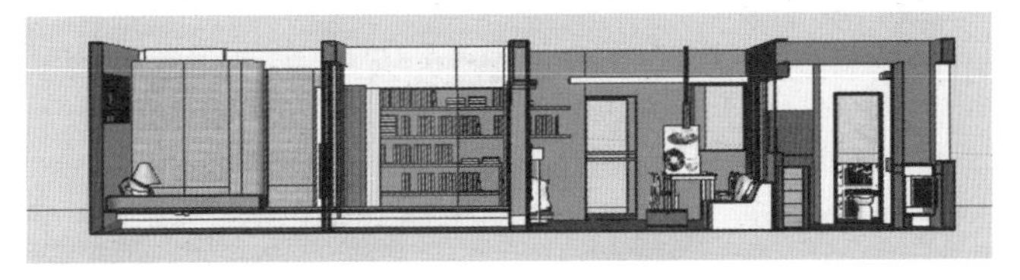

图 3-81　二维图纸

可以对所生成的剖面切片进行保存操作。选择“文件”|“导出”|“模型”命令，弹出“输出文件”对话框。在“输出类型”下拉列表框中选择 AutoCAD DWG（*.dwg）选项，如图 3-82 所示，单击“输出”按钮，输出 CAD 文件。

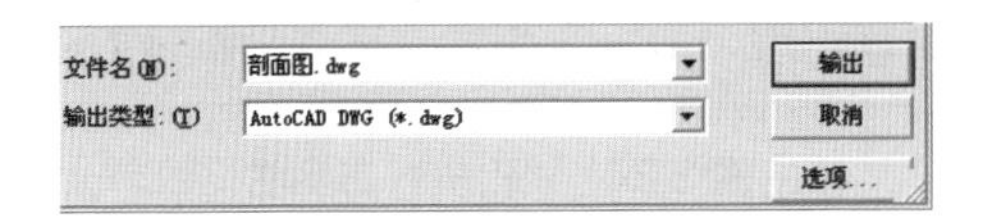

图 3-82　导出 DWG 格式文件

运行 AutoCAD，打开刚才导出的文件，可以从 AutoCAD 中直接得到剖切面的图形，如图 3-83 所示。使用这种方法制作施工详图，可避免二次建模。

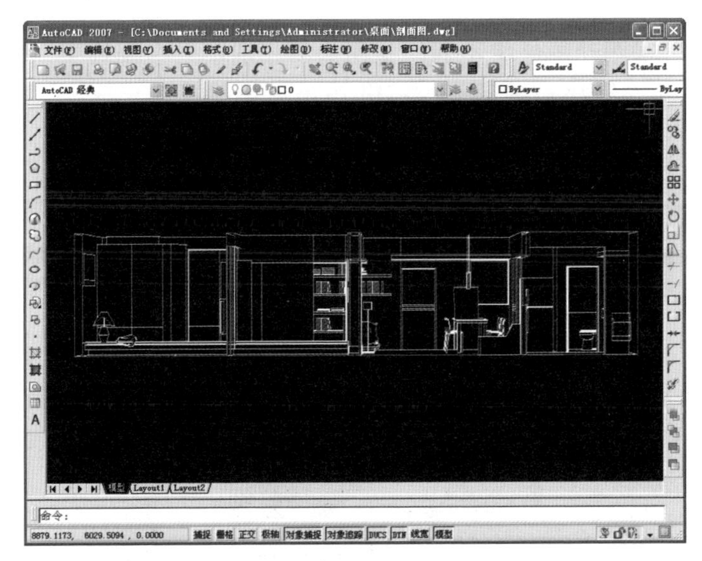

图 3-83　在 AutoCAD 中打开剖面文件

3.7　漫游动画

SketchUp 具有简明快捷的漫游动画功能。可以发现“相

机”工具栏上集合了漫游动画所需的功能按钮，如图 3-84 所示。此工具栏默认并没有打开。需要使用时，选择“视图”|“工具栏”|“相机”命令，即可调用此工具栏。

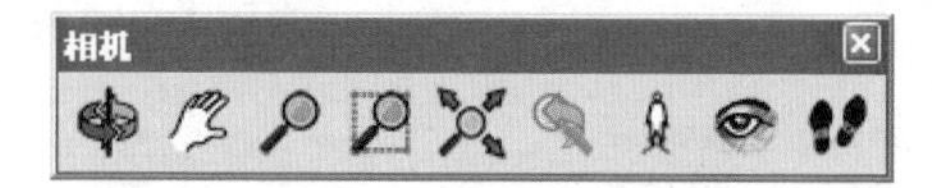

图 3-84 “相机”工具栏

根据 SketchUp 的创建动画原理，可以创建漫游动画、剖面动画、图层动画、视图动画以及阴影动画等。下面对最常用的功能进行举例说明。

3.7.1 视图动画

视图动画是将不同的视图显示情况记录在现场中，再将其连续播放成动画。打开模型，调整视图。选择“窗口”|“场景”命令，在弹出的“场景”对话框中单击加号按钮，如图 3-85 所示。

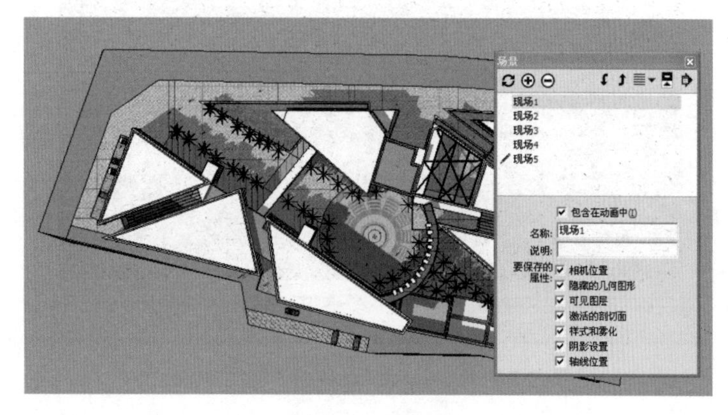

图 3-85 现场 1

逐步调整视图，增加现场 2 ～现场 9，如图 3-86 ～图 3-88 所示。

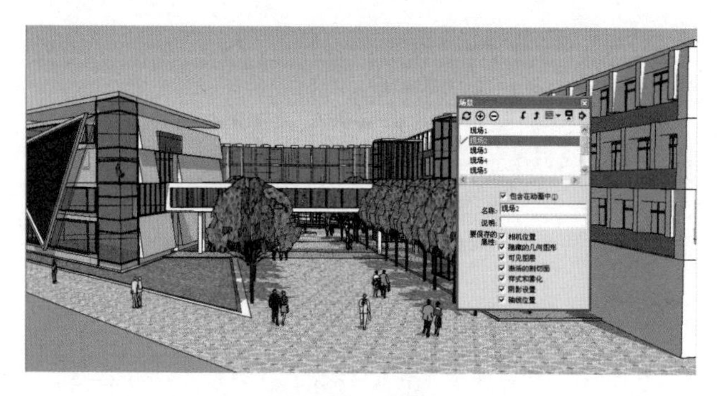

图 3-86 现场 2

图 3-87 现场 4

图 3-88 现场 9

选择“视图”|“动画”|“播放”命令，即可看到由9个现场连续播放而形成的视图相机动画。

3.7.2 漫游动画

漫游动画是将漫游动作不同时段的显示记录在现场中，从而形成漫游动画。首先调整视图对准入口，如图3-89所示。

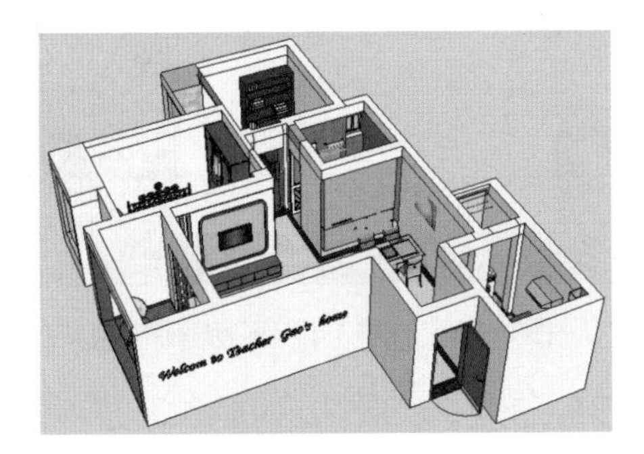

图3-89　模型准备

选择“窗口”|“场景”命令，新建场景1，单击“漫游”按钮，在数值控制区输入“1600”，代表人的视线高度，按Enter键确认；按住Ctrl键，光标进入室内，此时显示如图3-90所示。

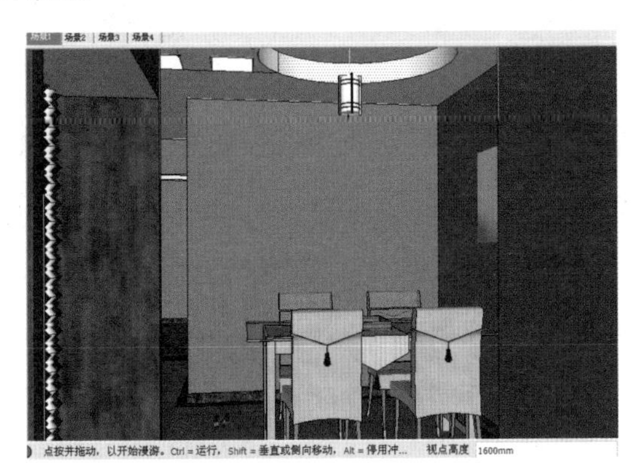

图3-90　场景1

按照类似的方法新建场景2，继续通过对鼠标的控制进行室内漫游，如图3-91所示。

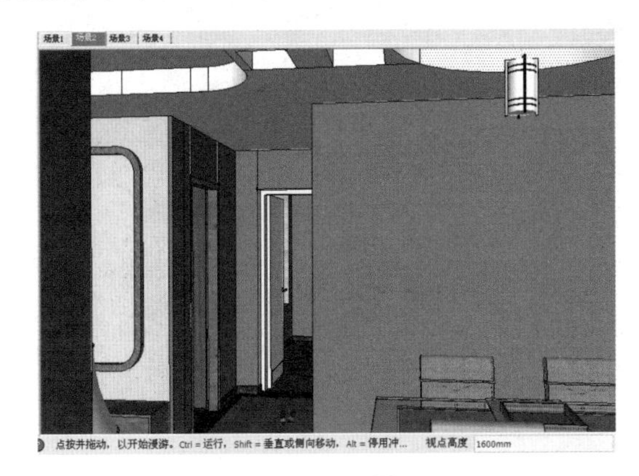

图3-91　场景2

按照类似的方法新建场景3，继续进行室内漫游，如图3-92所示。

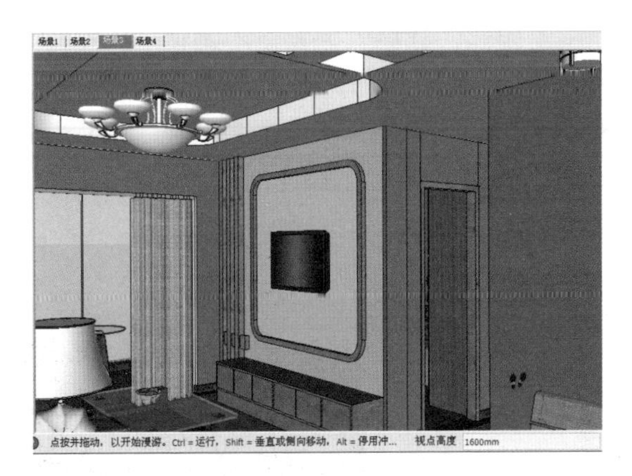

图3-92　场景3

按照类似的方法新建场景4，从出口漫游出来，如图3-93所示。

选择“视图”|“动画”|“播放”命令，即可看到由4

个现场连续播放而形成的室内漫游动画。

图 3-93　漫游完成

3.7.3　图层动画

在演示建筑先后修建的情况时，可使用图层的显示与隐藏制作动画。因此，建模时需要将不同显示的模型归于不同的图层。

选择“窗口”|“图层”|“图层管理器”命令，打开“图层”对话框查看图层，如图 3-94 所示。

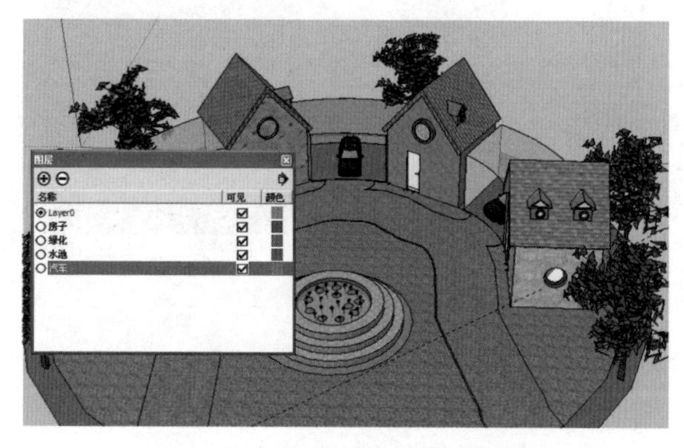

图 3-94　将模型放置在不同图层

取消选中各图层复选框，使屏幕上不显示任何模型，如图 3-95 所示。接着选择“窗口”|“场景”命令，新建场景 1。

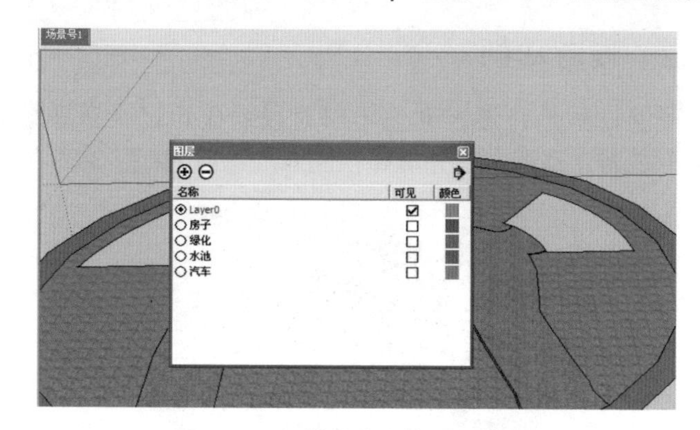

图 3-95　场景 1（隐藏所有图层）

选中模型中“房子”图层对应的复选框，屏幕显示如图 3-96 所示。此时，在“场景”对话框中新建场景 2。

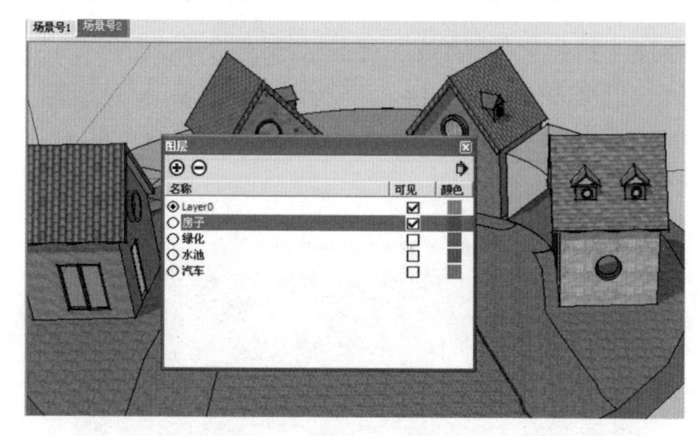

图 3-96　场景 2（显示房子）

照此方法，依次将需要表现的图层显示出来，同时新建不同的场景，如图 3-97 所示。

完成设置后，选择“视图”|“动画”|“播放”命令，即可看到由 5 个场景连续播放而形成的图层动画。

图 3-97　场景 5（显示绿化）

3.7.4　阴影动画

同理，也是通过阴影不同时段显示的控制，分别建立场景，最后进行播放，就形成了阴影动画，其建筑模型如图 3-98 所示。

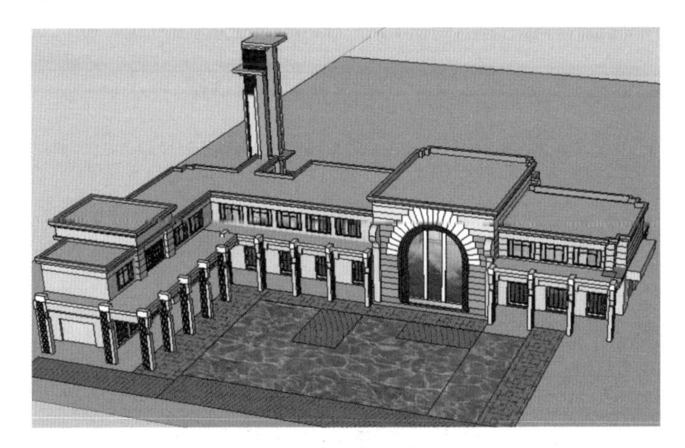

图 3-98　建筑模型

打开“阴影设置”对话框，通过滑块控制不同时段的阴影，具体的设置如图 3-99 ～图 3-103 所示。

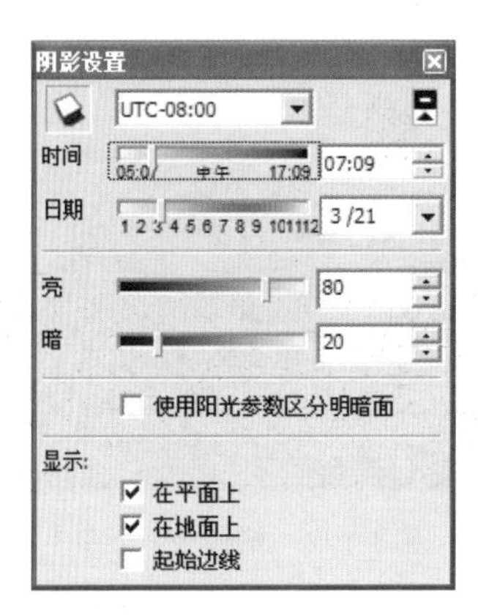

图 3-99　“阴影设置”对话框

图 3-100　场景 1（上午）

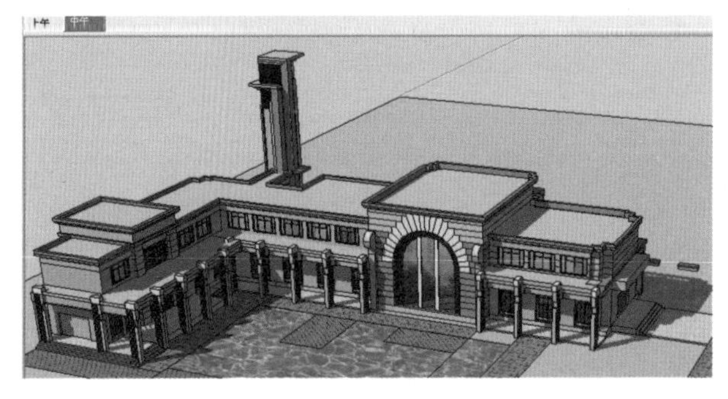

图 3-101　场景 2（中午）

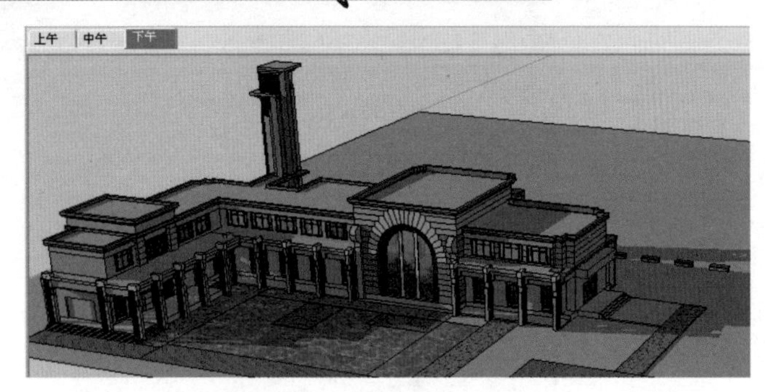

图 3-102　场景 3（下午）

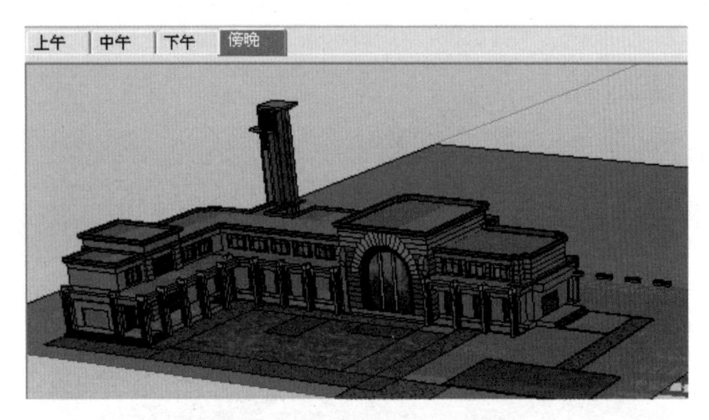

图 3-103　场景 4（傍晚）

选择“视图”|“动画”|“播放”命令，即可看到由4个现场连续播放而形成的阴影动画，显示了建筑在一天之中阴影的变化。

3.8　照片匹配

使用照片匹配功能，可以在照片的基础上直接按照片角度建模，并使照片附于模型之上，从而在建模阶段即可拥有仿真的效果。这个设置相对比较复杂，下面分步骤讲解。

Step1　启动 SketchUp，选择“相机”|“新建照片匹配”命令，在弹出的文件选择对话框中选择需要的图形文件，其格式以 JPG、BMP 最为常用，并在预览部分查看图片内容。选中图片并打开，在绘图区域将显示指定的图形，并显示照片的透视基准线，同时打开“照片匹配”对话框，如图 3-104 所示。图 3-105 所示是新建照片匹配的初步图形，还需要进一步的调整来改变视觉效果。

图 3-104　“照片匹配”对话框

图 3-105　新建照片匹配效果

Step2 拖动红色或绿色控制点，使其符合图片中建筑的边线，效果如图 3-106 所示。调整好后，单击“照片匹配”对话框中的“完成”按钮，场景中的坐标即以图片的透视作为参照。

图 3-106　调整透视线

Step3 使用直线工具，根据屏幕提示绘制出建筑外框。由于场景的坐标会以图片的建筑作为参照，因此在绘制过程中会提示沿轴线方向，如图 3-107 所示 。

Step4 单击“照片匹配”对话框中的“从照片投影纹理”按钮，则模型中的建筑外立面会以照片内容显示。这样就完成了照片匹配，效果如图 3-108 所示。

另外，模型完成后还可以进行视角、阴影、缩放等调整。从上面的操作过程中可以看到，照片匹配功能在立面造型建模有一定难度的案例中，或设计前期有实物照片参照的案例中，可以形成一定的视觉效果。

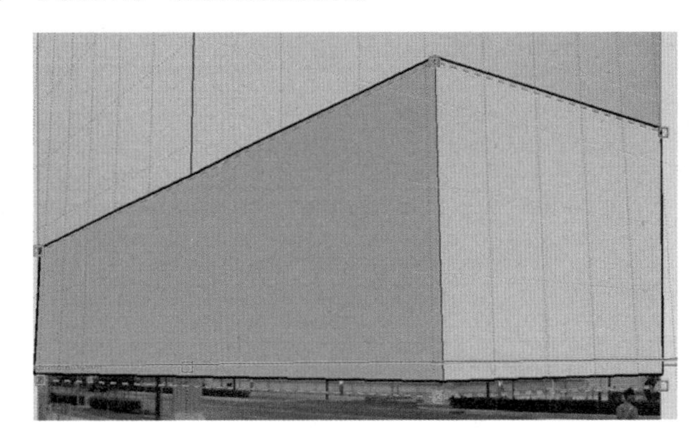

图 3-107　绘制建筑面

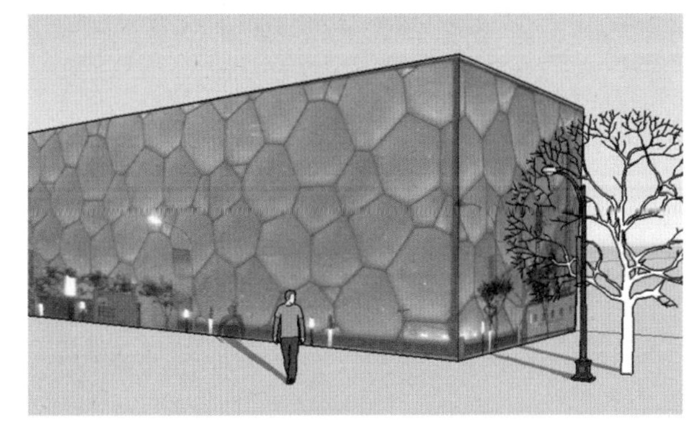

图 3-108　完成照片匹配

Chapter 4

VRay 插件及光线控制

完整的商业级效果图，在建模的基础上需要进行专业的渲染，设定相应的灯光和材质，表现、模拟真实的场景。目前，VRay for SketchUp 是 SketchUp 最完美的内置渲染插件。

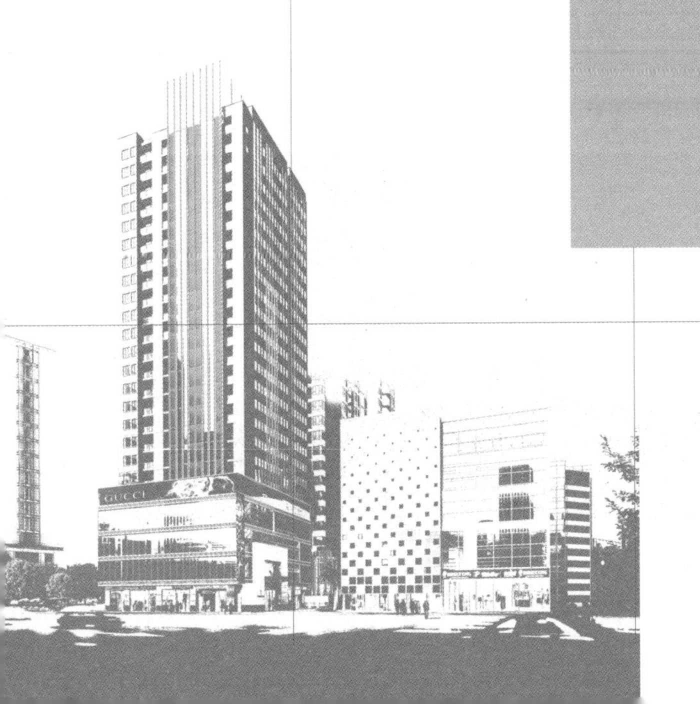

4.1 VRay for SketchUp 基础

VRay 是一种基于真实物理光度学灯光来计算的渲染器，其主要作用是制作材质与灯光，并能体现出在这方面的很强的真实性、物理性和优越性。VRay 完全基于真实的光能传递来计算光子的反弹过程，采用的也是真实的天光 GI 系统。VRay 的功能达到了更成熟的阶段，是目前室内外效果图表现的最佳选择。

VRay 插件有如下优点：

- 渲染的真实性。通过简单的操作及参数设置，能得到阴影、材质表现真实的照片级效果图。
- 适用的全面性。作为插件，VRay 目前针对不同的三维制作软件，有不同的版本，包括 VRay for SketchUp、VRay for 3DMax、VRay for Maya、VRay for Cinema 4D、VRay for Rhion、VRay for Truespace，可运用于室内设计、建筑设计、景观规划设计、工业设计、动画设计等各个不同设计领域，如图 4-1 所示。

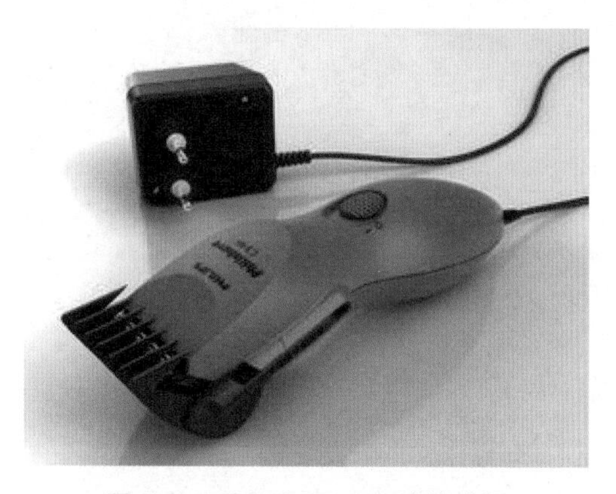

图 4-1　VRay for Rhion 渲染出图

- 渲染的灵活性。由于参数设定的灵活性，可根据设计要求有效控制渲染质量与速度。针对不同的设计阶段及要求进行渲染出图。

4.1.1　VRay for SketchUp

SketchUp 作为面向设计过程的优秀三维设计软件，其建模阶段的强大功能使设计师受益非浅。但是 SketchUp 没有真正的渲染功能，只能模拟自然天光来表现场景。因此，如果需要将 SketchUp 的图纸制作成为照片级效果图，往往需要通过其丰富的数据接口，导入其他的相关软件进行后期渲染。这样的操作复杂且不易掌握。

VRay for SketchUp 作为插件安装在 SketchUp 中，能够渲染出极具真实感的图像。它为 SketchUp 的用户提供全局光照明和光线追踪等特色功能、各种各样的 Bug 修复、性能增强和 Box 渲染解决方案。从工程、建筑到设计、动画，都可以利用 VRay 渲染解决方案。

在图 4-2 中可以看到 VRay for SketchUp 的运用，它可以让设计师的想法更快速、轻松地实现。

图 4-2　VRay for SketchUp 的渲染效果

4.1.2 VRay 控制面板

成功安装渲染插件，启动 SketchUp 后，选择 Plugins | VRay for SketchUp 命令，弹出子菜单，如图 4-3 所示。

图 4-3 插件子菜单

选择“材质编辑器”命令，可以在弹出的材质编辑器中编辑材质的具体特征。

选择“渲染”命令，开始对当前场景进行渲染。

选择“选项”命令，弹出“V-Ray for SketchUp——渲染选项”窗口，这也是 VRay for SketchUp 的操作核心，如图 4-4 所示。

图 4-4 控制面板

VRay for SketchUp 的功能以卷展栏的形式出现，单击需使用的功能，即可打开卷展栏进行参数设置。下面就对这些功能进行分类介绍。

1. “全局开关”卷展栏

此功能主要用于对几何体、灯光、间接照明、材质、光影跟踪的全局设置，对各种灯光和反射、折射现象进行的总体管理。由于灯光参数的设置决定渲染成图的效果，因此该功能尤为重要。“全局开关”卷展栏展开后，包含的选项如 4-5 所示。

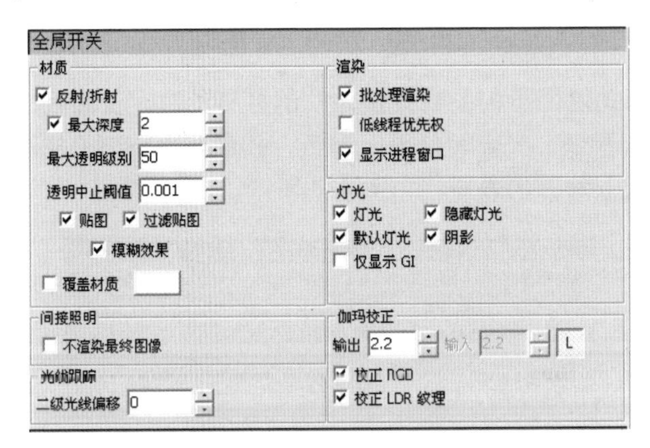

图 4-5 “全局开关”卷展栏

2. “系统”卷展栏

该功能用于控制多种 VRay 参数，包括光线投射、分布式渲染等，如图 4-6 所示。

3. Camera（摄像机）卷展栏

现实环境中，摄像机的选用以及调整能控制产生不同的画面质量，如曝光度、光圈、快门、白平衡等调整。物理摄像机可以模仿真实摄像机的效果，能像控制真实摄像机一样控制场景的光学反应，最终达到调整渲染效果。在渲染软件

VRay for SketchUp 中有专门的选项对物理摄像机的种类、参数、功能进行调整。

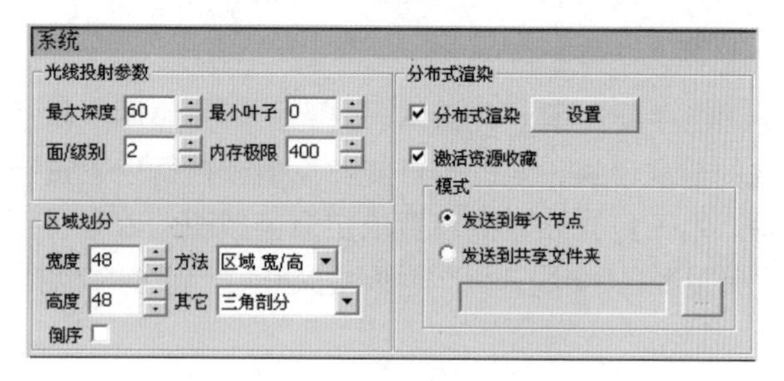

图 4-6 “系统”卷展栏

该功能用于控制物理摄像机的各种参数，使最终的二维成像的景深、光圈等能得以调节，并最终决定渲染成图的艺术表现。展开的卷展栏如图 4-7 所示。

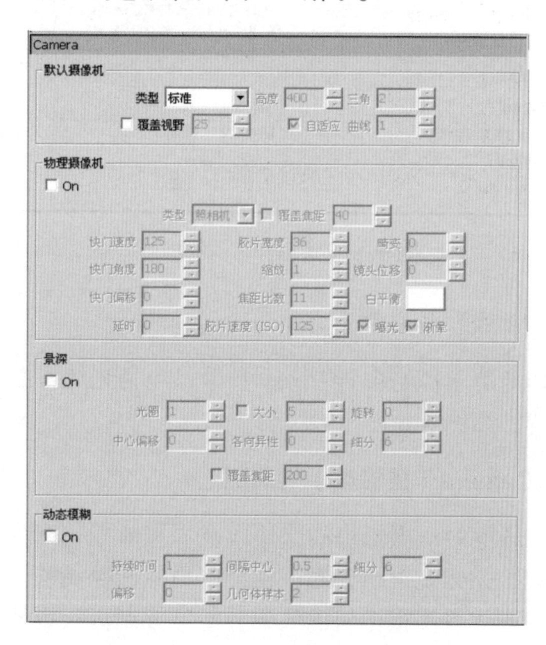

图 4-7 Camera（摄像机）卷展栏

VRay 中存在默认和物理两大类摄像机，只能使用其中的一个。默认摄像机的各种参数相对简单，分别介绍如下。

（1）标准摄像机。常用标准镜头，如图 4-8 所示。

图 4-8 标准镜头效果图

注意：只有标准摄像机才支持产生景深特效。

（2）球形摄像机。由于镜头是圆形，观察区域相对宽一些，如图 4-9 所示。

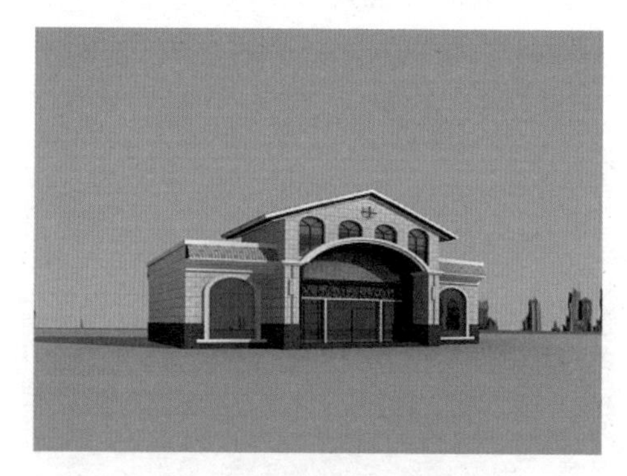

图 4-9 球形镜头效果

（3）鱼眼摄像机。鱼眼镜头是一种超广角的特殊镜头，其视觉效果类似于鱼眼观察水面上的景物，只能看到比较近的物体，却拥有广大的视角，适用于全景表现或变形表现，如图 4-10 所示。

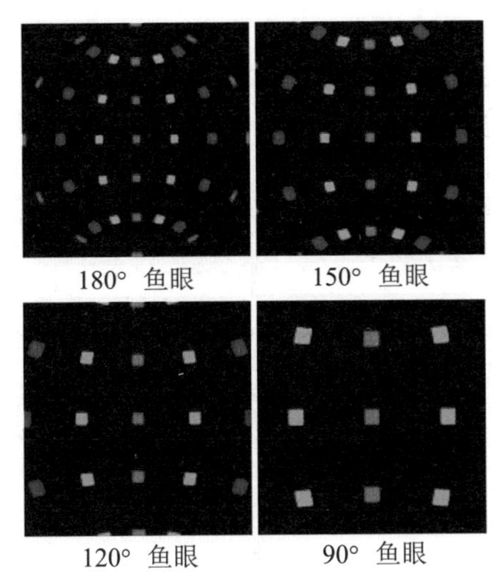

图 4-10　鱼眼镜头效果

（4）点状柱摄像机。在垂直方向为标准镜头，水平方向为球形镜头效果，相当于两种摄像机效果的综合，如图 4-11 所示。

图 4-11　点柱状镜头效果

（5）正交柱摄像机。垂直方向为正交视角，水平方向为球形镜头，用于角度较正的表现图，如图 4-12 所示。

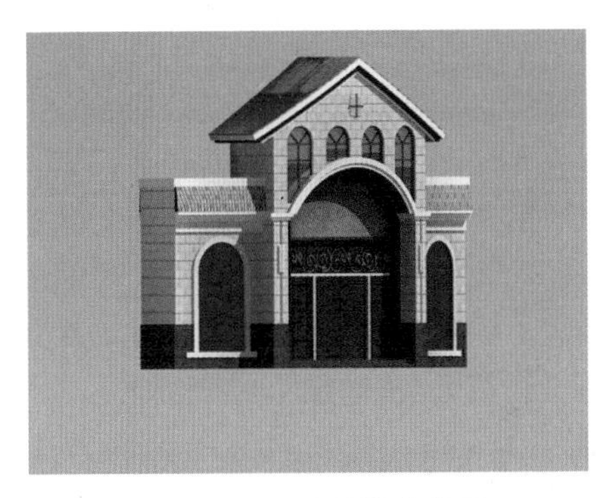

图 4-12　正交柱镜头效果

在 VRay 中除默认摄像机之外，在物理摄像机选项中还可以选择不同类型的相机及各种参数。下面对物理相机的各种参数进行说明，如图 4-13 所示。

图 4-13　不同快门速度的渲染图

- “ISO 感光度”微调框。感光度数值与交线强弱相关，光线较暗时需将 ISO 感光度相对调高，数值越大场景越亮。如图 4-14 所示的 ISO 感光度依次为 200、400、600，可以看出效果的差异。

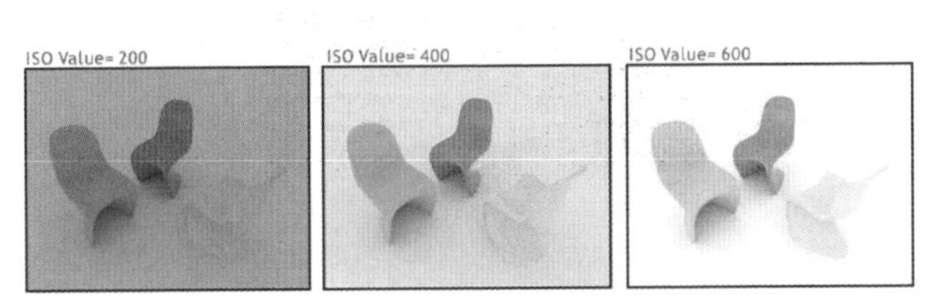

图 4-14　不同感光度的效果

- “焦距”微调框。焦距用于确定从摄像机到物体聚焦的距离，一般来讲，使用 SketchUp 中的焦距设置，但如果渲染过程中需要重新设置，则需在“物理摄像机”选项区中选中“覆盖焦距”复选框，然后在右边的输入框中输入焦距，以代替 SketchUp 中的焦距设定效果。不同焦距的数值可以展现不同的场景形态，如图 4-15 ～图 4-17 所示。

图 4-15 设置镜头（焦距 30mm）

图 4-16 短焦（焦距 15mm）

图 4-17 长焦（焦距 80mm）

- “光圈”微调框。除快门与感光度之外，光圈的设置也能对最终效果产生影响。此选项在“景深”选项区。光圈大小决定通过镜头的光线，光圈值越小，打开的通道越大，场景越亮。光圈值小则景深范围宽，周边虚化效果较差。光圈值大则景深范围窄，周边虚化效果较好，如图 4-18 所示，从左至右光圈数值分别为 6、8、12。

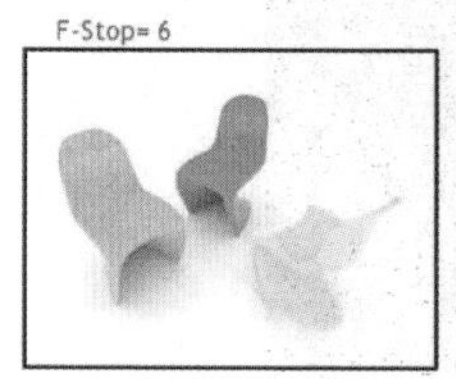

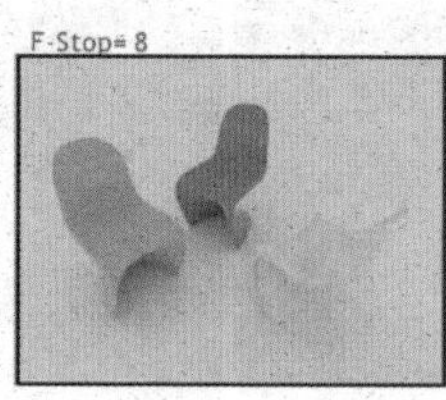

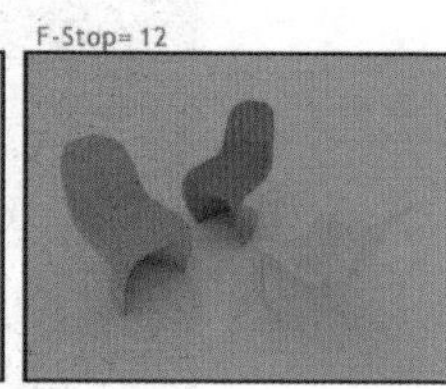

图 4-18 不同光圈的效果

Camera 卷展栏展开的控制面板中，最下面的“运动模糊”栏也是选中 On 复选框后才能进行设置，其中的选项，用于控制运动模糊效果的开启（运动模糊主要用于动画的设定，在制作效果图部分则不需要设定此项）。

4. “图像采样器”卷展栏

VRay 提供了不同采样算法，不同采样器会得到不同的图像质量，用于确定获取什么样的样本，以及最终哪些光线被追踪。“图像采样器”卷展栏展开后显示的选项如图 4-19 所示。

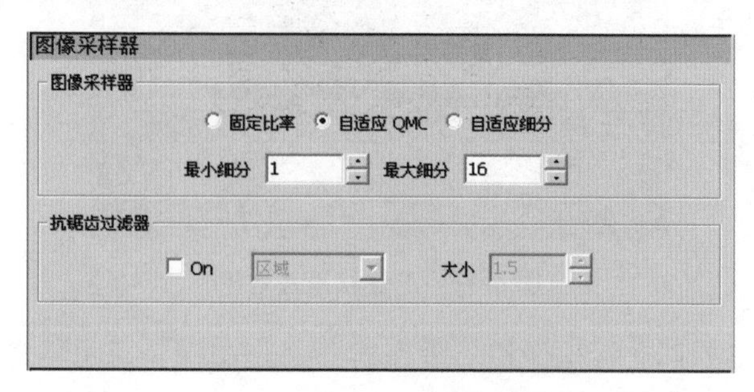

图 4-19 “图像采样器”卷展栏

在“图像采样器”卷展栏中，通过参数的设置控制渲染的精度。其中选项的功能如下：

- “固定比率”单选按钮。这是 VRay 渲染器中最简单的一种采样器，使用固定数量的样本。
- “自适应 QMC”单选按钮。QMC 是 Quasi Monte Carlo 的缩写，VRay 根据特定值，使用统一的标准来确定样本。
- “自适应细分”单选按钮。它使用较少的样本，在没有模糊、运动的场景中运算相对快。在每个像素内使用少于一个采样数的高级采样器，是 VRay 中最值得使用的采样器，能够以较少的采样来获得相同的图像质量。
- “最小细分”微调框。一般情况下此参数的设置不会超过 1。
- “最大细分”微调框。定义每个像素使用样本的数量。

5. “QMC 采样器”卷展栏

QMC 采样器又称准蒙特卡罗采样器。VRay 根据特定值，使用统一的标准框架来确定取多少及多精确的采样本。这个框架就是 QMC 采样器。“QMC 采样器”卷展栏主要是对框架的设置。它们将直接影响到渲染的质量和速度，如图 4-20 所示。

图 4-20 “QMC 采样器”卷展栏

“QMC 采样器”卷展栏上的选项都是一些微调框和下拉列表框。其功能如下：

- “适应数量”微调框。控制采样的数量。常规来讲，数值 1 为最小可能的样本数量。
- “最小样本”微调框。确认早期终止前需采集的最少样本数，取值越高算法越可靠，但会使渲染的时间增长。
- “噪波阈值”微调框。用来判断样本好坏的标准，其取值与图像质量成反比。要使图像品质好，则设定小的噪波值。
- “细分倍增”微调框。在渲染过程中会增加所有参数的细分值，从而全面影响整个渲染效果。

6. “间接照明”卷展栏

VRay 渲染器采用间接照明的方式为场景提供全局光照。因此，“间接照明”卷展栏中的选项，对 VRay 渲染器效果影响很大。只有详细了解间接照明，才能用 VRay 渲染出优秀的效果图。间接照明的具体内容将会在 4.2.1 节详细讲解。

在“间接照明”卷展栏中，可以对 GI 的反射、折射焦散及光线反弹强度进行设置，并为光线的初次反弹和二次反弹选择不同的渲染引擎。“间接照明”卷展栏中的选项如图 4-21 所示。

7. “准蒙特卡罗全局照明”卷展栏

“准蒙特卡罗全局照明”卷展栏功能只有用户在“间接照明”卷展栏中选择了准蒙特卡罗渲染引擎作为初级或次级反弹时，才能被激活。准蒙特卡罗渲染引擎是优秀的全局光照计算方式，“准蒙特卡罗全局照明”卷展栏中的选项如图 4-22

所示。

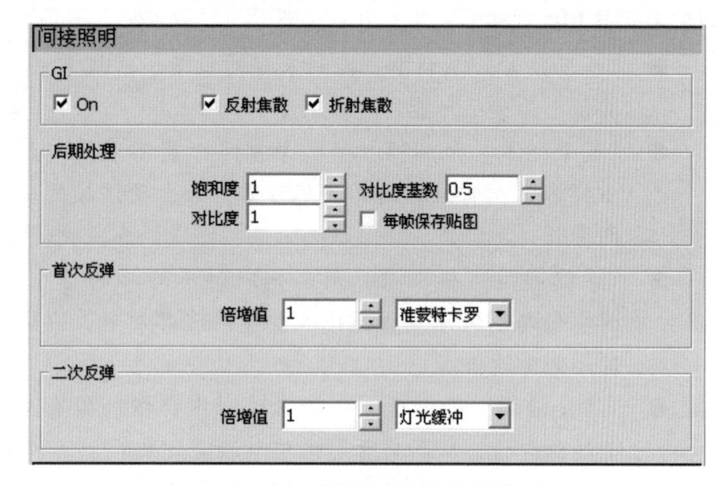

图 4-21 “间接照明”卷展栏

图 4-22 “准蒙特卡罗全局照明”卷展栏

8. “灯光缓冲”卷展栏

灯光缓冲是在“间接照明”卷展栏中可选的一种渲染引擎，在摄像机可见部分追踪光线的反射和衰减，并存储灯光信息。灯光缓冲的相关内容将会在 4.2.2 节详细讲解。“灯光缓冲”卷展栏中的选项如图 4-23 所示。

9. “环境”卷展栏

“环境”卷展栏可以设置环境天光的色彩和强度、反射和折射。天光和背景的相关内容，将会在 4.2.3 节详细讲解。“环境”卷展栏中的选项如图 4-24 所示。

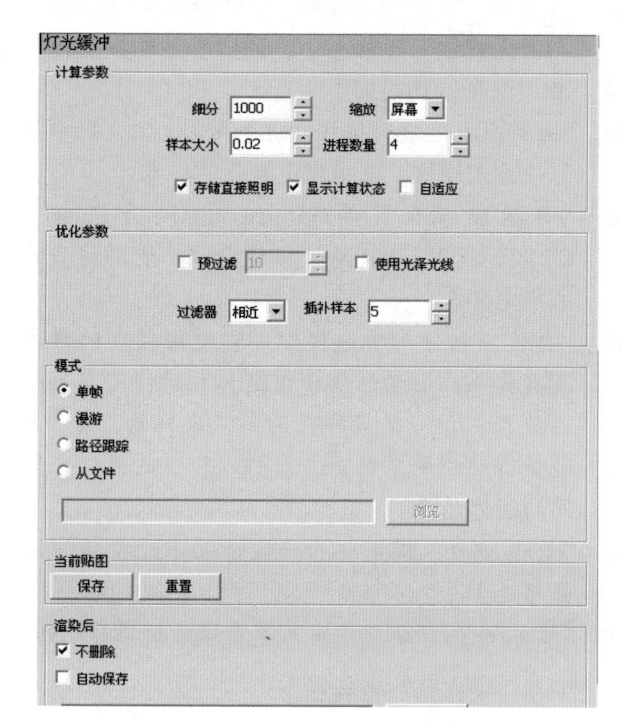

图 4-23 “灯光缓冲”卷展栏

图 4-24 “环境”卷展栏

10. “焦散”卷展栏

焦散是光通过某些材质产生的光学现象。例如，玻璃、金属等带有反射和折射的材质，都能让光产生焦散。焦散表现是 VRay 渲染的强项，将会在后续章节详细讲解。“焦散”卷展栏上的选项和焦散效果如图 4-25 和图 4-26 所示。

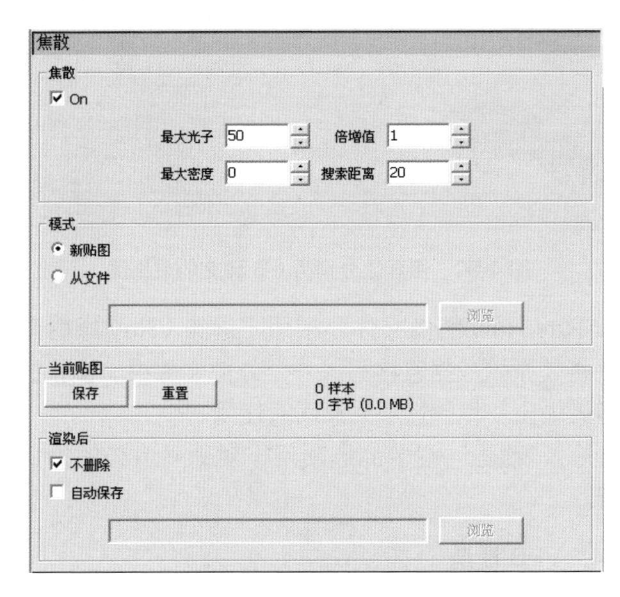

图 4-25 “焦散”卷展栏

图 4-26 焦散效果

11. “色彩映射”卷展栏

在不同的灯光曝光模式作用下，已有图像的色彩会有不同的显示。因此，可以通过“色彩映射”卷展栏的参数设置进行图像色彩的转换，如图 4-27 所示。

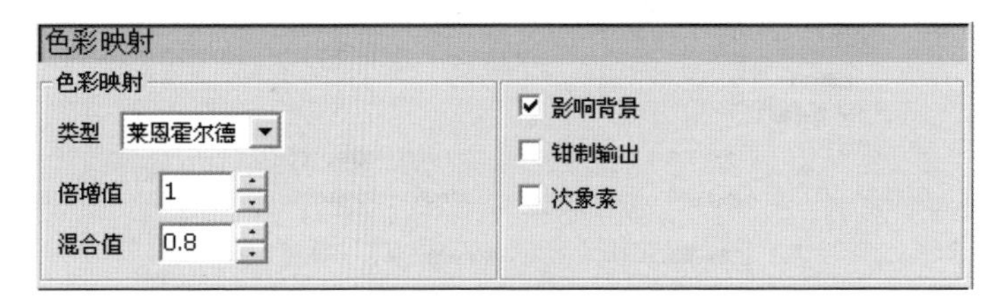

图 4-27 “色彩映射”卷展栏

12. “置换”卷展栏

“置换”卷展栏上的选项可以针对材质的表现，在低精度的模型表面进行渲染时，产生细致的凹凸细节。“置换”卷展栏上的选项和凹凸细节效果，相对应的参数设置与效果如图 4-28 所示。

图 4-28 “置换”卷展栏的选项和凹凸细节效果

13. “输出”卷展栏

“输出”卷展栏主要控制渲染输出的图像尺寸和保存路径，如图 4-29 所示。

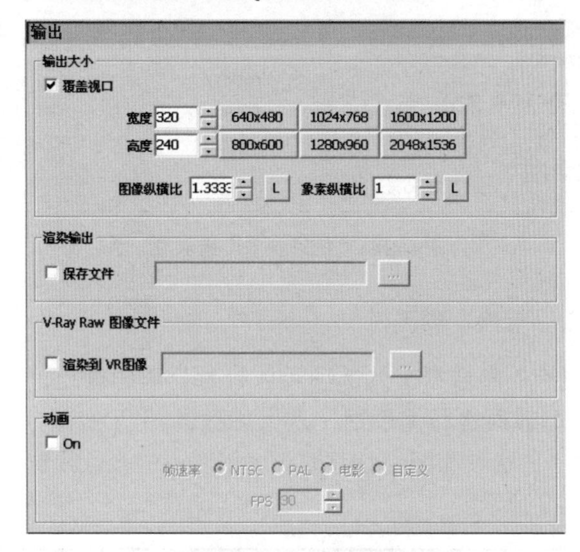

图 4-29 “输出”卷展栏

“输出大小”栏用于设置渲染成品的出品尺寸及精度。其中选项的功能如下：

- “覆盖视口”复选框。选中此复选框，可以定义VRay渲染输出的尺寸。软件有6个预设尺寸选项，也可以自行设置。注意，尺寸的单位是像素。
- “图像纵横比”微调框。在设置输出尺寸时，可以指定一定的纵横比。这样在设置尺寸时，输入高与宽中的一个数值，软件会自动计算出另一数值。单击L按钮，可以锁定图像纵横比。
- “像素纵横比”微调框。用以控制像素的宽高比，但使用后有可能引起图像的变形。设置为0.5与2的不同渲染图如图4-30所示。

“渲染输出”栏的参数使得渲染后可以在VRay帧缓冲器中另存，也可以选中“保存文件”复选框，然后单击“…”按钮，在弹出的对话框中设置保存路径即可。

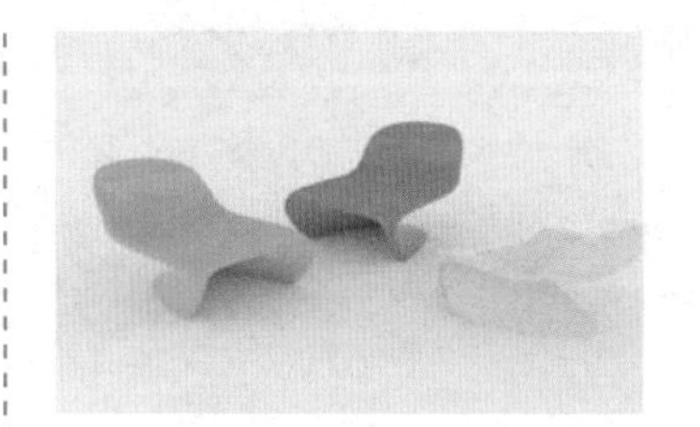
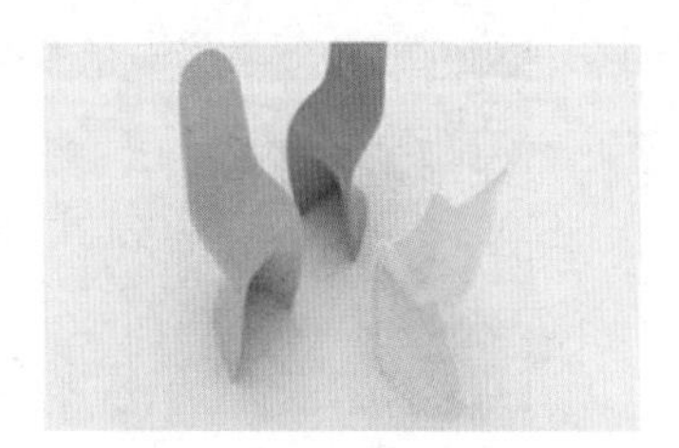

图 4-30 像素比分别为 0.5 和 2 的效果图

“V-Ray Raw 图像文件”栏用于渲染VRay原始图像文件，并将其原始数据直接写入一个外部文件中。该栏的选项与“渲染输出”栏的选项只能同时使用一个。

另外，“动画”栏中的选项用于对动画渲染的格式及保存设置。

14. VFB 通道

VFB的英文全称是VRay Frame Buffer（帧缓冲器）。VRay中的渲染在帧缓冲器内完成，并在帧缓冲器的工具栏上选择通道，如图4-31所示。

图 4-31 帧缓冲器

帧缓冲器上方有一组控制按钮，下方有一排工具栏。上方的下拉列表框中，可以选择 RGB 或 Alpha 通道。通过“VFB 通道”卷展栏，还可以增加下拉列表框中的通道种类，如图 4-32 所示。

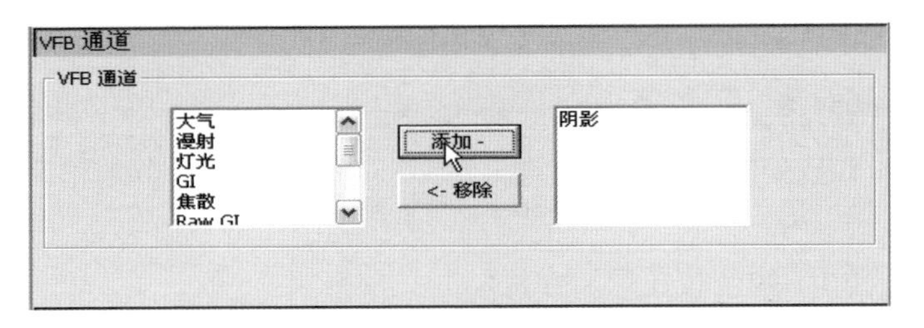

图 4-32 “VFB 通道”卷展栏

VRay 为渲染增加了多个可选择通道。在左边选中需要增加的通道，单击“添加”按钮后，在帧缓冲器上的下拉列表中就会增加新的通道名称，如图 4-33 所示。

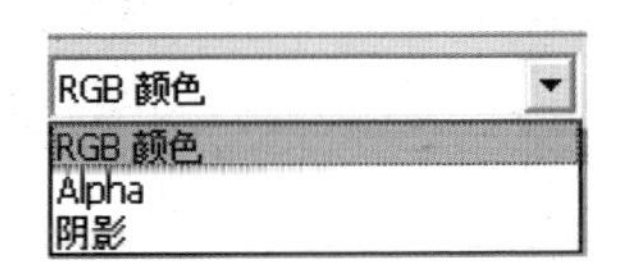

图 4-33 增加了通道

下面集中介绍各种常用的通道和 VRay Frame Buffer 上方工具栏的按钮。

（1）RGB 通道

单击按钮，打开 RGB 通道，能显示 RGB 通道渲染的效果，如图 4-34 所示。

（2）红色、绿色、蓝色三色通道

正常显示状态下，3 个色彩通道均是打开的。需要对某个单色通道显示时，先单击这 3 个按扭，取消它们的使用状态；然后单击其中的一个色彩按钮，即可显示相应的通道。绿色通道单独使用的效果如图 4-35 所示。

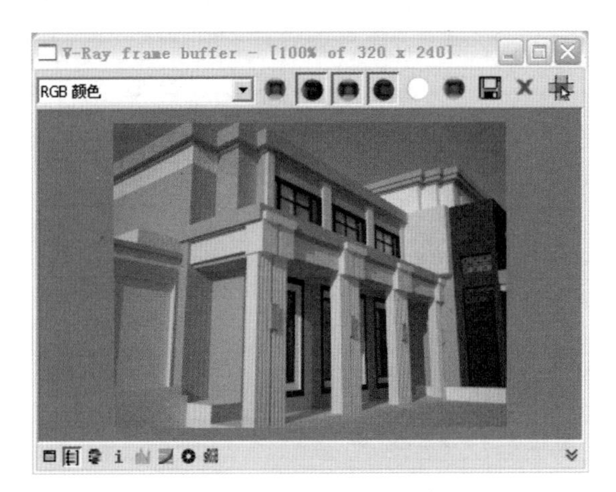

图 4-34 RGB 通道渲染图

图 4-35 绿色通道单独使用的效果

（3）Alpha 通道

单击按钮，即可打开 Alpha 通道。Alpha 通道效果如图 4-36 所示。

（4）单色模式

单击按钮，进入单色模式，效果如图 4-37 所示。

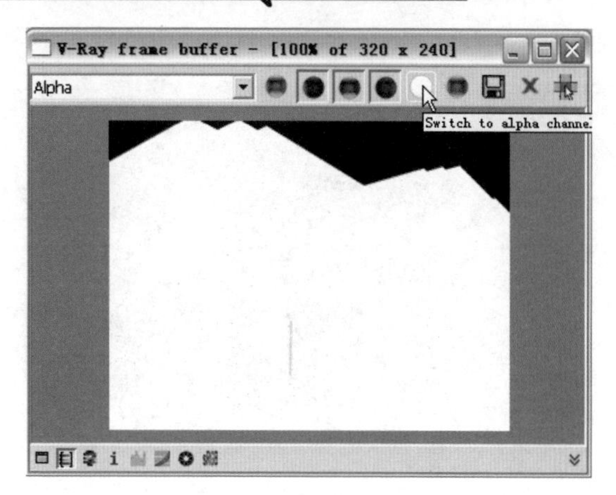

图 4-36　Alpha 通道效果

图 4-37　单色模式

（5）存储、清除图像、优先渲染

分别是“存储”“清除图像”和“优先渲染”按钮。其功能介绍如下：

- 单击“存储”按钮，将渲染成图另存为多种格式文件以便使用。
- 单击“清除图像”按钮，将当前窗口的图像清除。
- 单击“优先渲染”按钮，将按鼠标位置进行渲染，以便观察重点区域的渲染。

使用 VRay Frame Buffer 下方的工具栏可以对渲染成图进行色彩方面的调整，并添加水印。如图 4-38 所示，单击按钮，可以在工具栏下方展开其他内容。

图 4-38　显示更多选项

（1）颜色校正

单击“颜色校正”按钮，可以打开 Color corrections（颜色校正）对话框，如图 4-39 所示。

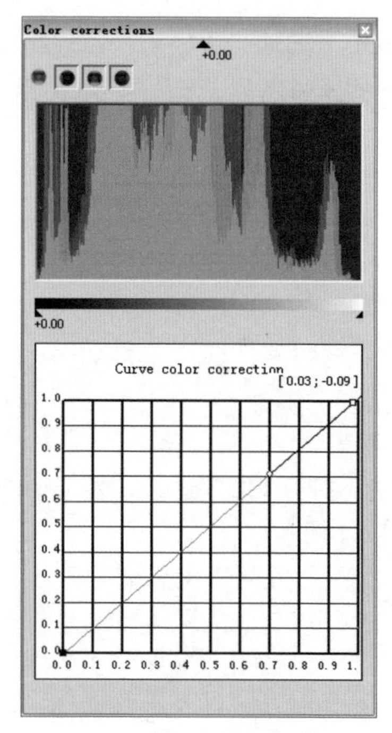

图 4-39　Color corrections（颜色校正）对话框

在该对话框中可以对颜色进行校正。校正前后的效果分别如图 4-40 和图 4-41 所示。

图 4-40　色彩校正前

图 4-41　色彩校正后

（2）添加印章

单击右下角的“添加印章”按钮，能对渲染成图添加印章，并可调节印章的字体、色彩和位置，如图 4-42 所示。

图 4-42　添加印章的渲染图

4.1.3　渲染参数

VRay for SketchUp 的渲染效果都由控制面板各部分的参数确定，不同的场景，参数设置都有可能不同。因此，渲染参数最好保存成为文件形式，以方便保留和使用。

软件自身带有的一些渲染文件，渲染文件的后缀是“.visopt”。在控制面板上选择“文件”|“加载”命令，在弹出的“选择文件”对话框中选中渲染文件，其中，Default.visopt 文件为默认设置，其渲染成图效果如图 4-43 所示。其他一些渲染文件的渲染效果，如图 4-44 所示。

在设定完所有参数完成一次渲染后，可以将渲染参数保存到指定的路径。这个路径一般为 \Program Files\ASGvis\Options。

需要使用时，直接将保存的渲染文件加载到当前模型文件中，所有参数会被导入，并直接开始渲染。

图 4-43　默认渲染效果

图 4-44　不同渲染文件渲染成图

4.2　VRay 灯光技术详解

光是物体可见的前提，场景没有光线则无法表现，因此光是渲染中的最重要因素。要模拟自然界的真实光线，需要对各种光进行分类。例如，可分为直接光与间接光。

间接光由整个环境光及反射光组成。VRay 渲染器使用的是 Global Illumination（全局照明）方式，使用间接照明来模拟真实的光影效果，环境中的阳光与天空设定都是间接光。间接光生成的渲染效果如图 4-45 所示。

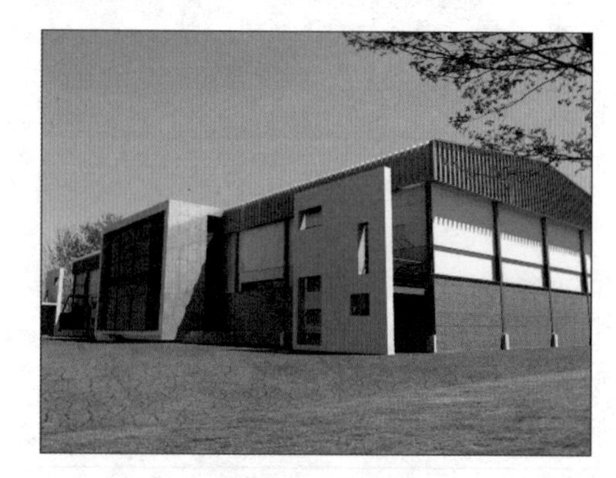

图 4-45　间接光

VRay 采用两种方法进行全局照明计算——直接计算和光照贴图。直接照明计算是一种简单的计算方式。它对所有用于全局照明的光线进行追踪计算。它能产生最准确的照明结果，但是需要花费较长的渲染时间。光照贴图是一种使用复杂的技术，能够以较短的渲染时间获得准确度较低的图像。

直接光以灯光为主，由矩形灯和点光源形成。用于直接照亮某个物体或区域，光照效果如图 4-46 所示。

下面将从间接照明、渲染引擎、环境设置、特殊光照 - 焦散、灯光调整等几方面，详细讲解 VRay For SketchUp 的光照设置方法。

图 4-46　直接光

4.2.1　间接照明

间接照明是 VRay 渲染器的核心部分，可以对 GI（Global Illumination，全局照明）的焦散及光线反弹的强度进行设置，并可以为光线的首次反弹和二次反弹选择不同的 GI 引擎。因此，只有详细了解间接照明，才能用 VRay 渲染器渲染出色的效果图。

在 VRay 的“渲染选项”窗口中选择“间接照明”选项，即可打开“间接照明”卷展栏，如图 4-47 所示。

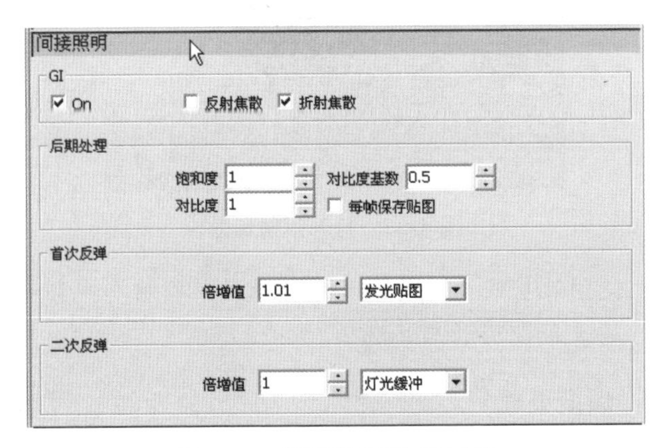

图 4-47　“间接照明”卷展栏

1. GI（全局照明）

GI 是全局照明（Global Illumination）的缩写。全局照明是一种使用间接照明来模拟真实的光影效果的技术，主要采用光线跟踪的技术。在“间接照明”卷展栏上 GI 栏中有 3 个复选框，下面一一介绍。

- **On 复选框**：渲染场景时需要选中此复选框，以开启全局照明功能。未开启全局照明的渲染图，如图 4-48 所示；开启全局照明的渲染图，如图 4-49 所示。

图 4-48　无 GI 效果

图 4-49　打开 GI 效果

- **“反射焦散”复选框**：间接光照射到镜射表面时会产生反射焦散。选中此复选框，可以在渲染中模拟反射焦散，对有反射效果的材质表现较为真实。因为对最终的成图影响较小，所以此复选框默认不被选中。例如，参数保持默认状态，未开启反射焦散的渲染图如图4-50所示；开启反射焦散的渲染图如图4-51所示。

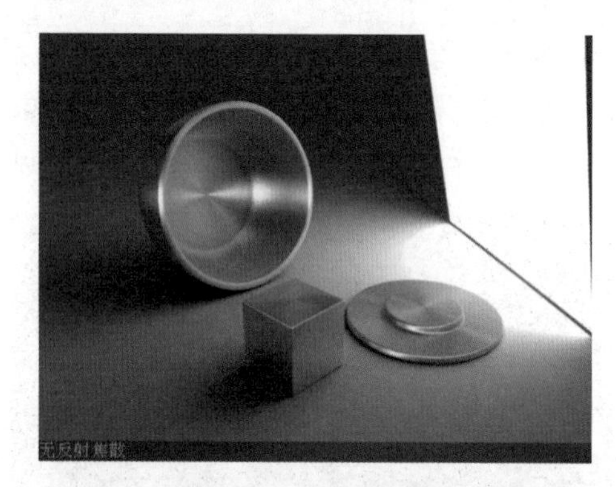

图4-50 无反射焦散

图4-51 打开反射焦散

注意：使用此功能的前提是需对物体贴赋镜射表面的材质，如玻璃、镜面和瓷片等。

- **“折射焦散”复选框**：间接光穿过透明物体（如玻璃）时会产生折射焦散，这与直接光穿过透明物体所产生的效果有所不同。选中该复选框，可以模拟折射焦散。例如，未开启折射焦散的渲染图如图4-52所示；开启折射焦散的渲染图如图4-53所示。

图4-52 无折射焦散

图4-53 打开折射焦散

注意：使用此功能需给场景物体贴赋玻璃材质。光穿过窗口的表现即可开启此选项。

2. 后期处理

如图4-47所示，“后期处理”栏的选项主要用于对最终渲染成图前的间接光照进行对比度、饱和度的调整。默认值为 1，表示渲染不对方案中的色彩进行任何修改。数值为 1 以上为增强对比度、饱和度；数值小于 1 为减弱对比度、饱和度。建议使用默认参数，因为对比度、饱和度通过后期的 Photoshop 处理也可以进行修正。

"饱和度"参数是指接受间接灯炮照射区域的颜色鲜艳程度。饱和度为 1 的渲染图如图 4-54 所示，饱和度为 50 的渲染图如图 4-55 所示。

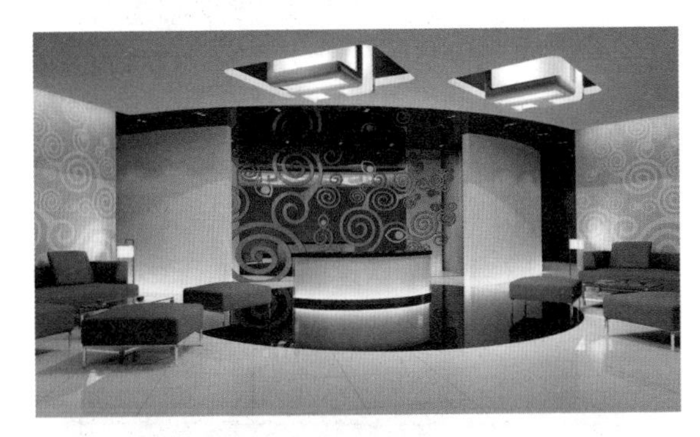

图 4-54　饱和度为 1

图 4-55　饱和度为 50

"对比度"参数可以控制图像的颜色对比。例如，对比度为 1 的渲染图如图 4-56 所示，对比度为 50 的渲染图如图 4-57 所示。

图 4-56　对比度为 1

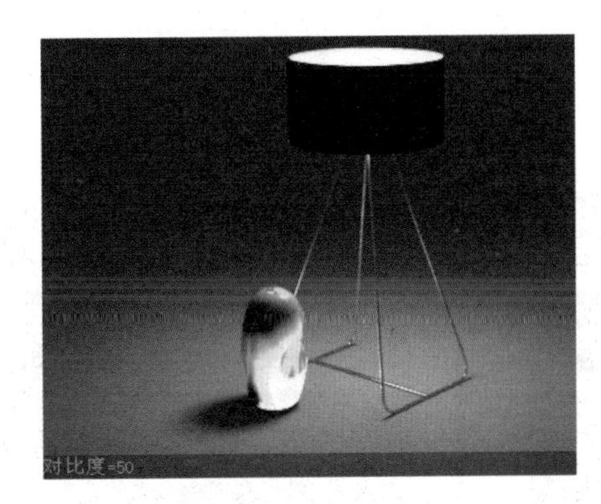

图 4-57　对比度为 50

"对比度基数"参数可以控制图像的明暗对比。需对画面明暗对比进行控制的，可以在此调整数值。例如，对比度基数为 1 的渲染图如图 4-58 所示。

3. 首次反弹

光照射到物体表面，并从物体表面反弹出去称为首次反弹。它在室内场景的表现中效果较为明显。在"间接照明"卷展栏上有一个"首次反弹"栏。其中的倍增参数作用很大。

图 4-58　对比度基数为 1

倍增值用于控制灯光的首次反弹强度，数值越高，场景越亮。倍增值设置为 0 的渲染图如图 4-59 所示。由于将首次反弹和二次反弹的倍增值都设置为 0，因此整个场景没有光线的反弹，显得很暗，只有直接接受灯光的部分比较亮。

图 4-59　倍增值为 0

倍增值设定后的渲染图如图 4-60 所示，由于将首次反弹倍增值设置为 0.5，二次反弹的倍增值仍设置为 0，可以看到场景中产生了一定的光线反弹效果。相较之前，首次反弹倍增值为 0 效果有所不同。

图 4-60　倍增值设定后效果

倍增值加大后的渲染图如图 4-61 所示。由于将首次反弹倍增值设置为 2，二次反弹的倍增值仍设置为 0，场景亮度已基本合适，但由于没有二次反弹，光线未到达部分有些暗。

图 4-61　倍增值加大后效果

4. 二次反弹

二次反弹是指光线完成首次反弹后继续进行的所有反弹的效果，主要为照亮光线直接照射不到的暗处。在“间接照明”卷展栏的“二次反弹”栏中也有倍增参数。该参数用于控制光线反弹强度，数值越高，场景越亮。倍增 0.5 的渲染图如图 4-62 所示。将首次反弹和二次反弹倍增值都设置为 0.5，可以看到场景光亮加强并且光照均匀。

图 4-62　倍增 0.5 效果

倍增 2 的渲染图如图 4-63 所示。将首次反弹和二次反弹倍增值都设置为 2，可以看到场景光亮但局部曝光。

图 4-63　倍增 2 效果

4.2.2　渲染引擎的选用

在“间接照明”卷展栏中，VRay 渲染器提供了 4 种 GI 渲染引擎，即“发光贴图”“光子贴图”“准蒙特卡罗”和“灯光缓冲”。这 4 种渲染引擎各有优点，适用于不同的渲染场景。在“间接照明”卷展栏的“首次反弹”和“二次反弹”栏中，可以在下拉列表框中选择渲染引擎选项，如图 4-64 所示。

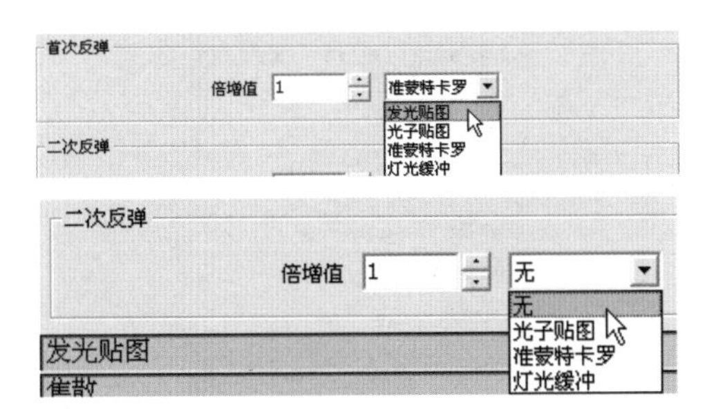

图 4-64　渲染引擎选项

“首次反弹”的渲染引擎有“发光贴图”“光子贴图”“准蒙特卡罗”和“灯光缓冲”4 个，默认的是“发光贴图”；“二次反弹”的渲染引擎有“光子贴图”“准蒙特卡罗”和“灯光缓冲”3 个，默认为“准蒙特卡罗”。不同的渲染引擎有不同的参数可以设定。

1. 发光贴图渲染引擎

发光贴图是常用的一种渲染引擎，只支持光线的首次反弹，在 4 个渲染引擎中的渲染速度相对较快，在“间接照明”卷展栏的“首次反弹”栏中，通过下拉列表框选择“发光贴图”，则在 VRay“渲染选项”窗口中会出现“发光贴图”卷展栏，如图 4-65 所示。下面将详细介绍“发光贴图”卷展栏上各个选项的功能。

（1）基本参数

“基础参数”栏常用选项功能如下：

- “最小比率”微调框。主要用于控制平坦区域的采样率。

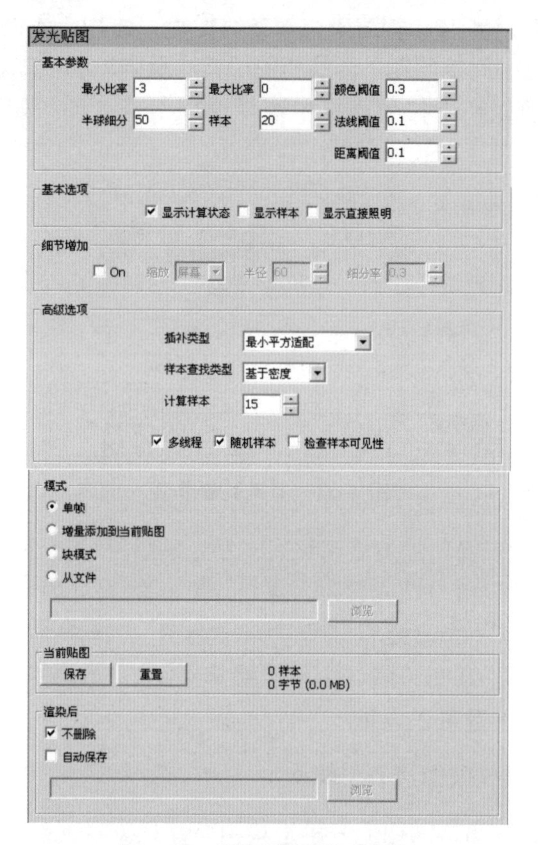

图 4-65 “发光贴图”卷展栏

● “最大比率”微调框。主要控制弯曲面或物体交叉处的采样率。一般来讲，如果比率的取值小或为负数，则采样点相对稀疏，渲染时间快，反之渲染时间慢。例如，最小比率和最大比率都设为 -4，采样点少，渲染精度低，速度快，如图 4-66 所示；最小比率和最大比率都设为 -1，采样点密集，渲染精度高，时间慢，如图 4-67 所示。

图 4-66 最大比率和最小比率都为 -4 效果

图 4-67 最大比率和最小比率都为 -1 效果

● “半球细分”微调框。主要用于决定样本的计算质量，取值小则渲染速度快，但在球形表面容易产生黑斑。例如，分别将此参数设置为 1 和 50 可以观察此参数对渲染成图质量的影响。设置为 1 时渲染出现黑斑，如图 4-68 所示。设置为 50 时渲染平滑效果，如图 4-69 所示。

（2）基本选项

“基础选项”栏仅有 3 个复选框。其功能如下：

● “显示计算状态”复选框。选中后在渲染过程中将计算过程通过渲染窗口进行演示。此选项在默认设定中被选中。显示计算状态的渲染过程如图 4-70 所示。

图 4-68　半球细分值为 1

图 4-69　半球细分值为 50

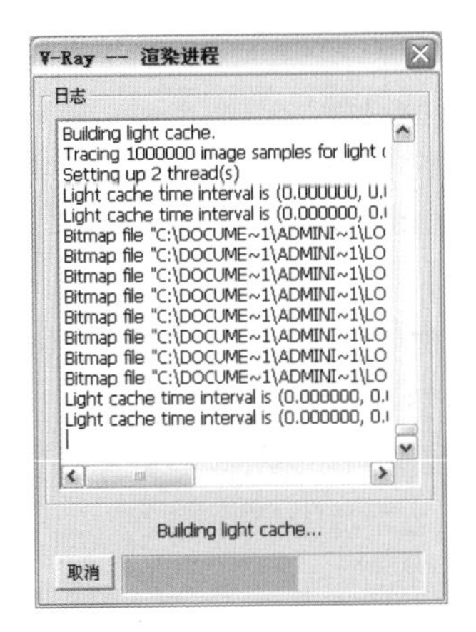

图 4-70　显示计算状态

- “显示样本”复选框。选中后会在最终渲染图中出现采样点。此复选框在测试时可用，正常渲染时通常不必选中。选中此复选框的渲染图如图 4-71 所示；没有选中时的正常渲染图如图 4-72 所示。

图 4-71　显示样本

图 4-72　未显示样本

- “显示直接照明”复选框。选中后会在渲染时显示出场景中的灯光效果。此复选框默认设置为不被选中。未选中时的渲染图如图 4-73 所示；选中时的渲染图如图 4-74 所示。

图 4-73 直接光照关

图 4-74 直接光照开

（3）细节增加

如图 4-75 所示，选中“细节增加”栏中的 On 复选框，进行渲染时，会按参数设置加强细部渲染，使其更加逼真，但是会延迟渲染速度。右边“半径”微调框内数值越大、“细分率”微调框内数值越高，则渲染增强部分面积越大，同时噪点较少。例如，未开启细节增加的渲染图如图 4-76 所示；开启细节增加的渲染图如图 4-77 所示。

（4）高级选项

在渲染过程中，发光贴图渲染引擎可以对样本的相似点进行差补、查找，以期对渲染质量进行控制。在“发光贴图”卷展栏中设置了“高级选项”栏，在“插补类型”下拉列表框中可以选择多种渲染方式，如图 4-78 所示。

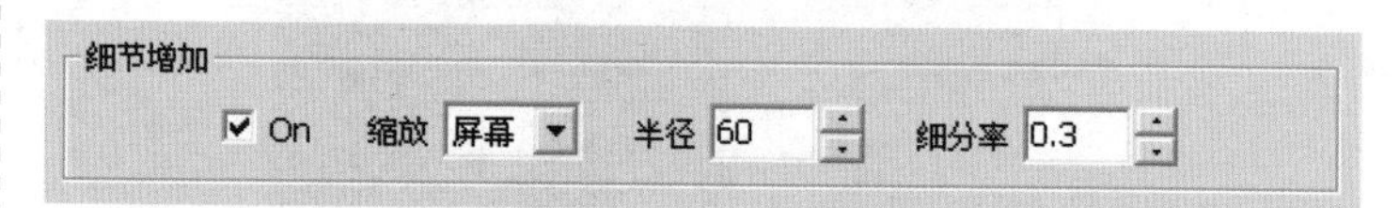

图 4-75 选中 On 复选框

图 4-76 细节增加关

图 4-77 细节增加开

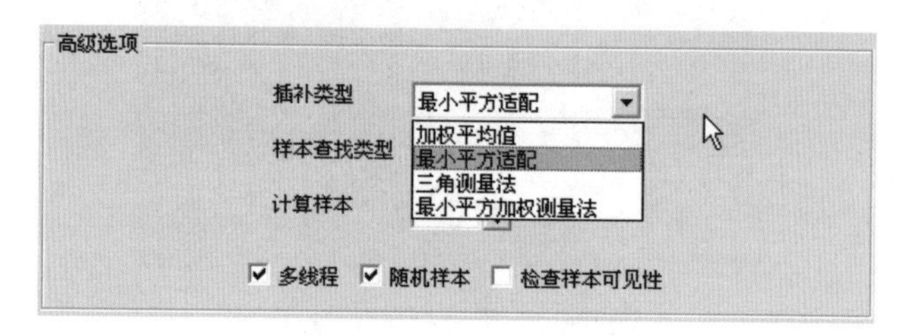

图 4-78 各种插补类型

各种渲染方法的效果说明如下：

- “加权平均值”方法渲染效果差，渲染时间长。
- “最小平方适配”方法为默认设置，适合于大多数场景的渲染。
- “三角测量法”方法采样插补均匀，渲染效果好，不会产生模糊。
- “最小平方加权测量法”方法能产生最优秀的渲染效果，缺点是时间较长。

（5）当前贴图和渲染后

在“渲染后”栏中，默认状态下选中“不删除”复选框，这样发光贴图文件可保存到下次重新渲染。而选中“自动保存”复选框，可将发光贴图文件保存到指定的路径，方便网络渲染。

在“当前贴图”栏中单击“保存”按钮，可将所使用的发光贴图以文件形式在指定路径进行保存。

2. 光子贴图渲染引擎

光子贴图类似于发光贴图，用于表现场景中的灯光；不同的是发光贴图采用自适应的方法，而光子贴图没有自适应性，是按场景中灯光密度进行渲染。由光子贴图产生的场景照明精度小于发光贴图。光子贴图渲染引擎支持灯光的首次反弹和二次反弹。在“首次反弹”和“二次反弹”栏中选择“光子贴图”后，则在 VRay“渲染选项”窗口中会出现“光子贴图”卷展栏，如图 4-79 所示。

光子贴图
基本参数
反弹 10 最大光子 30
搜索距离 20 倍增值 1
折回阈值 0 最大密度 0
折回反弹 10 插补样本 10
凸起表面估算 存储直接照明
模式
新贴图
从文件
浏览
当前贴图
保存 重置 0 样本 0 字节 (0.0 MB)
渲染后
不删除
自动保存
浏览

图 4-79 “光子贴图”卷展栏

“光子贴图”卷展栏主要通过“反弹”“最大光子”“倍增值”和“最大密度”微调框中的几个参数来控制光子贴图渲染引擎。其中，“反弹”和“最大光子”微调框中参数的作用如下所示。

- “反弹”微调框。默认设置为 10，取值越小，则光线反弹次数越少，场景的光线不充分，较暗。反弹为 0 与反弹为 10 的渲染场景如图 4-80 所示。

图 4-80 “反弹”微调框内参数设置为 0 与 10 的区别

- “最大光子”微调框。用于设定场景计算的光子数量，数值越大则场景无黑斑。例如，最大光子数设置为 5 与 20 的渲染场景如图 4-81 所示。

另外，光子贴图的渲染质量不便于控制，效果较差，通常作为二次反弹选项出现。

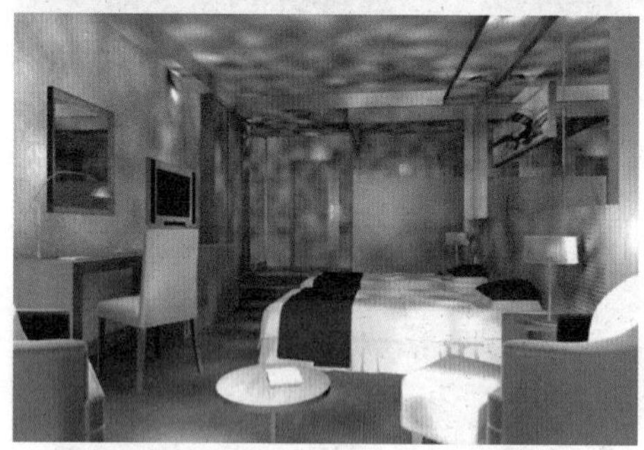

图 4-81　最大光子数为 5 和 20 的区别

3. 准蒙特卡罗渲染引擎

准蒙特卡罗渲染器是 VRay 渲染器中最精确的光计算器，适用于表现细节的场景。其缺点是运算速度慢。为加快速度，可以在“首次反弹”栏中选用此模式，在“二次反弹”栏中选用其他模式。

（1）“准蒙特卡罗全局照明”卷展栏

在“准蒙特卡罗全局照明”卷展栏中进行参数设置，如图 4-82 所示。

图 4-82　“准蒙特卡罗全局照明”卷展栏

默认取值的渲染图如图 4-83 所示。

图 4-83　默认设值

数值较小时，画面有颗粒，数值越大，渲染质量越高，但较小的取值会提高渲染速度。例如，细分取值为 10 的渲染图如图 4-84 所示。

图 4-84　细分取值 10

（2）“QMC 采样器”卷展栏

“QMC 采样器”卷展栏中的参数如图 4-85 所示，用来控制计算过程中的模糊效果。

“QMC 采样器”卷展栏中参数的作用如下：

● “适应数量”微调框。取值越大，渲染速度越快，但图像质量越差。通常这一参数在 0.7 ～ 0.95 之间有较好的效果。默认效果如图 4-86 所示。

图 4-85 “QMC 采样器”卷展栏

图 4-86 默认设值

- “噪波阈值”微调框。用于控制渲染图像的噪波数量，数值越小速度越快，但图像中的噪点相对较多。噪波阈值为 1 的渲染效果，质量较差；噪波阈值为 0.005 时噪点明显降低，如图 4-87 所示，通常此参数保持为默认值即可。
- “最小样本”微调框。较高取值会增加渲染时间，效果较好，也可以有效减少图像的噪点。通常此参数保持默认值 8 即可。
- “细分倍增”微调框。用于控制全局的细分采样数值。通常此参数保持默认值 1 即可得到较好的图像质量，噪点基本消除。

图 4-87 噪波阈值为 1 和 0.005 的效果

- “路径采样器”下拉列表框。提供了“默认”和“随机霍尔顿”两种方式。通常情况下选择“默认”方式即可。

4. 灯光缓冲渲染引擎

灯光缓冲（又称灯光缓存）渲染引擎对灯光的模拟类似

于光子贴图，在相机可见部分追踪光线，然后将灯光信息存储进三维数据中。灯光缓冲支持首次反弹和二次反弹。在“首次反弹”和“二次反弹”栏中选择“灯光缓冲”，则在 VRay“渲染选项”窗口中会出现“灯光缓冲”卷展栏，如图 4-88 所示。

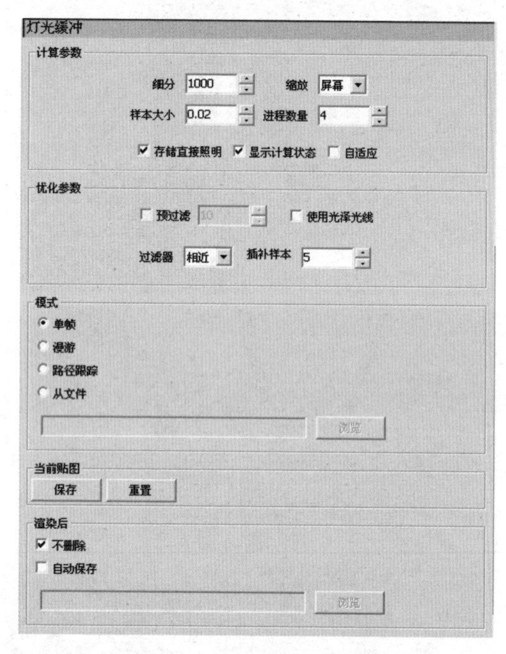

图 4-88 “灯光缓冲”卷展栏

在“灯光缓冲”卷展栏上，“细分”微调框中的值在首次反弹时默认为 1000。取值加大可以让图像更加平滑，但渲染时间较长。二次反弹时，“细分”微调框中的值设置为 200 ～ 500 即可。首次反弹为 500 与设为 1000 的渲染效果对比，如图 4-89 所示。

注意：灯光缓冲支持所有类型的光，包括天光、自发光、灯光等，这是与光子贴图最大的区分。

图 4-89 灯光缓冲分别为 500 和 1000

4.2.3 环境设置

VRay for SketchUp 渲染器提供了对环境的设置：除可设置天光、背景的色彩和图案外，还可以对环境中的反射与折射进行设置。掌握环境的设置，才能真正运用 VRay 渲染出生动自然的场景。“环境”卷展栏如图 4-90 所示。

图 4-90 “环境”卷展栏

1. GI（天光）

天光是室外环境中必不可少的光线，不同时刻的光线颜色不同，光线强度不同，这些都可进行简单的设置。

（1）开启天光

在打开的“间接照明”卷展栏中选中 On 复选框，开启全局照明，然后在“环境”卷展栏中是否选中 GI 复选框将影响渲染的最终效果。如图 4-91 所示为未选中此复选框，图像整体较暗，只有灯光照射部分受光；选中此复选框，开启环境天光，整个场景得以照亮。

图 4-91　未开启和开启环境天光的不同效果

（2）设置天光强度

在输入框内输入不同的天光强度值，将渲染得到强度不同的光照。数值越大，光线越强。将天光强度设置为 1 和 2 的不同渲染效果，如图 4-92 所示。

图 4-92　环境天光为 1 和 2 的效果

（3）设置天光色彩

单击“GI（天光）”复选框旁的色块，在弹出的“选择颜色”对话框中选中适当的天光色彩。在“选择颜色”对话框中将天光色彩设置为黄色的渲染效果，如图 4-93 所示。

（4）天光阴影控制

单击“GI（天光）”复选框右侧的 M 按钮，弹出“V-Ray——纹理编辑器”对话框，如图 4-94 所示，确认选中了“激活阴影”复选框。上方“阴影偏移”微调框中的参数用于控制物体与阴影间的距离。值为 0，表示没有偏移。

图 4-93　环境天光为黄色

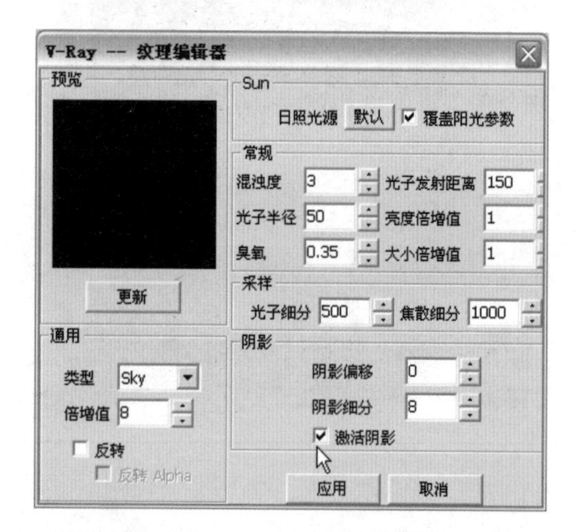

图 4-94　“V-Ray——纹理编辑器”对话框

（5）阳光参数

在“V-Ray——纹理编辑器”对话框中，Sun 和“常规”栏专门用于对阳光的参数进行设置。例如，“亮度倍增值”微调框用于控制阳光强度。值为 1 时是普通光线设置，值为 5 时是曝光的设置，其效果如图 4-95 所示。

另外，“混浊度”微调框用于控制光线的混浊程度。值为 1 时是普通光线设置，值为 10 时是对混浊天气的模拟，其效果如图 4-96 所示。

图 4-95　亮度倍增值为 1 和 5

图 4-96　混浊度为 1 和 10 的效果

(6) 天光贴图

在“V-Ray——纹理编辑器”对话框“通用”栏的“类型”下拉列表框中选择“位图”选项，单击“位图”栏“文件”文字右侧的 m 按钮，在弹出的“选择文件”对话框中选定相关的图片作为天光的贴图，得到如图 4-97 所示的效果。

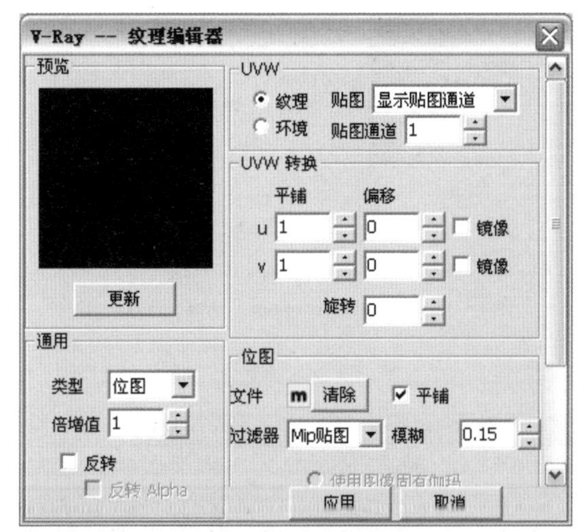

图 4-97　天光贴图效果

2. 背景

通过选中“背景”复选框，并在右侧进行设置，可以对场景中物体所处的环境色彩和亮度、贴图进行设置。其参数设置方法与天光的设置基本相同。设置环境光为黄色和贴图的渲染图，效果如图 4-98 所示。

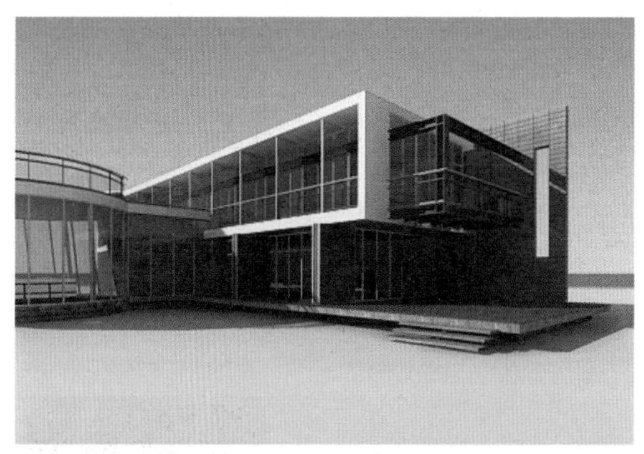

图 4-98　环境光为黄色和贴图的渲染效果

(1) 反射

通过选中“反射”复选框，并在右侧进行设置，可以控制有反射材质的物体，如不锈钢。例如，将场景中的物体赋予全反射材质——不锈钢。未选中“反射”复选框的渲染图和选中“反射”复选框并设置反射色彩、设置参数为2的渲染图效果对比如图4-99所示。

图4-99　无反射和有反射的效果

另外，还可使用贴图来替代反射的环境。其方法与天光采用贴图类似，效果如图4-100所示。

（2）折射

通过选中“折射”复选框，并在右边进行设置，可以控制有折射材质的物体，如玻璃材质等。例如，将场景中的物体赋予全反射材质。未选中“折射”复选框的渲染图和选中“折射”复选框并设置折射色彩、设置参数为2的渲染图效果对比如图4-101所示。

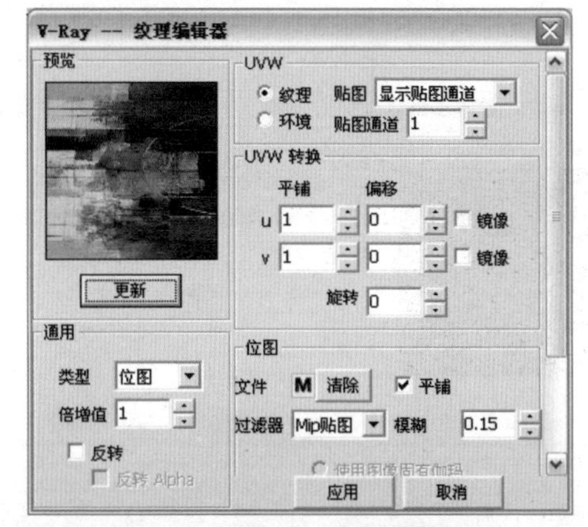

图4-100　贴图反射

另外，还可使用贴图来替代折射的环境，其方法与天光采用贴图类似，效果如图4-102所示。

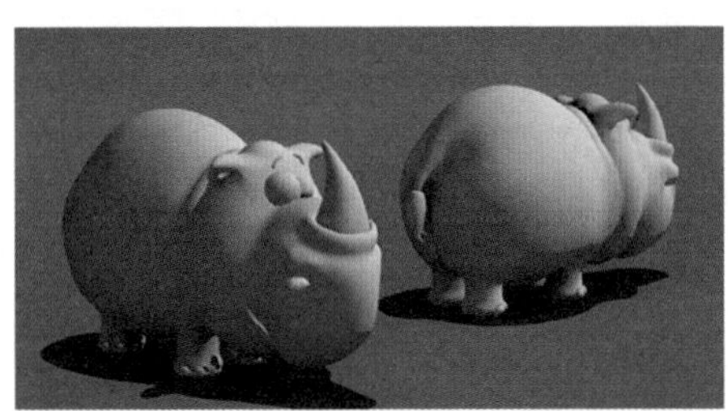

图 4-101　无折射和有折射的效果

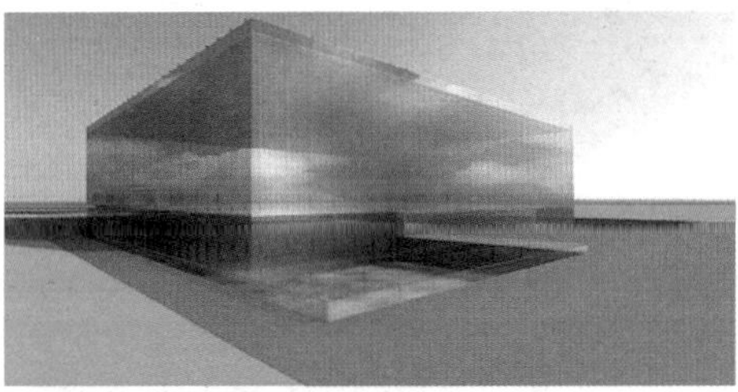

图 4-102　折射贴图和折射颜色的效果

4.2.4　灯光

VRay for SketchUp 除了全局照明之外，还需要添加灯光以获取更多的照明细节。灯光配合材质可以得到更好的渲染仿真效果。VRay 中有两种灯光：矩形灯光和全方向灯光（点光源）。在 SketchUp 中成功安装 VRay for SketchUp 后，在软件界面上会出现 V-Ray for SketchUp 工具栏，如图 4-103 所示。

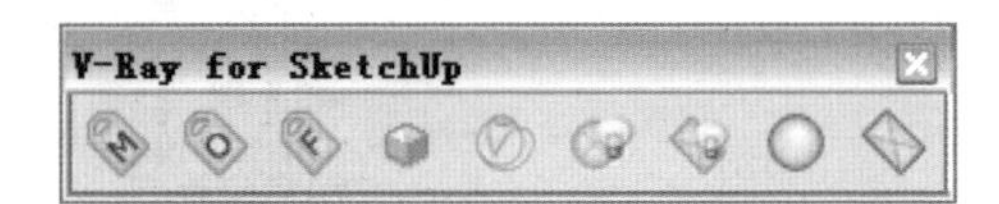

图 4-103　V-Ray for SketchUp 工具栏

1. 矩形灯光

场景中可以创建灯光并调整色彩从而表现环境光，具体操作如下：

Step1 单击“创建矩形灯光”按钮，在屏幕中恰当位置建立一个矩形的灯，并可使用 SketchUp 中的“移动”“旋转”操作来编辑灯光的位置，使用“比例缩放”操作来调整灯光的面积大小。建立好的灯光如图 4-104 和图 4-105 所示。

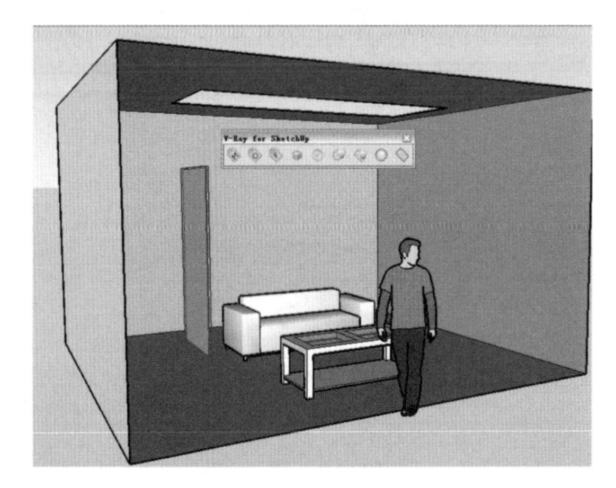

图 4-104　建立灯光

注意：灯光的尺寸与亮度相互协调才能达到对场景的影响。

图 4-105 编辑灯光

Step2 选中矩形灯光，右击，在弹出的快捷菜单中选择 V-Ray for Sketchup ｜“编辑灯光”命令，弹出“矩形灯光”窗口，如图 4-106 所示。

图 4-106 “矩形灯光”窗口

Step3 在“亮度”栏的“倍增值”微调框中输入数值，设置灯光的亮度。数值越大灯光越强。单击 Color（色彩）按钮，弹出“选择色彩”对话框，可以选定灯光色彩。完成后，未对灯光亮度和色彩进行设置的渲染图和对灯光的亮度和色彩进行设置后的渲染图效果如图 4-107 所示。

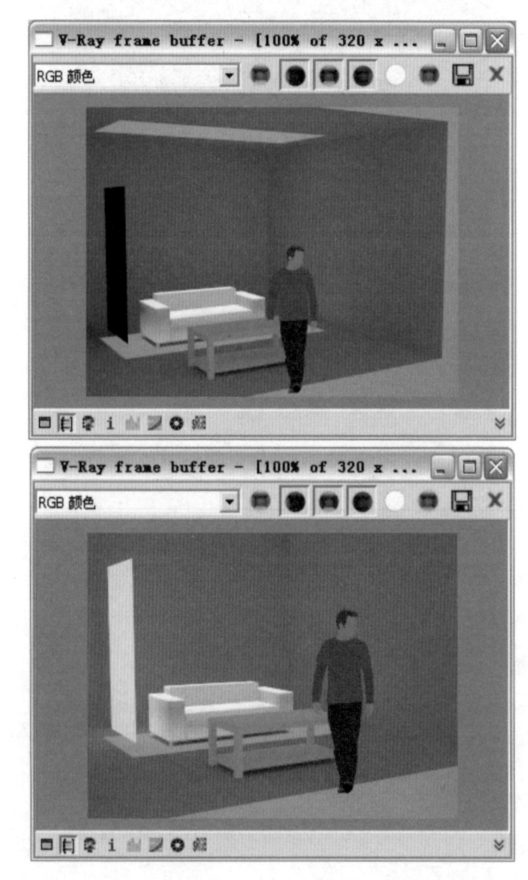

图 4-107 未设置和设置亮度、色彩后的效果

Step4 选中“矩形灯光”窗口“选项”栏中的“双面”

复选框，将灯光设置为双面发光的灯。单面发光与双面发光效果的区别如图 4-108 所示。

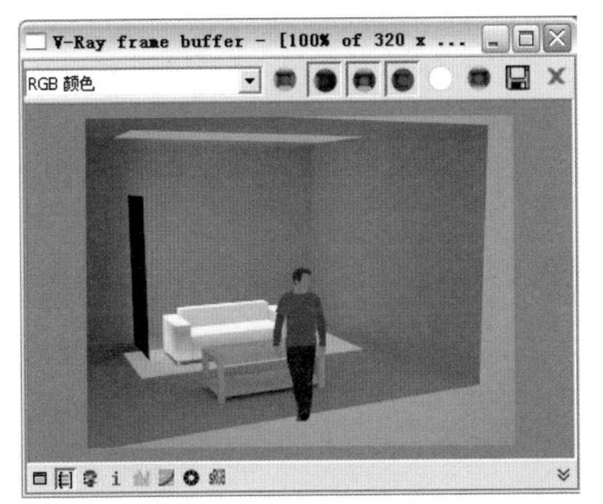

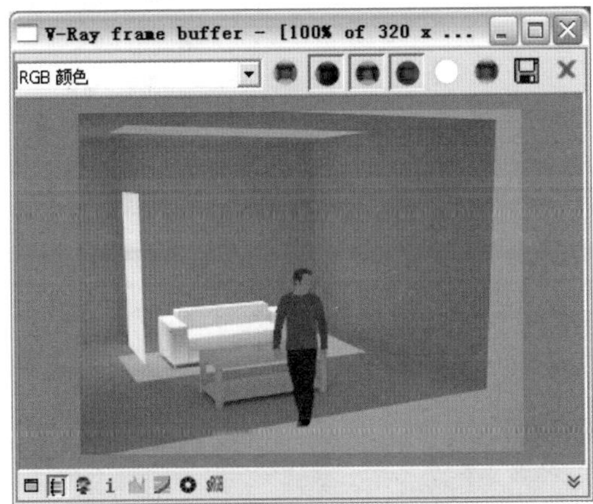

图 4-108　单面发光和双面发光效果

注意：双面参数设置后，灯不能紧贴地面或墙面，否则会有黑色阴影。

Step5　选中“矩形灯光”窗口“选项”栏中的“不可见”复选框，对发光面进行隐藏，效果如图 4-109 所示。

图 4-109　隐藏矩形灯光

Step6　在“矩形灯光”窗口的“选项”栏中选中“不衰减”复选框，通常会有自然灯光由强至弱的表现，效果如图 4-110 所示。

图 4-110　灯光不衰减

Step7　需要显示矩形灯的阴影，则选中“矩形灯光”窗口中“阴影”栏的On复选框，阴影的倾斜程度由“偏移”微调框中的数值决定。例如，阴影偏移为5与15的不同渲染效果如图4-111所示。

图4-111　阴影偏移设为5和15的渲染效果

2. 全方位灯光（点光源）

除矩形灯外，还可创建全方位灯，具有点光源的功能。具体操作如下：

Step1　单击“创建全方位灯光”按钮，在屏幕中恰当位置建立一个圆形的灯，并可使用SketchUp中的“移动”“旋转”操作来编辑灯光的位置，使用“比例缩放”操作调整灯光的面积大小。建立好的灯光在SketchUp场景中如图4-112所示。

Step2　选中圆灯光，右击，在弹出的快捷菜单中选择V-Ray for Sketchup | “编辑灯光”命令，打开“泛光灯”窗口，如图4-113所示，在此可以编辑灯光。

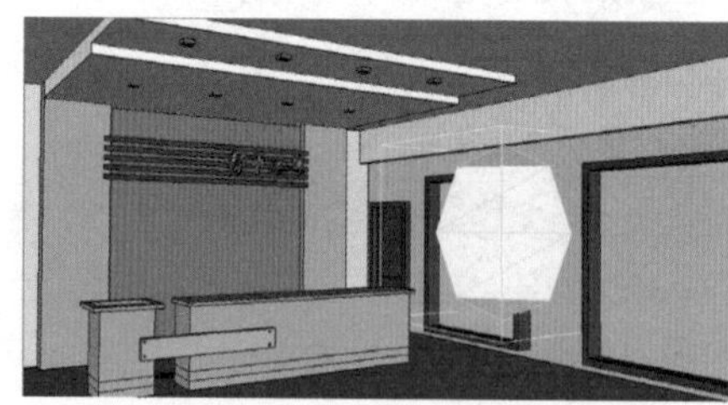

图4-112　建立灯光

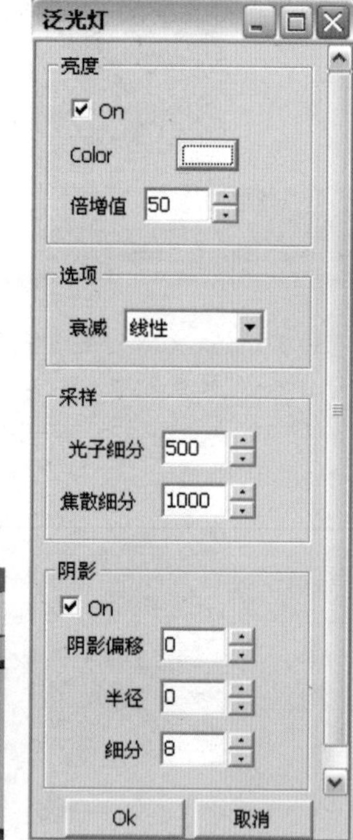

图4-113　“泛光灯”窗口

注意：在VRay for SketchUp中全方位灯光既是圆形光，又称泛光灯。

泛光灯的基本参数设置与矩形灯的基本参数类似，如图 4-114 和图 4-115 所示为不同参数对渲染图的影响。

图 4-114　未设置参数

图 4-115　光线色彩定为橘红、倍增

Chapter 5

用好灯光与材质贴图

要设定生动写实的材质，除了需要了解对材质编辑器的基本功能，还需要了解材质的反射、折射、放射、材质贴图、凹凸贴图、置换贴图、透明贴图、关联材质、双面材质等各种参数及用法。

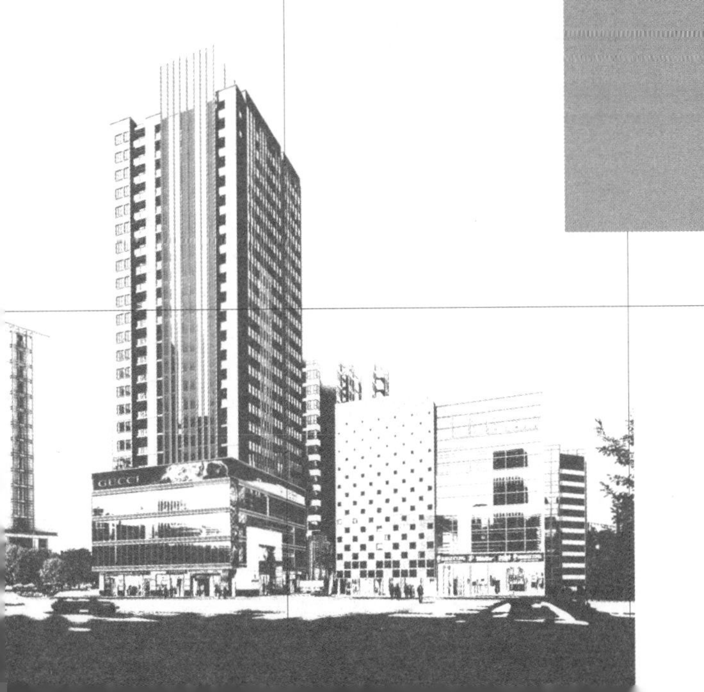

5.1 材质编辑器

打开材质编辑器有两种方法：可以在菜单栏上选择 Plugins | VRay for SketchUp | “材质编辑器”命令，也可单击工具栏上的“材质编辑”按钮，如图 5-1 和图 5-2 所示。

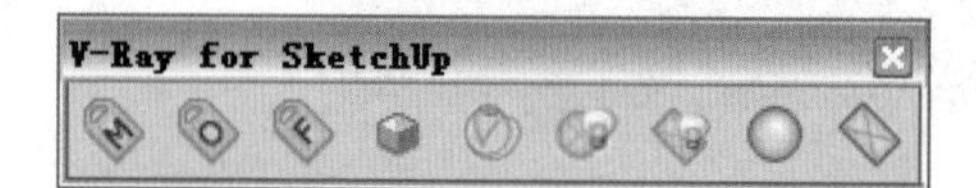

图 5-1 V-Ray for SketchUp 工具栏

图 5-2 材质编辑器

材质编辑器分为三大部分：

- “材质预览”栏，以材质球的形式显示编辑的当前材质，单击“更新预览”按钮刷新材质球。
- “材质工作区”栏，显示所有调用的材质，并且选中材质后右击，可以导入、导出、添加、复制、清除、选择材质对象、应用材质。
- 右边的参数选项区，用于对各材质的参数进行详细设置。

5.1.1 添加删除材质

在场景材质当中只有一种材质——默认 VRay 材质（Default VRay Material）。场景中需要添加新的材质，都需要对其命名，其具体操作如下：

Step1 在材质编辑器的“材质工作区”栏中选择“场景材质”，右击，在弹出的快捷菜单中选择新材质的种类，一般情况下选择“添加 VRayMtl”命令，如图 5-3 所示。

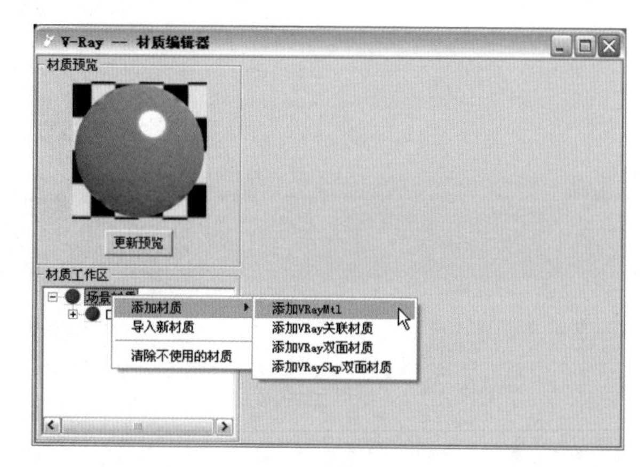

图 5-3 添加新材质

Step2 在“材质工作区”栏添加新的材质后，会显示 DefaultMaterial（默认材质）项，此时需对材质进行命名。选择 DefaultMaterial，右击，在弹出的快捷菜单中选择“重命名”命令，后将材质逐一命名，如图 5-4 所示。

命名新材质最好使用英文字母、阿拉伯数字。名字中不能有空格，第一个字符不能为数字，否则 SketchUp 无法识别，不能进行正常渲染。

与添加材质相对应的是删除材质和清除材质。选中相关材质，右击，在弹出的快捷菜单中选择“移除”命令，即可删除材质。选择“场景材质”，右击，在弹出的快捷菜单中选择“清除不使用的材质”命令，即可清除材质。

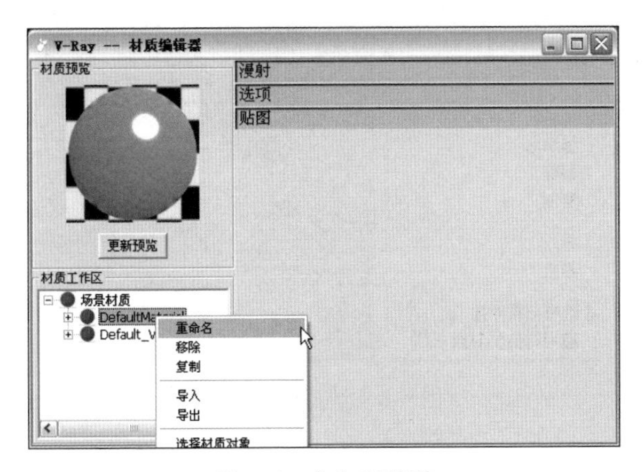

图 5-4　命名新材质

5.1.2　导入、导出材质

在当前场景中可以导入已调整好的材质，也可将目前使用的材质以文件形式保存，以备使用。VRay for SketchUp 材质文件的格式为 *.vismat。

1. 导入材质

导入材质的具体操作如下：

Step1　在“材质工作区”栏中选择“场景材质”，右击，在弹出的快捷菜单中选择“导入新材质”命令，如图 5-5 所示，弹出“选择文件”对话框。

Step2　选择 *. vismat 格式的材质文件，单击“打开”按钮即可导入材质，如图 5-6 所示。

导入的材质将以文件名的形式出现在“材质工作区”栏中，同样可以对其进行重命名、移除等操作。

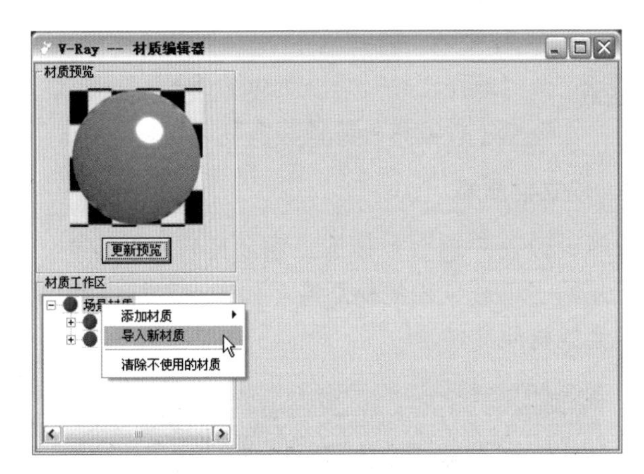

图 5-5　导入新材质

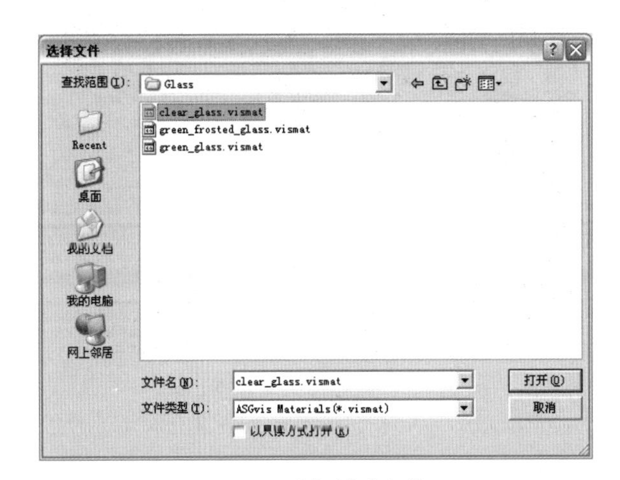

图 5-6　选择材质文件

2. 导出材质

调整好材质后也可以以文件形式保存，方便随时调用。具体操作如下：

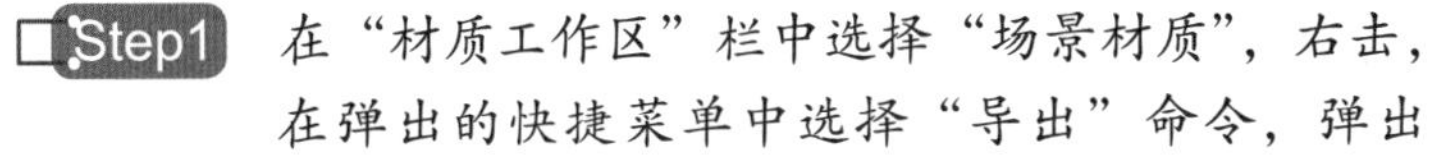

Step1　在“材质工作区”栏中选择“场景材质”，右击，在弹出的快捷菜单中选择“导出”命令，弹出

"选择文件"对话框。

Step2 在"选择文件"对话框中选择 *. vismat 格式，并给文件指定相关路径及名称。

3. 建立材质库

用户可以自己建立材质库，将材质导出并保存。另外，也可以从网上下载共享的材质库。如图 5-7 所示为一个材质库中包含的材质文件。

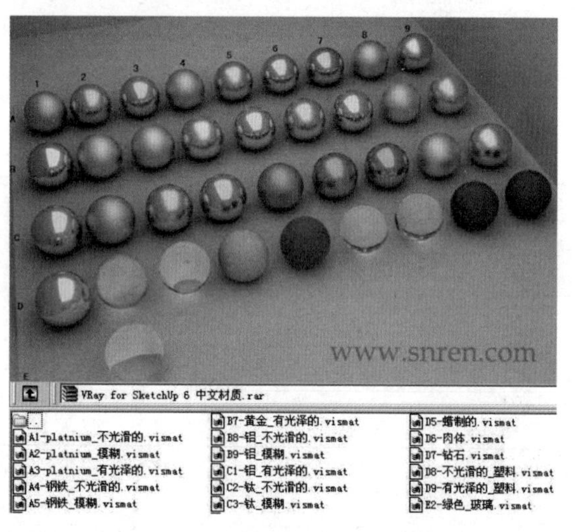

图 5-7　材质库中的材质文件

5.1.3　使用材质

调整好材质的各种参数或导入材质后，即可将材质使用到指定的模型上，并通过快速渲染来观察其效果。使用材质的操作过程如下：

Step1 打开材质编辑器，在"材质工作区"栏中导入玻璃材质。选中此材质并右击，在弹出的快捷菜单中选择"选择材质对象"命令，进入选择材质对象的环节，如图 5-8 所示。将光标移至场景中，选中需给赋材质的物体，如该物体是群组或组件，则需单击进入编辑状态。

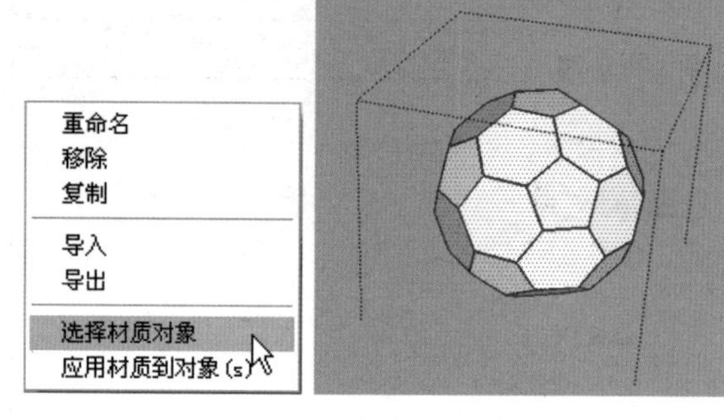

图 5-8　选择材质对象

注意：应用材质后，在 SketchUp 中无法显示其材质，只能通过渲染才能进行观察。

Step2 在材质的快捷菜单中选择"应用材质到对象"命令，即可将材质应用到所选对象上。

Step3 使用默认参数渲染：在菜单栏中选择 Plugins | VRay for SketchUp | "选项"命令，弹出"选项"对话框。如图 5-9 所示，选择"文件" | "加载"命令，弹出"选择文件"对话框。

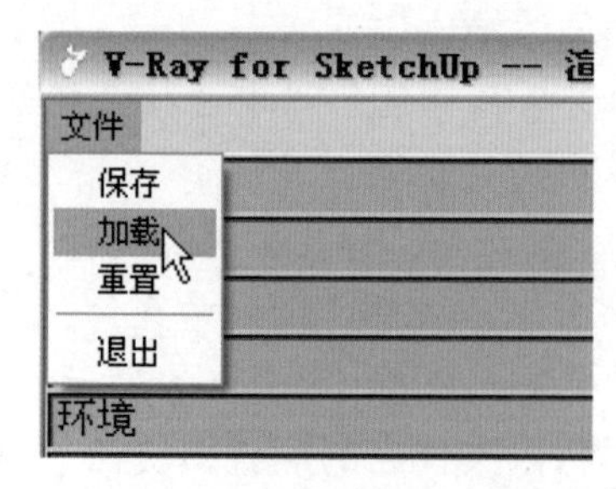

图 5-9 "加载"命令

Step4 选择DEFAULT（默认设定）文件，在当前文档中调用默认渲染参数。选择“插件”|VRay for SketchUp|“渲染”命令，即可使用默认渲染参数渲染当前场景，这样就可以观察材质贴图是否合符要求，如图5-10所示。

图5-10　默认参数渲染玻璃材质

5.2　材质参数选项

在材质编辑器中，可以设定不同材质的具体参数，主要有“反射”（Reflection）、“漫射”（Diffuse）、“选项”和“贴图”4个选项可以设置，如图5-11所示。

反射
漫射
选项
贴图

图5-11　参数选项

选择其中一个选项，会打开相应卷展栏，在上面可以对各种参数进行设置。双击“材质工作区”栏中的材质名称，也能显示参数选项，如图5-12所示。

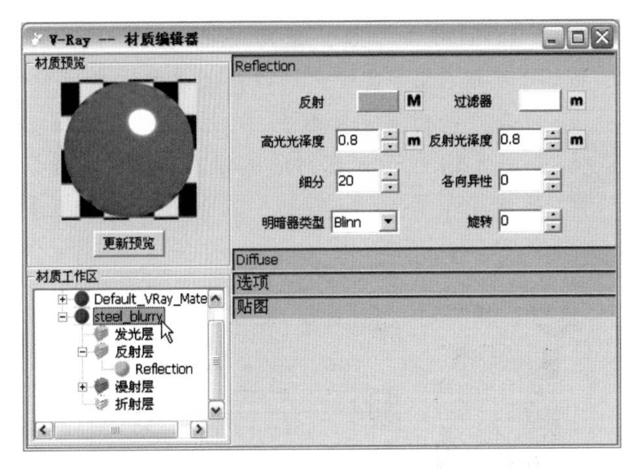

图5-12　参数选项

5.2.1　漫射

一般情况下，物体颜色通常指漫反射颜色。VRay for SketchUp的材质编辑器中，有详细的参数设置区域。“漫射”卷展栏中主要有两个选项，即Color（色彩）按钮和“透明度”按钮。Color按钮用于控制材质的颜色，“透明度”按钮用于控制材质色彩的透明度。单击选项右侧的m按钮，可以选择贴图，如图5-13所示。

图5-13　漫射选项

下面将相同造型的3个模型给赋不同颜色的材质作为例子，介绍色彩的使用方法：

Step1 在模型文件开启的前提下，打开材质编辑器。在“材质工作区”栏中选择“场景材质”并右击，在弹出的快捷菜单中选择“添加材质”|“添加

VRayMTL”命令，新建一个材质。选中添加的材质并右击，在弹出的快捷菜单中选择“重命名”命令，将材质重命名。

Step2 如图5-14所示，在材质编辑器右边的“漫射”卷展栏中单击Color按钮，在弹出的对话框中设置色彩。

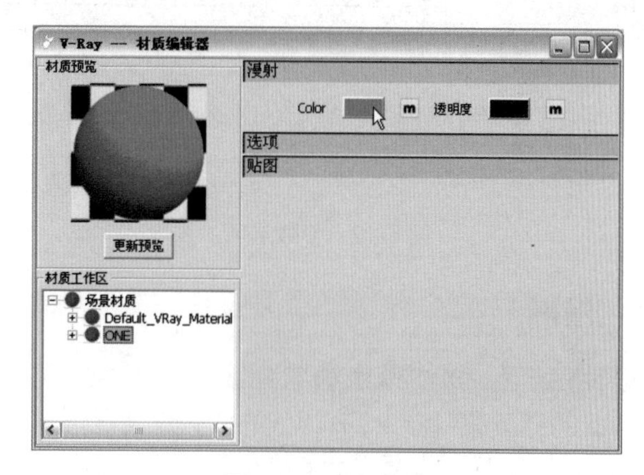

图5-14　选择颜色

Step3 在“材质工作区”栏选择此材质并右击，在弹出的快捷菜单中选择“选择材质对象”命令，然后在场景中选中需赋材质的物体。再次选择此材质并右击，在弹出的快捷菜单中选择“应用材质到对象”命令，将设定好的材质给赋物体。

Step4 调用“默认”渲染参数，对场景进行普通渲染，即可观察场景中的第一个物体赋材质的情况，如图5-15所示。

Step5 将此材质复制一个，并重命名，然后将色彩进行改变。以此类推，将3个物体都给赋不同色彩的材质，如图5-16所示。给赋材质后的渲染图效果如图5-17所示。

图5-15　赋材质后默认渲染

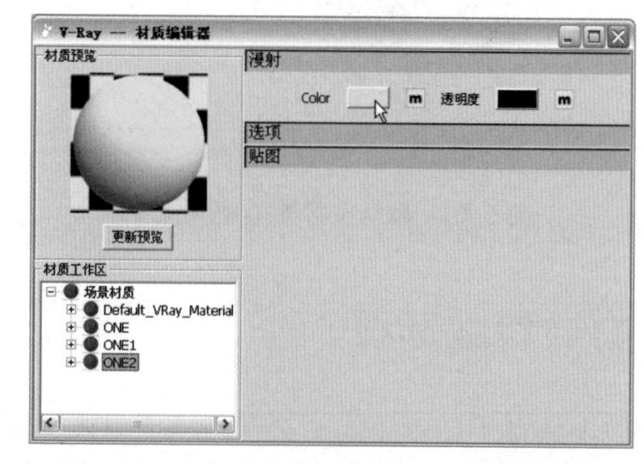

图5-16　为3个物体都赋予不同颜色的材质

图5-17　赋材质渲染图

5.2.2　反射

如果物体材质表面亮度很高、有光泽度，并且反射场景（如硬塑料、金属等材质），可以在 VRay for SketchUp 的材质编辑器中，对材质的反射光亮度、反射颜色及反射的图案作具体设定。

反射选项没有列在默认选项中，需要在“材质工作区”栏的材质中添加。如图 5-18 所示，单击材质名称旁的“+”按钮，展开材质参数层。

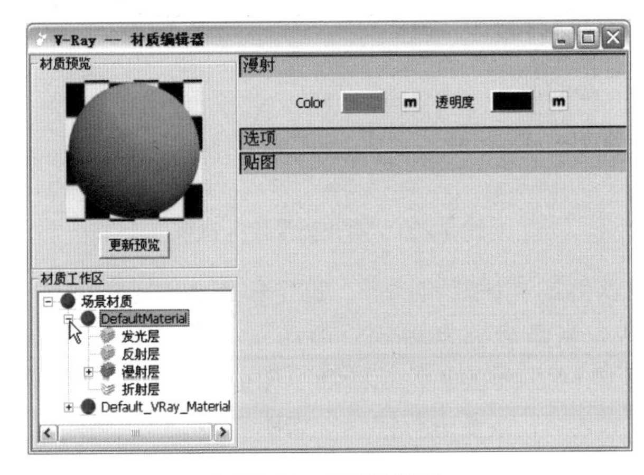

图 5-18　展开选项层

单击选中反射层，右击，在弹出的快捷菜单中选择“添加新层”命令，即可在参数区打开“反射”卷展栏，如图 5-19 所示。

反射层可以增加多个，不需要的反射层也可以删除：选中反射层，右击，在弹出的快捷菜单中选择“移除”命令，即可删除反射层，如图 5-20 所示。

1. 反射色彩（镜面设置）

反射可以设置色彩。若反射色彩为白色，会形成完全反射（镜面反射）；若反射色彩为黑色，则完全不反射。如图 5-21 所示，对镜面反射效果进行设置，将反射色彩设置为灰色，有较为明显的反射效果。

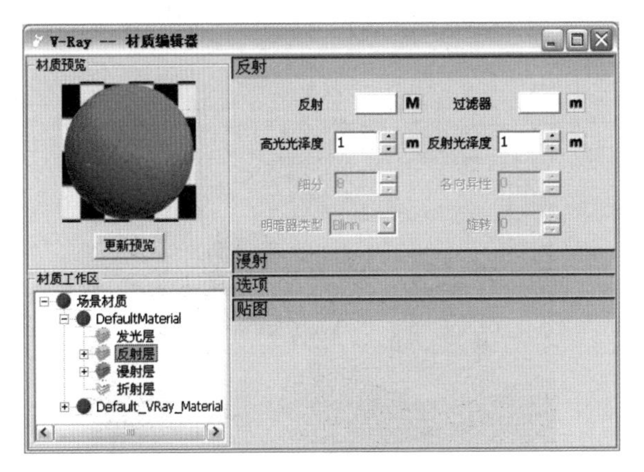

图 5-19　反射选项

图 5-20　反射层的处理

如图 5-22 所示，将反射色彩设置为白色，则呈镜面反射效果。

注意：此种设置对金属或镜面材质有较好的效果。

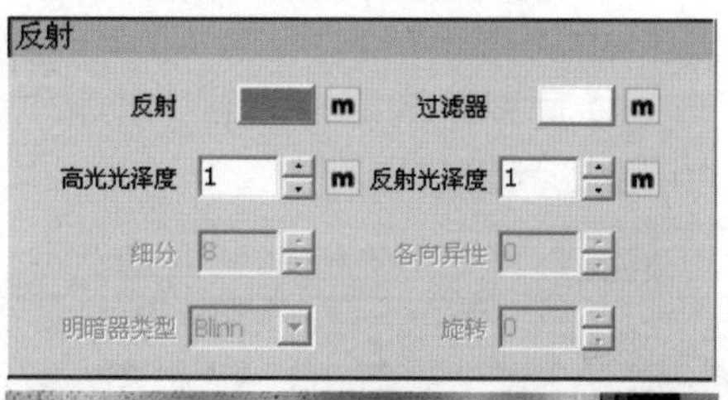

图 5-21　不锈钢材质的半反射

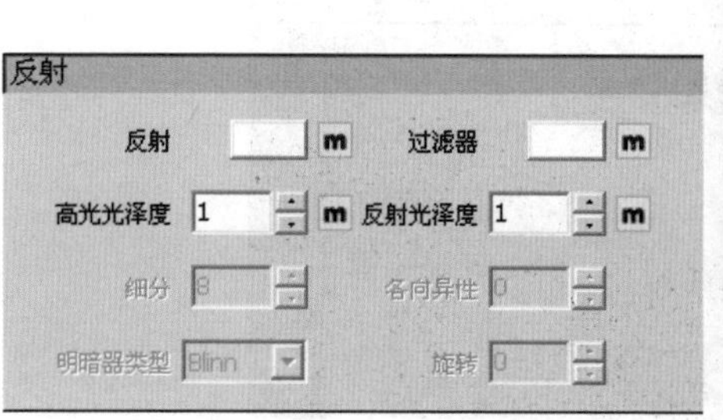

图 5-22　不锈钢材质的镜面反射

2. 高光光泽度

在 VRay for SketchUp 中，物体的高光主要通过灯光的设定来完成。在反射参数部分有“高光光泽度”选项，通过该参数可以控制材质的高光，如图 5-23 所示。

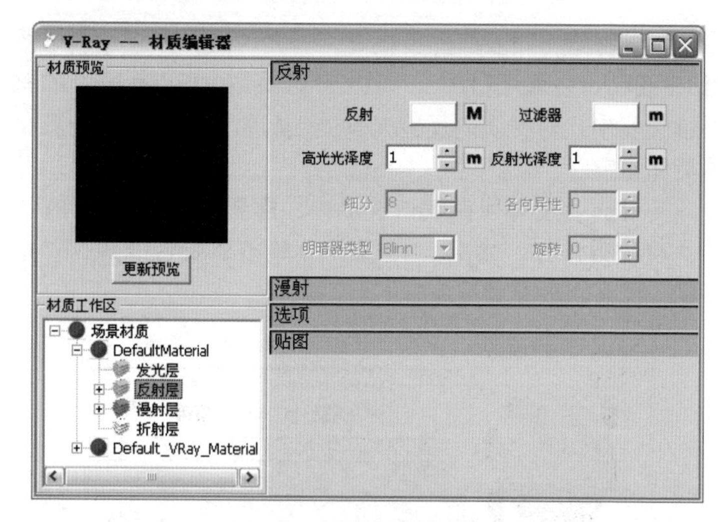

图 5-23　“高光光泽度”选项

默认的高光光泽度为 1。此处参数最大设定即为 1，意味着高光光泽度非常锐利，而小于 1 的 0.9 或 0.8 等参数则让场景材质的高光逐渐模糊。因此，高光光泽度最好在 0.5 ～ 1 之间，以便进行控制。如图 5-24 所示为高光光泽度为 0.5 的材质表现。

图 5-24　高光光泽度为 0.5 的材质

如图 5-25 所示为高光光泽度为 1 的材质表现。

图 5-25　高光光泽度为 1 的材质

3. 反射光泽度

“反射光泽度”选项也在反射选项部分，其参数用于控制材质反射的强弱效果，对塑料、木质饰面板、肌理面料等表面不直接反射光源的材质非常重要。

反射光泽度的设置、参数与高光光泽度相似，默认的反射光泽度为 1。此处参数最大设置为 1，意味着反射光泽度非常锐利，而小于 1 的 0.9 或 0.8 等参数则使场景材质的反射逐渐模糊。因此，反射光泽度最好设置在 0.5 ～ 1 之间，以便进行控制。如图 5-26 所示为反射光泽度为 0.5 的材质表现。

图 5-26　反射光泽度为 0.5 的材质

反射光泽度为 1 的材质表现，如图 5-27 所示，不同反射光泽度的材质，如图 5-28 所示。

注意：不同的反射光泽度对于镜面、不锈钢、金属镀膜玻璃材质可以设置不同的参数来表现。

图 5-27　反射光泽度为 1 的材质

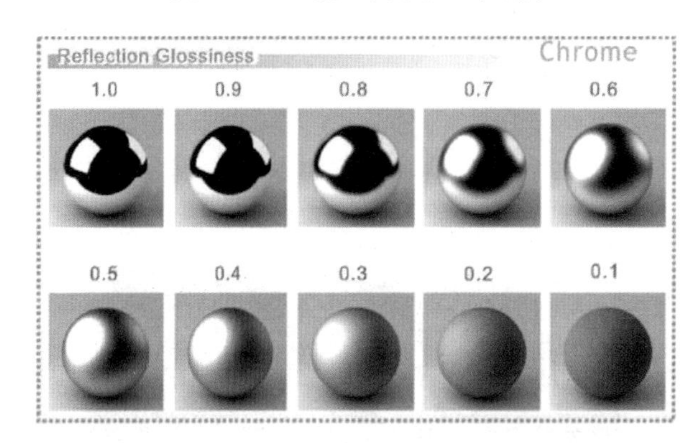

图 5-28　不同反射光泽度的材质

4. 菲涅尔反射

VRay 中还提供了菲涅耳反射、Sky、噪波、混合等多种参数的设置，通过它们可以对材质进行细致的控制。单击“反射”按钮右侧的 m 按钮，会弹出“V-Ray——纹理编辑器”对话框，如图 5-29 所示，在“类型”下拉列表框中有若干选项，默认为“菲涅耳”选项。

菲涅耳反射是一种自然反射现象，能反映自然界中的真实效果。如图 5-29 所示，IOR（反射因子）微调框中的数值可以进行调整，数值越低则观察角度大，数值越高则观察角度小。其默认数值为 1.55。如图 5-30 所示为 IOR 值为 1.55 的材质表现。

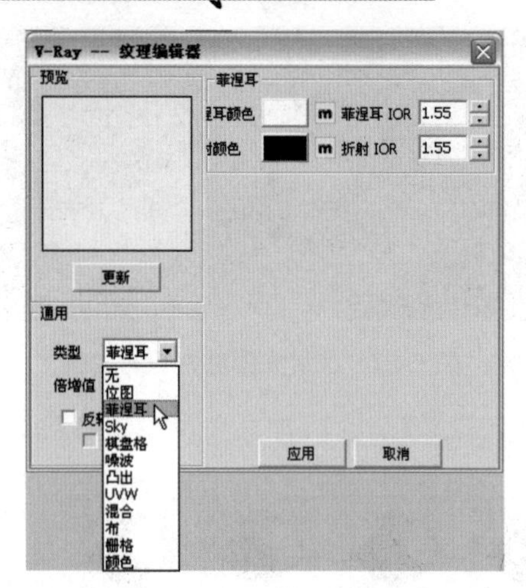

图 5-29　选择反射类型

图 5-30　IOR 为 1.55 的材质

如图 5-31 所示是 IOR 值设置为 2.7 的材质表现。

图 5-31　IOR 为 2.7 的材质

IOR 参数与反射光泽度相互影响，共同用于表现物体的真实质感。不同的参数之间有相互关系，如图 5-32 所示。

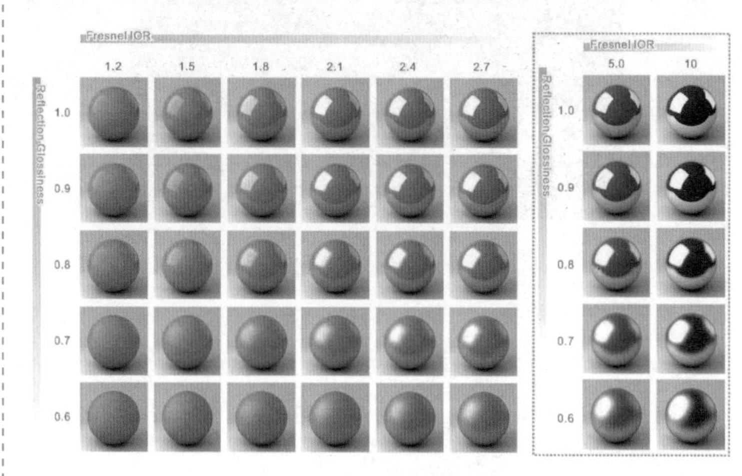

图 5-32　不同参数的表现

注意：此处提供了多种参数的设置，渲染时可根据不同的设定，直接在软件中输入相关数值。

5. 反射过滤

“反射”卷展栏中的“过滤器”按钮用于改变材质反射的色彩。单击该按钮将弹出“选择颜色”对话框，可以选择所改变的色彩。反射强度越高的材质，过滤改变色彩较为明显，甚至会影响材质本身。如图 5-33 所示为未设定过滤色彩的渲染图。如图 5-34 所示为设定过滤色彩的渲染图。

图 5-33　无反射过滤材质

图 5-34　有反射过滤材质

注意：反射过滤材质可以在不改变场景的前提下，改变金属表面反射的色彩。

5.2.3　折射

光线穿过透光物体时会产生光的折射，掌握折射参数的调整方法，可以制作出较为逼真的材质效果。VRay 有专门设置的“折射”卷展栏，可以对折射参数进行调整。

折射选项没有列在默认选项中，需要在“材质工作区”栏的材质当中添加。单击材质名称旁的“+”按钮，展开材质参数层。选中“折射层”并右击，在弹出的快捷菜单中选择“添加新层”命令，则在参数区有“折射”卷展栏打开，如图 5-35 所示。

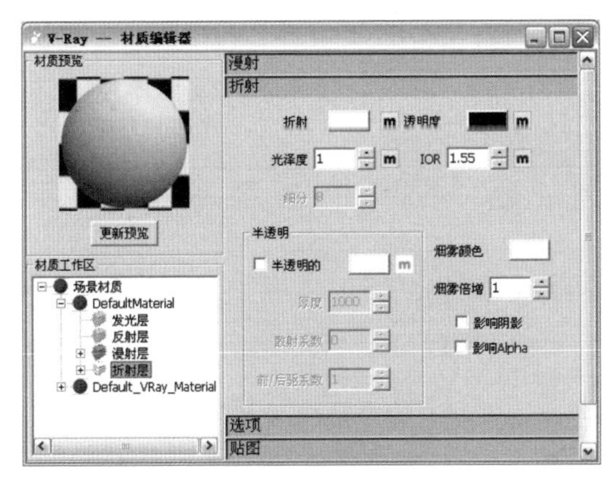

图 5-35　添加折射层

1. 折射程度的控制

VRay 中材质的透明程度可以根据选择的色彩的灰度值来控制。色彩越浅，物体透明度就越高，色彩为纯白色则物体全透明；物体颜色越暗，则物体的透明程度越低，越不透明。如图 5-36 所示，在“折射”卷展栏上单击“透明度”按钮，可以弹出“选择色彩”对话框。

图 5-36　“折射”卷展栏

通过“选择色彩”对话框，将透明度部分的色彩设置为灰度色，则渲染物体呈半透明状，如图 5-37 所示。

图 5-37　半透明的材质

通过“选择色彩”对话框，将透明度部分的色彩设置成为白色，则渲染物体呈全透明状，如图 5-38 所示。

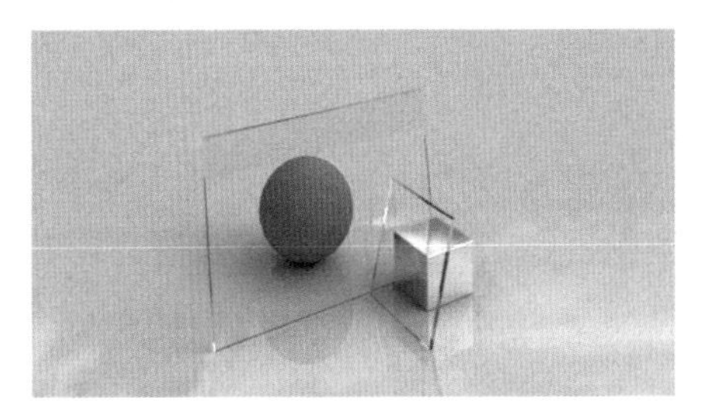

图 5-38　透明的材质

注意：透明材质的调整适用于玻璃、透光板和阳光板等材质，如图 5-39 所示。

图 5-39　透明材质的应用

2. 雾化

在“折射”卷展栏中有雾化的设置。当光线透射过透明物体时，通过的光线会比原来的光线少。因此，通过设定烟雾参数，可以控制雾的强弱，从而模拟真实的材质效果。如图 5-40 所示，可设置“烟雾颜色”和“烟雾倍增”两个参数。

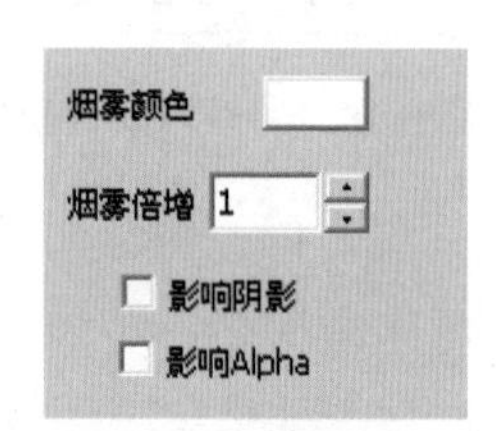

图 5-40　烟雾选项

烟雾颜色通常设置成比原有材质色彩略亮的颜色即可。单击“烟雾颜色”按钮，在弹出的“选择色彩”对话框中将烟雾颜色设置成与原漫反射色彩相近的颜色，渲染后可以确定折射色彩，如图 5-41 所示。如图 5-42 所示为烟雾的倍增值变化之后的效果。

图 5-41　烟雾效果

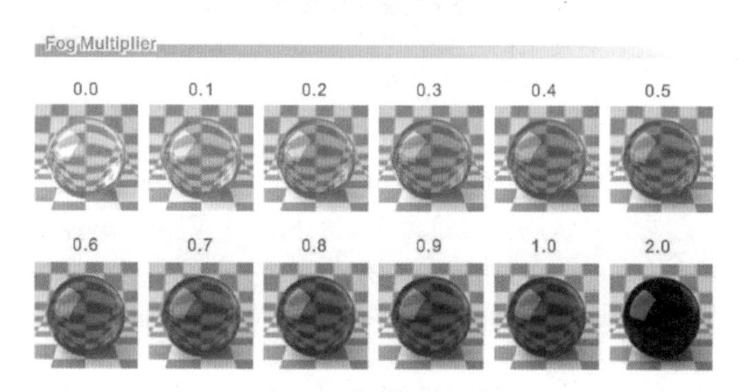

图 5-42　烟雾的倍增值变化

3. 折射率

每种材质都有固定的折射率，制作材质需要参照固定的材质折射率来完成，默认的材质折射率是 1.55。不同材质的折射率，如图 5-43 所示。

Material	IOR	Material	IOR
真空	1.0	玻璃	1.517
空气	1.00029	甘油	1.472
酒精	1.329	冰	1.309
水晶	2.0	红宝石	1.77
钻石	2.417	蓝宝石	1.77
翡翠 / 绿宝石	1.57	水	1.33

图 5-43　材质折射率

4. 折射光泽度（IOR）

折射光泽度的设置影响到材质的透明程度，此选项一般用于表现不同类型的玻璃。例如，清玻璃与磨砂玻璃的透明度不同，可通过设置不同的折射光泽度来完成。此参数默认设定为1，如图5-44所示。

图5-44　折射光泽度

折射光泽度的数值与透明度成正比。因此如需将玻璃设置为磨砂材质，则要降低其折射光泽度，如图5-45所示，为不同的透明参数所渲染的效果。如图5-46所示，对玻璃材质设置了不透明度，可以看到磨砂程度的增加。

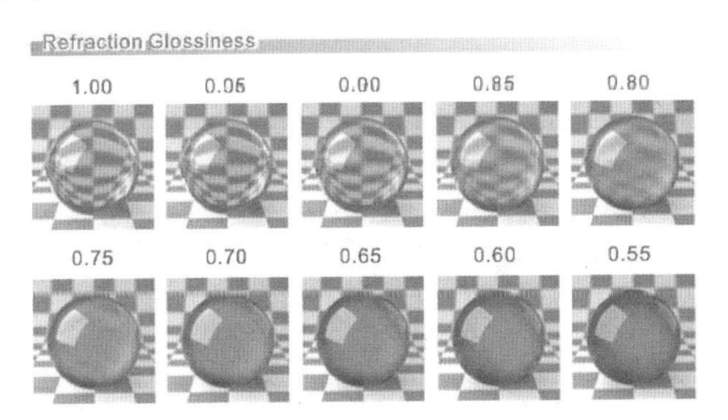

图5-45　玻璃的不同透明度的设置

5. 折射阴影

“折射”卷展栏下有对场景中折射的阴影设置，能使渲染更加生动真实。如图5-47所示，“影响阴影”复选框是否被选中，能够控制透明材质是否产生阴影，默认此复选框未被选中。

图5-46　清玻璃与磨砂玻璃的对比

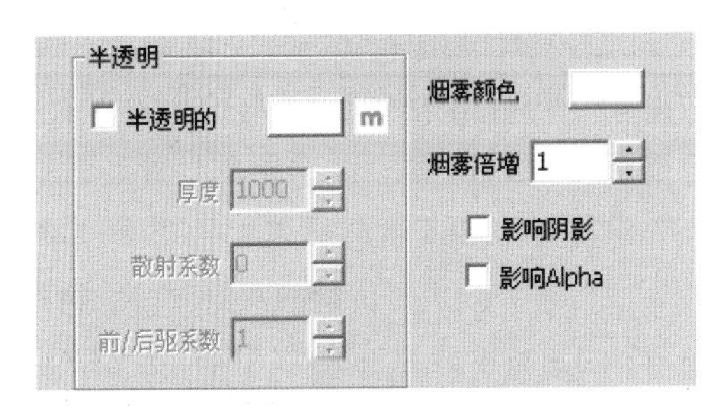

图5-47　“影响阴影”复选框

选中“影响阴影”复选框后，物体的阴影会受本身材质色彩的影响，而不再是单一的黑色，其缺点是渲染时间会加长。

如图5-48所示是一组透明材质在选中“影响阴影”复选框前后不同的阴影效果，左边为未选中，右边为选中。

注意：选中“影响阴影”复选框，可使渲染场景更加生动。

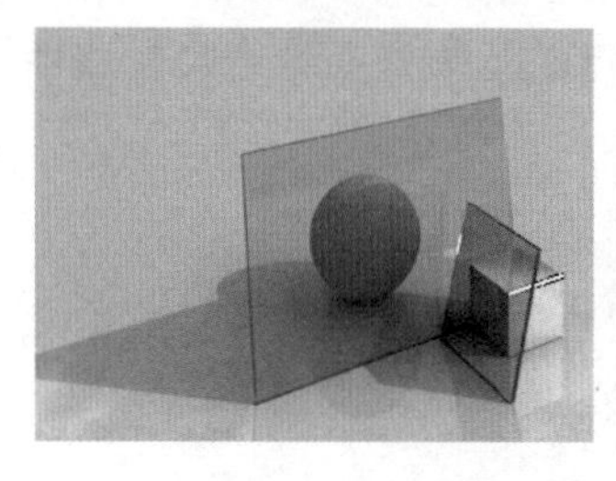
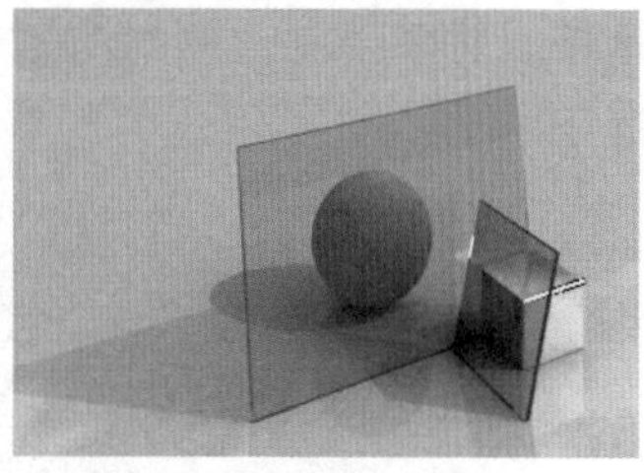

图 5-48　阴影对比

6. 半透明材质的设置

前面提到制作半透明材质，可以通过折射的透明度颜色来设置。这种方法只是针对整体都要透光的材质，对于如蜡烛、玉石、瓷器等要吸收一定光线，没有整体透光的材质，需要进行以下操作：

Step1　在“选项”卷展栏中选中“双面”复选框，保证整个物体的透光性。如果需要制作半透明的材质，则需要取消选中此复选框。

Step2　在“折射”卷展栏中单击“透明度”按钮，选择灰色；将 IOR 微调框中的值设定为 1；选中“半透明的”复选框；在“厚度”微调框中，根据所渲染物体的尺寸进行设置，如图 5-49 所示。

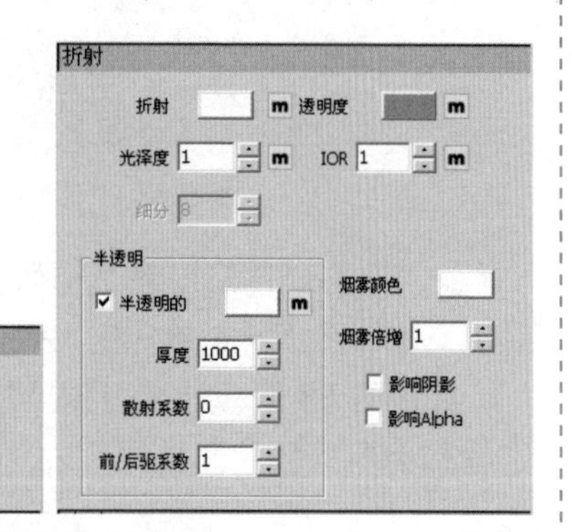

图 5-49　透明材质的设置

调整材质后，可以渲染出半透明的物体，如图 5-50 所示。

图 5-50　半透明材质（玉石类）

注意：光并没有完全穿透物体。

5.2.4　发光材质

自发光材质是指材质具有发光的特性，可以是任意的形状和造型的物体。例如，灯管、灯泡和霓虹灯，都可以将模型建好后，将其设置为自发光材质。这能很好地解决灯光问题。当然，它们只是作为一个发光体，而非主光源。

设置自发光，首先要在“材质工作区”栏的材质当中添加“发光”卷展栏。单击材质名称旁的“+”按钮，展开材质参数层。选中发光层并右击，在弹出的快捷菜单中选择“添加新层”命令，则会在参数区打开“发光”卷展栏，如图 5-51 所示。

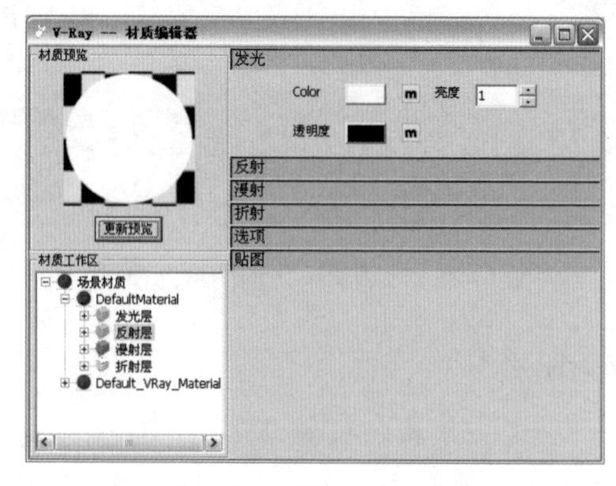

图 5-51　“发光”卷展栏

1. 发光参数设置

“发光”卷展栏上，默认设置的颜色为白色，透明度颜色为黑色，亮度为 1。渲染出白色的发光体，如图 5-52 所示。

图 5-52　发光材质

单击 Color 按钮，可以设置发光的色彩，如果是暖色光，可以将色彩调成黄色。

单击“透明度”按钮，可以由深到浅地调节其发光的透明状态。

“亮度”微调框中的数值代表光亮程度。数值越大亮度越高，越接近白色。这一数值的设定要适度才能避免出现曝光的情况。

如图 5-53 所示，同一发光颜色，不同的亮度设置将产生不同的渲染效果。

注意：将不同形状的模型赋予自发光材质，可以渲染出各种形态的灯具。

2. 发光贴图

如果制作计算机屏幕、灯箱、透光石等既发光又有一定纹理的物体，除了设定基本参数外，还需要在发光处进行贴图。其具体操作如下：

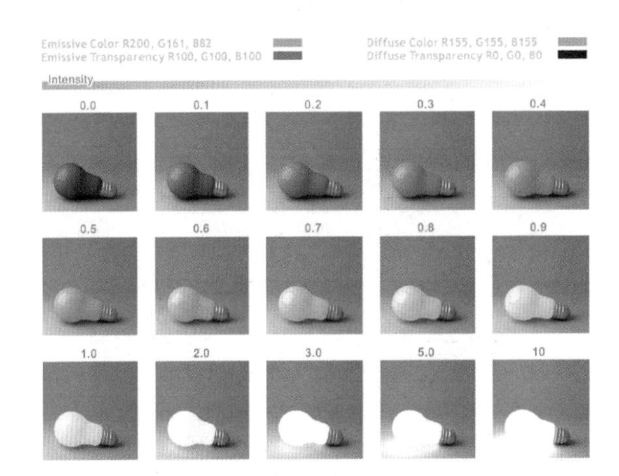

图 5-53　不同的灯光亮度

Step1　在“发光”卷展栏中单击 Color 按钮右侧的 m 按钮，打开纹理编辑器。在“类型”下拉列表框中选择“位图”选项，如图 5-54 所示。

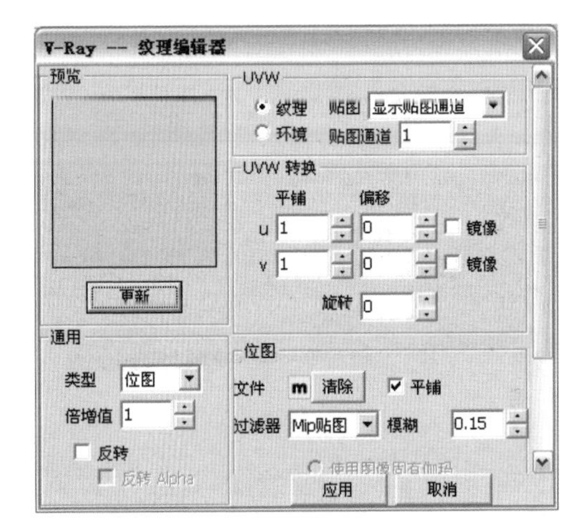

图 5-54　浏览贴图

Step2　单击“文件”文字右侧的 m 按钮，在弹出的“选择图像”对话框中选定需要的图片。回到纹理编辑器，单击“更新”按钮即可从预览窗口预览到贴图，如图 5-55 所示。

图 5-55 纹理编辑器

Step3 单击“应用”按钮，则会在材质编辑器中预览到材质球，得到渲染图。

另外，发光贴图的贴图尺寸还可在 VRay 纹理编辑器的“UVW 转换”栏中进行调整，如图 5-56 所示。

图 5-56 发光材质贴图

注意：发光贴图可以很好地表现灯箱、屏幕等造型。

5.3 VRay 关联材质

SketchUp 中有材质编辑及贴图功能，但由于 SketchUp 仅有模拟自然阳光的效果，而没有真正的灯光渲染功能，因此其材质也不可能有反射、折射等反映真实效果的参数设定，而仅仅局限于材质色彩、贴图及贴图编辑的功能。VRay for SketchUp 作为 SketchUp 的插件，能对其原有的材质进行进一步的设置，使其更加逼真。这一操作过程需要在 VRay for SketchUp 中运用材质编辑器将其建立成为关联材质。

5.3.1 添加关联材质

关联材质是一种从 SketchUp 中提取的材质，这就意味着在 SketchUp 中进行了编辑并确定的材质可以在渲染器中继续设置和使用。其具体操作如下：

Step1 打开材质编辑器后，在“场景材质”选项上右击，在弹出的快捷菜单中选择“添加材质”|“添加 VRay 材质”命令，弹出“选择”对话框。

Step2 如图 5-57 所示，选中已在 SketchUp 中设置好的材质，单击“应用”按钮即可添加。一次只能选中一个材质。

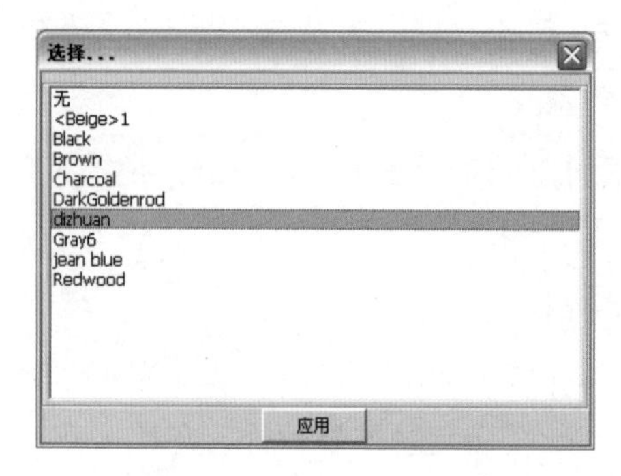

图 5-57 选择 VRay 材质

注意："选择"对话框中除用户设置好的材质外，还有一些SketchUp默认的材质。另外，由于VRay对中文材质的识别性不强，因此如需使用VRay for SketchUp进行渲染，SketchUp中的材质命名最好采用字母或数字。

确定选择后，材质会添加到"材质工作区"栏中，其名称仍按原名称显示，前面加有Linked标识，如图5-58所示。

图5-58　Linked材质

5.3.2　编辑关联材质

关联材质的参数设置与其他VRay材质都相同。调整好之后，给赋物体材质也同样需要在VRay材质编辑器中执行。

添加关联材质后，使SketchUp的材质与VRay材质的特性进行关联，这样，渲染时在SketchUp中改动了材质时，在VRay中会自动更新一并修改。如图5-59和图5-60所示为SketchUp中的材质添加渲染参数后的渲染效果。

注意：将SketchUp的材质设置为关联材质，可以直接将SketchUp中看到的场景渲染出图，而其改动也非常方便。

图5-59　关联材质的渲染

图5-60　改变关联材质的渲染

5.4　VRay双面材质

当VRay渲染较为单薄的物体，如纸张、窗帘等时，可以在参数的折射中设置为半透明的材质，但其渲染速度较慢。要将材质设置成为双面材质，可以在SketchUp中建立的"面"模型的正反面色彩区分别直接渲染出来，但这种方法不能用于"体块"模型。

5.4.1　添加双面材质

在添加双面材质之前，必须将正反两面的材质进行分别设置。例如，首先设置好材质A、材质B，这样才能在双面材质中分别添加。

打开材质编辑器后，在“场景材质”选项上右击，在弹出的快捷菜单中选择“添加材质” | “添加 VRay 双面材质”命令，即可添加 VRay 双面材质，如图 5-61 所示。

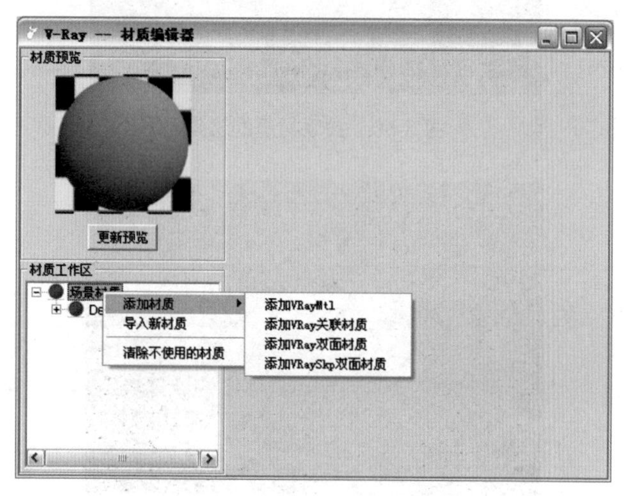

图 5-61　添加 VRay 双面材质

5.4.2　编辑双面材质

双面材质的参数设置区有“前面”“后面”和 Color 3 个按钮，如图 5-62 所示。单击即可分别确定需要使用的正面材质和反面材质，并确定正反两面色彩的比率。

双面材质必须两个面均进行设置，否则不能生效。如图 5-63 所示为添加并编辑了双面材质的渲染效果。

注意：通常情况下，只会看见模型的一个面，而有些异型的造型则有可能出现两个面都渲染的情况，这时就需要设置双面材质，使场景严谨、真实。

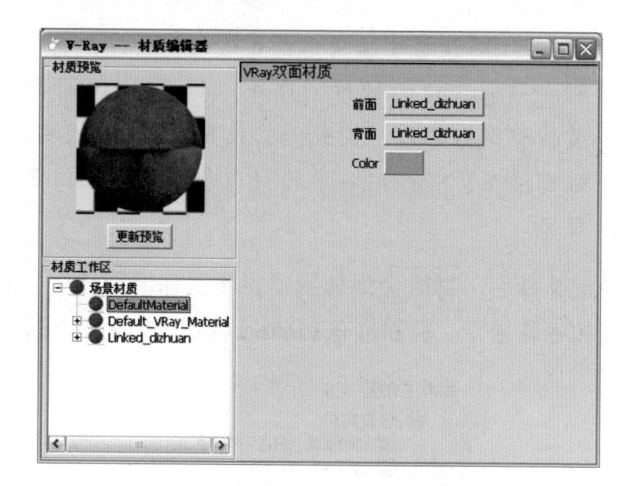

图 5-62　编辑 VRay 双面材质

图 5-63　双面材质渲染效果

5.5　VRaySkp 双面材质

VRay for SketchUp 双面材质（VRaySkp 双面材质）可以将物体的正反面给赋不相同的材质。在 SketchUp 中，建模分为正、反两面，正面与反面可以相互转换，对于表现建筑的体块关系非常直观。VRay for SketchUp 双面材质的用法与 SketchUp 中的材质用法基本相同。

打开材质编辑器后，在“场景材质”选项上右击，在弹出的快捷菜单中选择“添加材质”|“添加 VRaySkp 双面材质”命令，即可添加 VRaySkp 双面材质。

VRaySkp 双面材质的编辑相对简单，卷展栏上仅有“前面”和“背面”两个按钮，如图 5-64 所示。单击后分别确定所使用的材质即可。

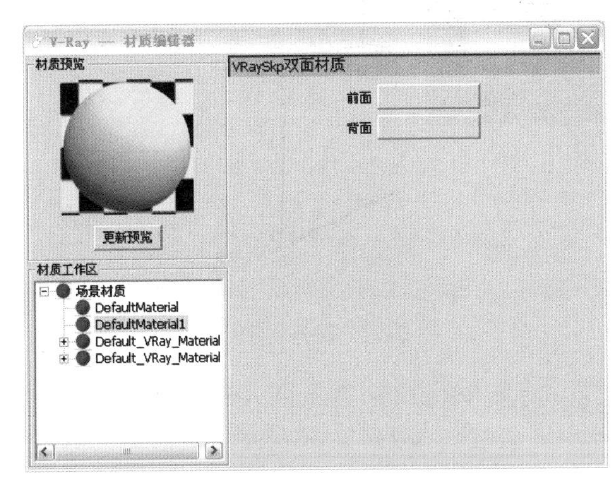

图 5-64　编辑 VRaySkp 双面材质

VRaySkp 双面材质的正、反两面与 SketchUp 中的正、反面方向一致。如图 5-65 所示为 VRaySkp 双面材质的渲染效果。

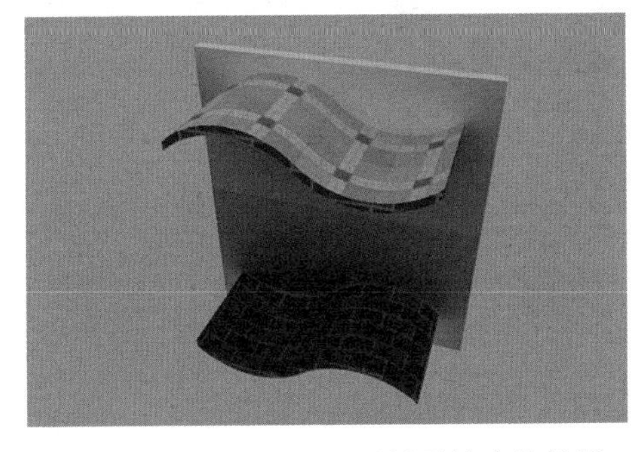

图 5-65　VRaySkp 双面材质的渲染效果

5.6　贴图

在反映材质的真实纹理时，各种材质都有自身独特的纹样。例如，石材中有金花米黄、树挂冰花、咖啡网纹等不同品种，墙纸也会有各种不同的图案。因此，除设置材质的反射、折射等参数外，还需要使用贴图来表现。如图 5-66 所示为不同材质通过贴图表现的效果图。

图 5-66　不同材质表现的渲染图

5.6.1　添加贴图

贴图可以通过以下方式来完成：在 SketchUp 中对模型赋材质，并使用命令对材质的贴图坐标进行调整，然后在 VRay for SketchUp 中将这些材质设置成为关联材质，再进一步设置其反射、折射参数。具体操作如下：

Step1 在SketchUp的菜单栏中选择“窗口”|“材质”命令，打开“材料”对话框，使用软件自带的若干材质，如图5-67所示。

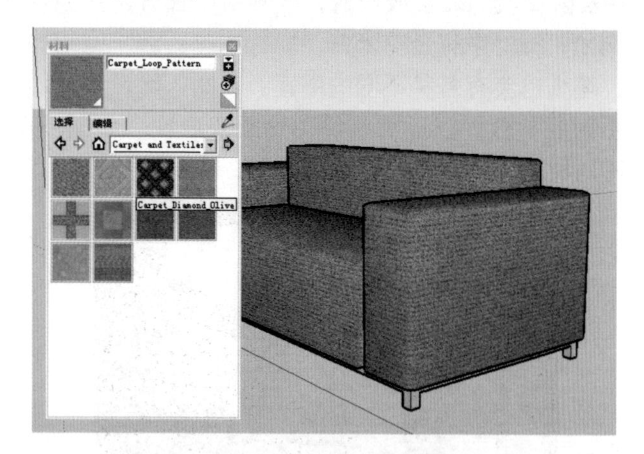

图5-67 运用SketchUp的材质

Step2 切换到“编辑”选项卡，在“使用组织图像”复选框下方重新选择图片文件，如图5-68所示。

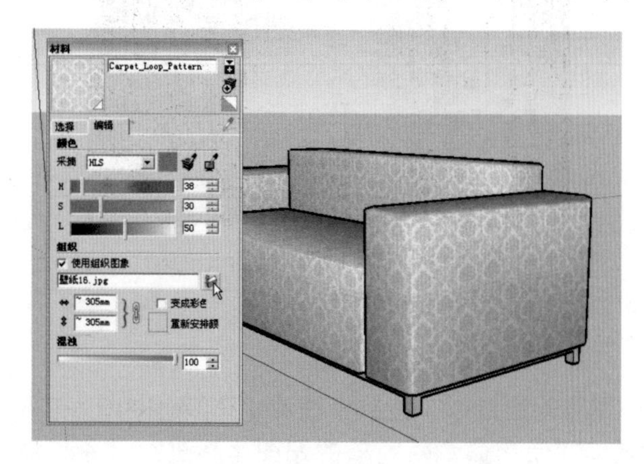

图5-68 运用SketchUp的贴图

Step3 在绘图区选中物体并右击，在弹出的快捷菜单中选择“组织”|“位置”命令，对贴图的坐标进行更改，如图5-69所示。

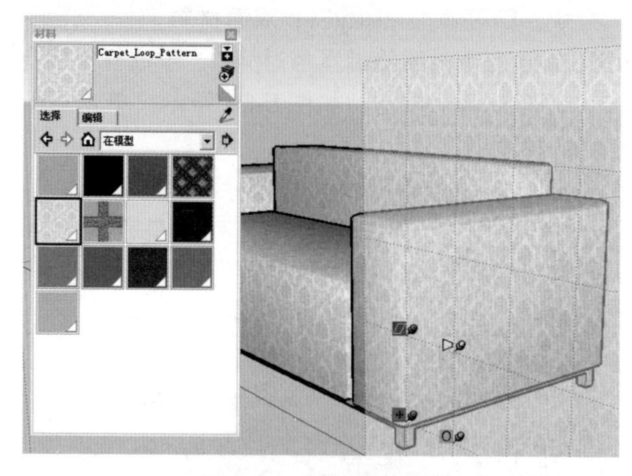

图5-69 调整贴图坐标

Step4 打开VRay for SketchUp的材质编辑器，将此材质设置为VRay关联材质，然后对此材质进行反射、折射等各种参数的设置，如图5-70所示。

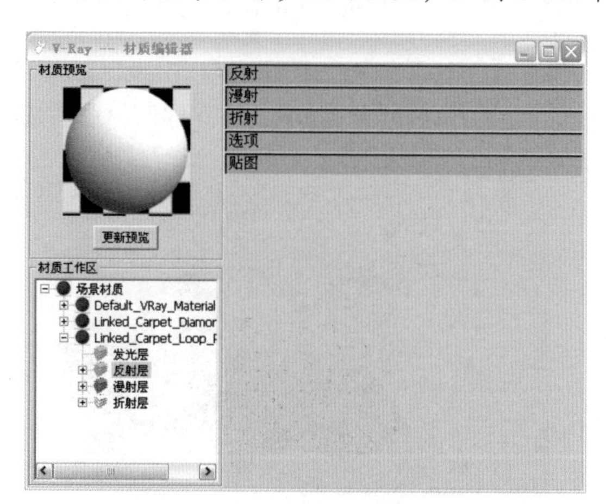

图5-70 编辑关联材质

使用 VRay 渲染器对模型进行渲染，得到特定纹理材质的模型，如图 5-71 所示。

图 5-71　渲染材质图（指定材质）

5.6.2　在漫射中添加贴图

贴图还可以在 VRay 材质编辑器的“漫射”卷展栏中直接添加，并可调整贴图。此种方法只能通过渲染才能够观察其效果，而在 SketchUp 中无法直接进行观察。具体操作如下：

Step1　在材质编辑器中新建 VRay 材质。在“漫射”卷展栏中单击 Color 按钮右边的 M 按钮，弹出 VRay 纹理编辑器。在“类型”下拉列表框中选择“位图”，单击“文件”文字右边的 M 按钮，在弹出的对话框中选择材质图片“橡木”，如图 5-72 所示。

Step2　在对材质的折射、反射参数进行必要调整后，将材质给赋模型上，如图 5-73 所示。

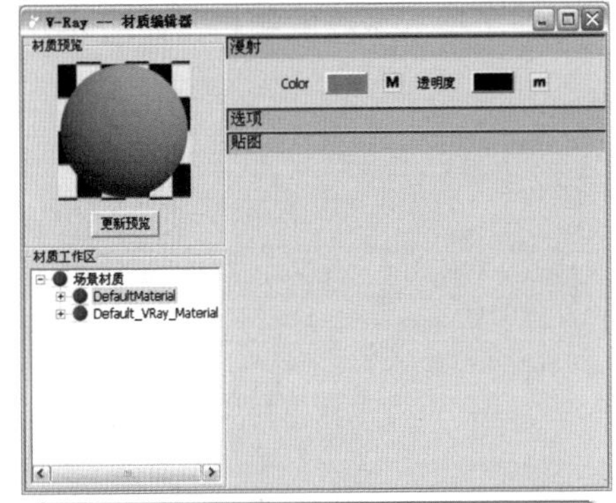

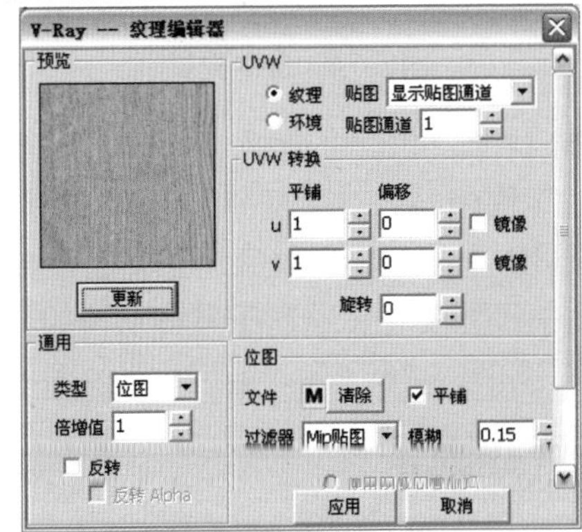

图 5-72　编辑材质

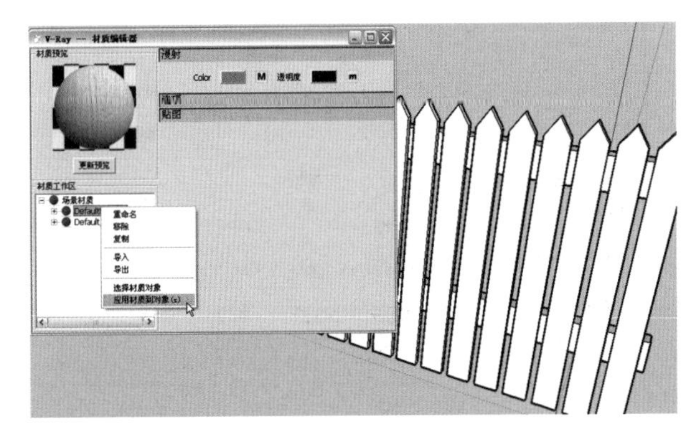

图 5-73　使用材质

渲染后，得到了橡木木纹的栅栏，如图 5-74 所示。

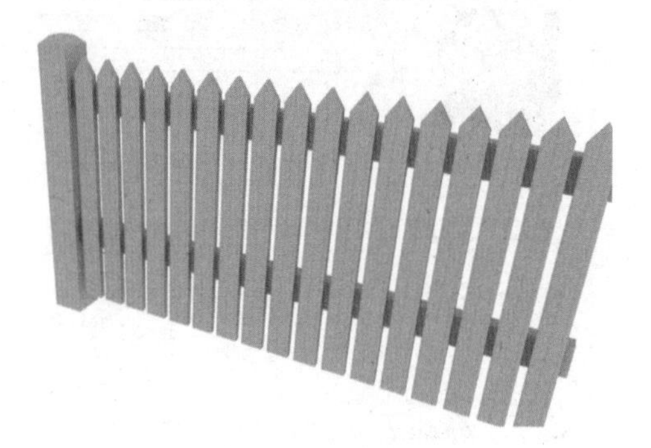

图 5-74　橡木栅栏

渲染后若材质的尺寸有需要调整，则在 Step1 的“V-Ray——纹理编辑器”对话框的“UVW 转换”栏中设置。其方法类似于 3D 中的 UCW 数值调整，通过数值的变化显示出贴图的大小尺寸变化，这对于具体物体的具体材质尺寸设置非常方便，如图 5-75 所示。最后效果如图 5-76 所示。

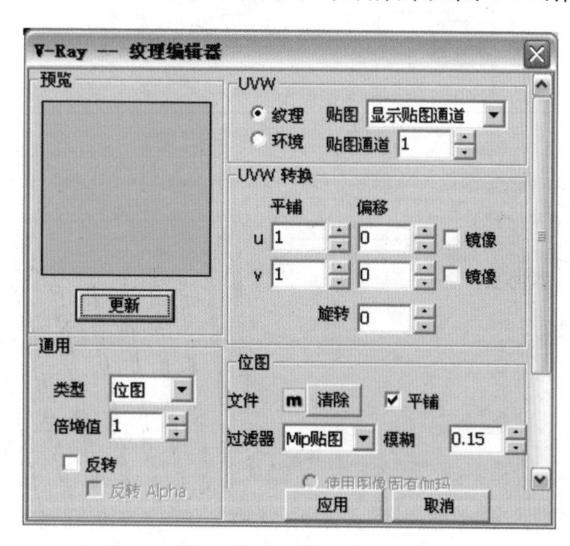

图 5-75　调整 UVW 坐标

图 5-76　最后效果图

5.6.3　凹凸贴图

如果材质的表面凹凸不平，如砖砌的墙面、仿石漆墙面等，就需要在材质设置时对其凹凸的程度有一定的表现。

在 VRay 的材质编辑器中使用凹凸贴图，即使用图案的灰度来体现凹凸质感。在已有材质的基础上，再使用同样图片的灰度图进行两次贴图，渲染后视觉上会有凹凸感而达到材质的表现要求。具体操作如下：

Step1　在 SketchUp 中使用水的材质，并在 VRay 中建立为关联材质，如图 5-77 所示。选中“凹凸”复选框，并单击右边的 m 按钮，弹出纹理编辑器。

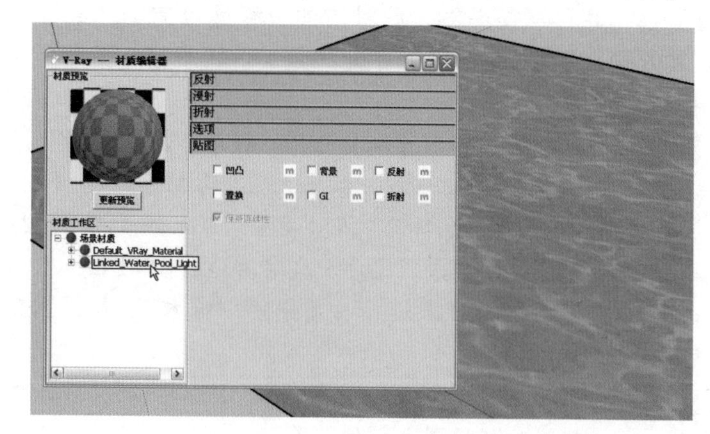

图 5-77　关联材质

Step2 在“类型”下拉列表框中选择“位图”选项。单击“文件”文字右边的M按钮，选择与材质完全相同的进行了灰度处理的图像，如图5-78所示。

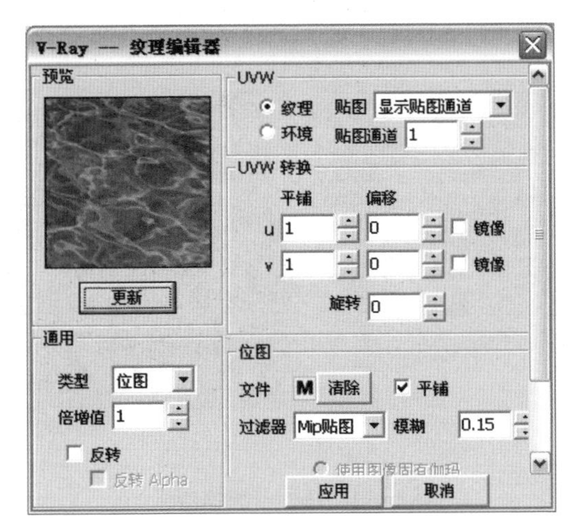

图5-78　灰度贴图

Step3 两幅图的UV坐标必须完全一致，否则无法重合。渲染成图的效果如图5-79所示。

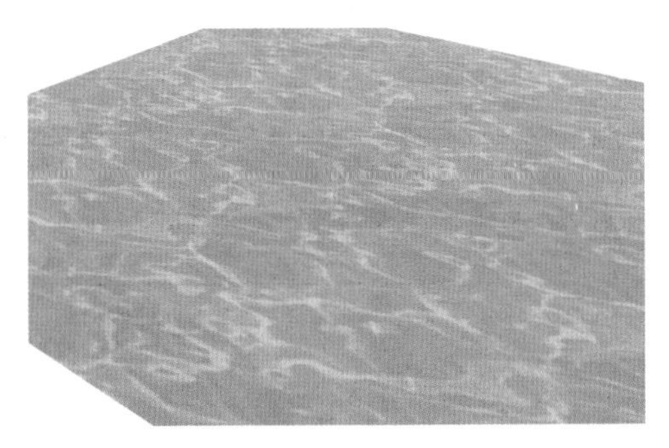
图5-79　渲染图

制作磨砂材质、麻面花岗石等材质都可以使用此种方法完成，如图5-80所示。

图5-80　渲染材质图

5.6.4　置换贴图

置换贴图是一种为场景中的几何体增加细节的技术。这与凹凸贴图的概念类似，但凹凸贴图只是表面图像的处理，而置换贴图却是通过设置和精确计算图案所描绘的表面来改变物体的外观。置换贴图渲染后材质更加真实，但相对计算渲染时间偏长。

置换贴图与凹凸贴图的操作步骤基本相同。具体操作如下：

Step1 将物体给赋贴图，并准备一张灰度图片，要求与贴图完全相同。

Step2 在VRay材质编辑器的“贴图”卷展栏中，选中“置换”复选框，并单击右边的M按钮，如图5-81所示，将弹出纹理编辑器。

Step3 如图5-82所示，在“类型”下拉列表框中选择“位图”选项。单击“文件”文字右边的M按钮，选择与材质完全相同的进行了灰度处理的图。这样两个位图文件一个是彩色原图，一个是灰度图（在 Photoshop 中直接去色处理即可），渲染出图才能产生凹凸阴影的效果。

图 5-81　设定置换

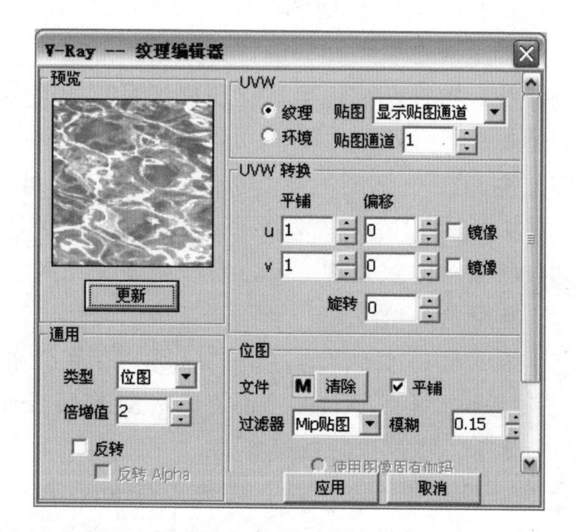

图 5-82　置换贴图

在“倍增值”微调框中设置的是置换后物体表现的凹凸深度。如图 5-83 所示，右侧物体倍增值为 0.25，左侧物体倍增值为 2。

图 5-83　两种倍增值效果

同时，在 VRay for SketchUp 的材质编辑器的“置换”卷展栏中也能对其进行设置，只不过卷展栏中的设置针对整个文件，而在“贴图”卷展栏中的设置只针对当前的置换贴图。在进行置换贴图时，首先应考虑在“置换”卷展栏中进行设置，如图 5-84 所示。

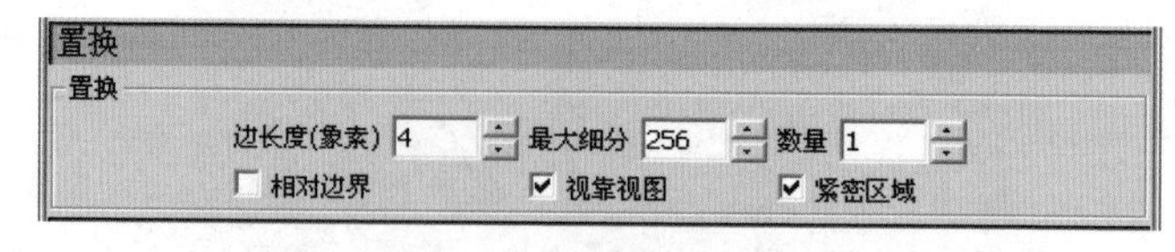

图 5-84　“置换”卷展栏

“置换”卷展栏中选项的功能如下：

- “数量”微调框，用于定义置换的数量。值为 0 则物体不发生变化，较高的值将导致较明显的置换效果，也可以为负值，物体表面将内陷到物体内部。

- “边长度（像素）”微调框，用于定义置换的品质。默认情况下该值以像素为单位。较大的值可以得到更多的细节，但渲染时偏长。
- “最大细分”微调框，用于控制从原始的网格物体的三角形细分出来的细小三角形的最大值。例如，默认值是256，则最大细小三角形的数量是256×256=65536个。建议使用默认设置即可。

渲染完成的置换效果如图5-85所示。

图5-85　置换贴图材质（地毯）

Chapter 6

三维室内场景表现图实例

本章介绍以 SketchUp 建模得到的三维模型为对象，运用 VRay for SketchUp 进行材质调整、灯光设置、渲染成图，然后经过 Photoshop 的调整最终完成商业级的效果图的方法。用此方法渲染出图的特点是画面清新、干净，阳光光感逼真，如图 6-1 所示。

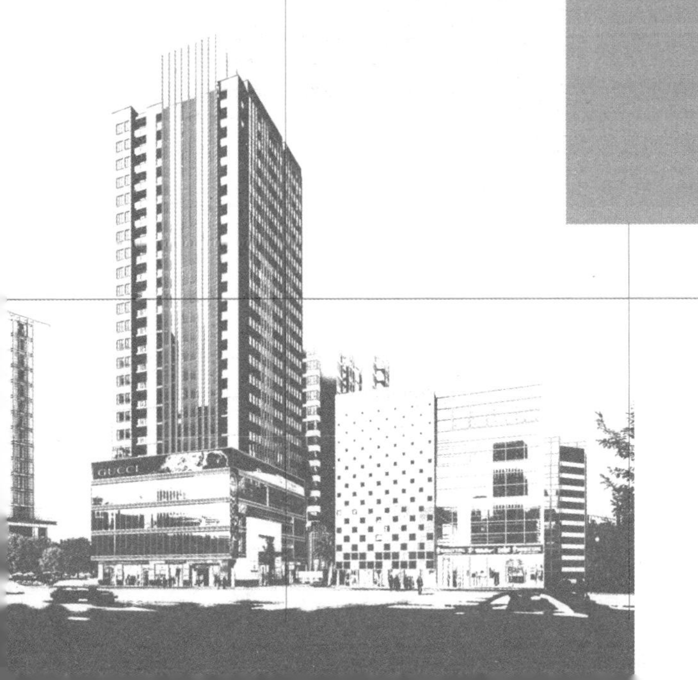

图 6-1　VRay for SketchUp 渲染的效果图

6.1　在 SketchUp 中整理模型

在 SketchUp 中建模完成的模型，在使用 VRay for SketchUp 渲染前需要做一定的整理。

首先，要删除多余的、未使用的设置以减小文件大小，方便渲染。选择“窗口”|“场景信息”命令，在打开的“场景信息”对话框中选择“统计”选项，单击“清理”按钮，即可清除多余未使用的设置，如图 6-2 所示。

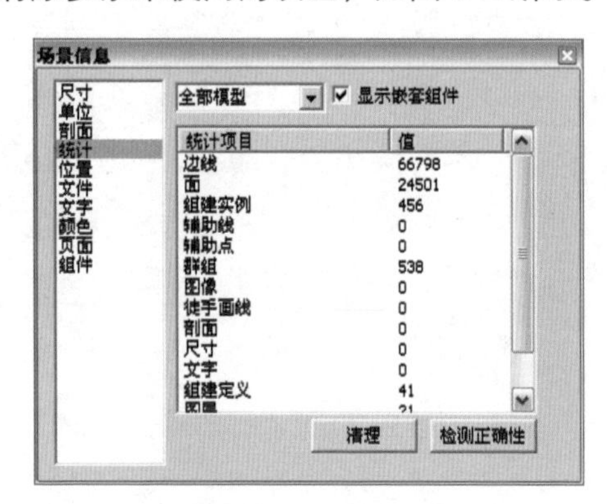

图 6-2　清理文件

其次，由于渲染软件要求渲染模型的正面，对其反面不会识别，因此在 SketchUp 中必须将模型的面进行统一。在 SketchUp 中，系统默认蓝色为反面，灰色为正面，因此，模型中是蓝色的面都需要反转成正面，如图 6-3 和图 6-4 所示。

图 6-3　统一正反面前

图 6-4　统一正反面后

注意：关于面的正反统一，最好在建模过程中每步进行统一，完成后统一面的工件会很繁锁。

6.2　运用 VRay 进行渲染

运用 VRay for SketchUp 插件进行渲染，分为材质选择和灯光设置两大部分。其中，材质的选择对渲染工作至关重要，除将 SketchUp 中的原有材质进行关联外，还需要对各种材质贴图进行选择，并且设置其折射、反射、光泽度等参数。另外，灯光的设置则要按照场景进行布置。

6.2.1 VRay 材质设置

调出 VRay for SktetchUp 插件，打开材质编辑器，添加 VRayMtl 材质（其方法参见第 4 章）。分别将添加的材质命名为“地砖”“沙发布料”“顶面木材”“金属灯”和“窗玻璃”等，如图 6-5 所示。下面将详细介绍这些材质的设置过程。

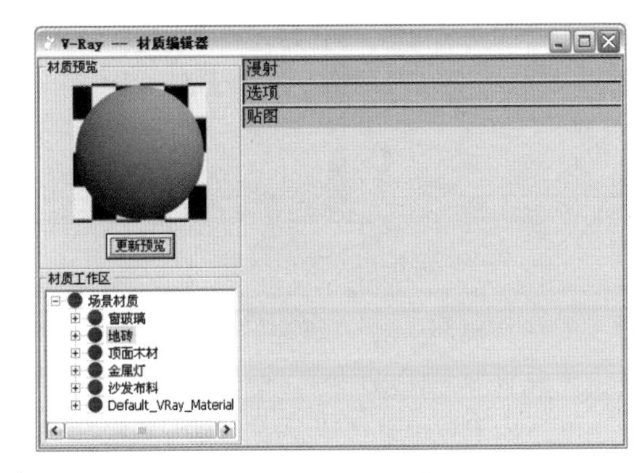

图 6-5 设置材质

1. 地砖

由于地砖有特定的花色，因此需要使用贴图来确定。下面设置地砖材质，具体操作如下：

Step1 选中地砖材质，在“反射”卷展栏中单击“反射”文字右边的 M 按钮，弹出“V-Ray——纹理编辑器”对话框，如图 6-6 所示。

Step2 在“类型”下拉列表框中选择“位图”选项。单击“文件”文字右边的 M 按钮，在弹出的对话框中选择需要用到的“地砖”材质 JPG 图。在“UVW 转换”栏中调整贴图尺寸。最后单击“应用”按钮，将地砖的材质作为贴图添加到材质中。

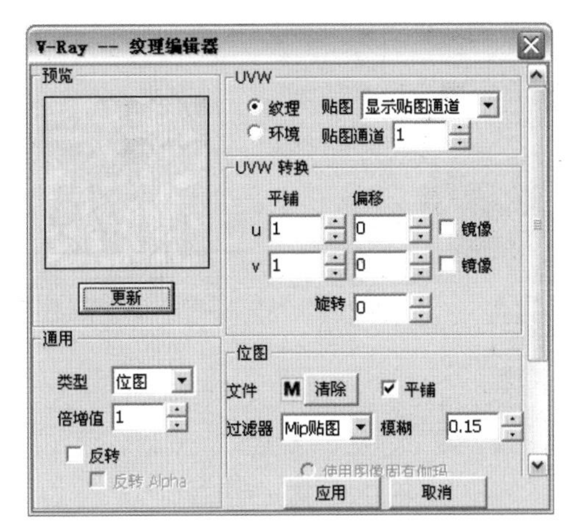

图 6-6 地砖贴图

Step3 为地砖材质添加反射层，在“反射”卷展栏中单击“反射”文字右边的色块，在弹出的“选择颜色”对话框中设置色彩，确定地砖的反射强度，如图 6-7 所示。

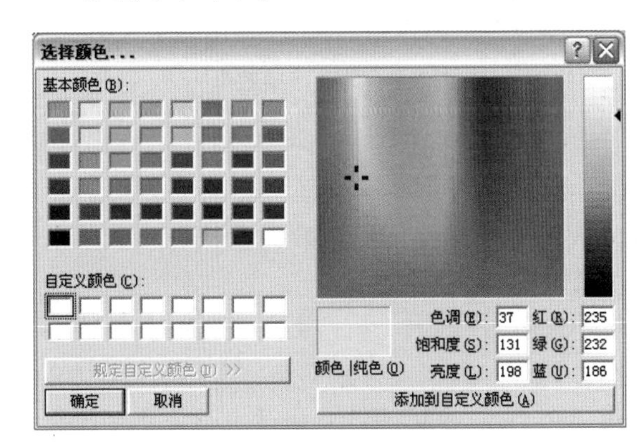

图 6-7 反射颜色设置

Step4 在“反射”卷展栏中调整“高光光泽度”微调框中的数值为0.9，如图6-8所示，完成地砖材质的设置。

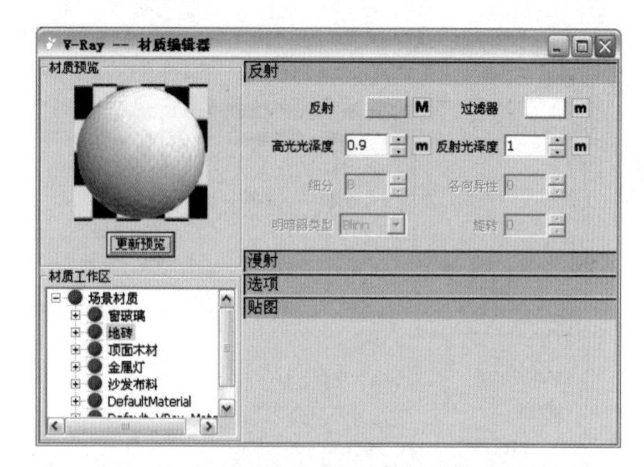

图6-8　高光光泽度

调整后的地砖渲染效果如图6-9所示。

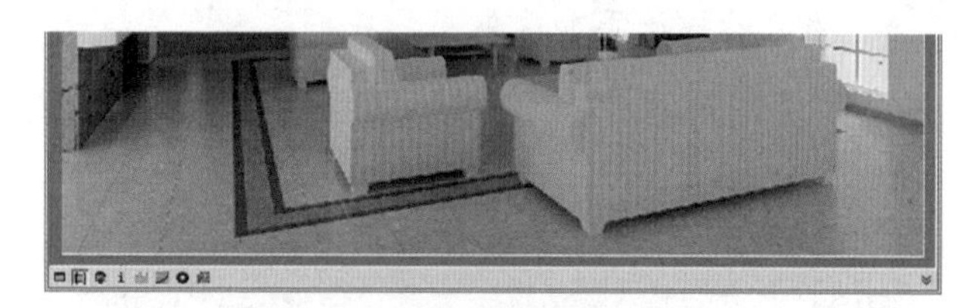

图6-9　地砖渲染效果

（1）地砖宽缝的处理

在设计绘图过程中，对地面地砖的密缝和宽缝有不同的处理方式。例如，使用仿古砖的设计中，仿古砖通常需要进行宽缝处理，如图6-10所示。

材质处理的过程中，首先在Photoshop中对此材质进行白色描边处理，具体操作如下：

Step1 在Photoshop中打开材质，并将其全部选中，如图6-11所示。

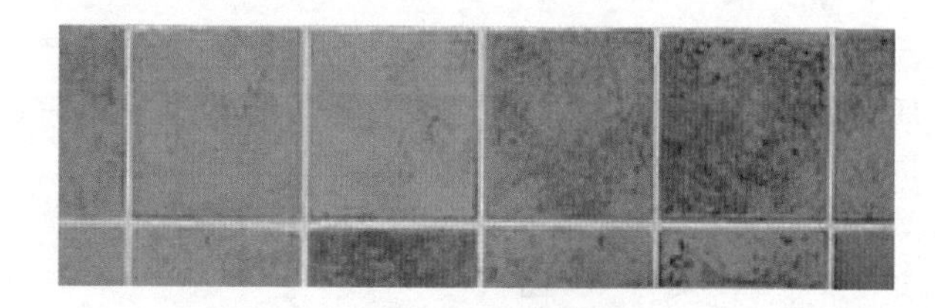

图6-10　仿古砖

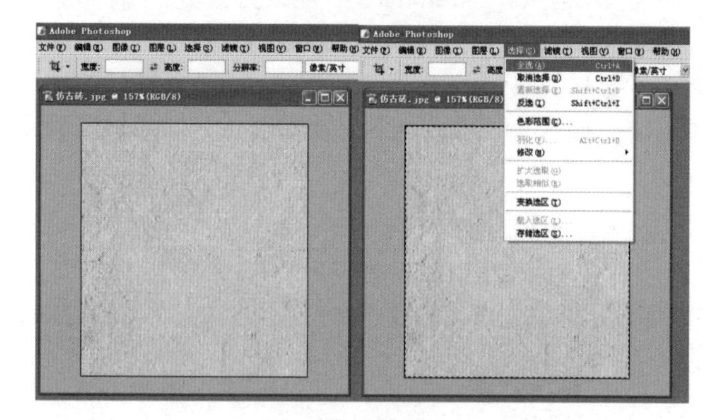

图6-11　选中材质

Step2 选择“编辑”｜“描边”命令，在弹出的对话框中对边框的色彩和宽度进行调整，如图6-12所示。选中白边，可见宽度为10像素左右。

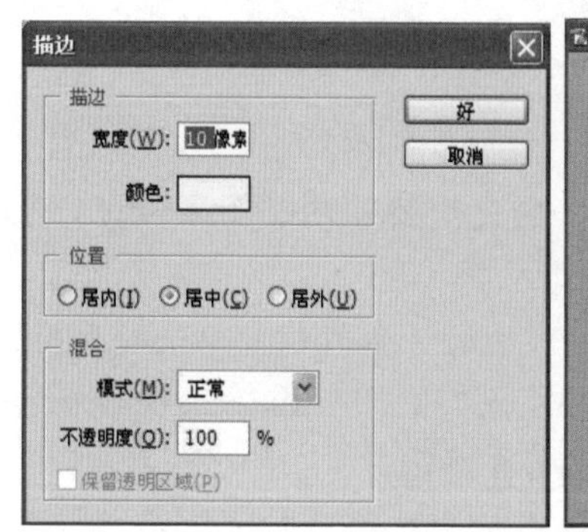

图6-12　仿古砖描边

处理完成后，就可以将材质导入 VRay 中。

（2）地砖的不规则边缝的处理

地砖不规则边缝的处理，也需要在添加至 VRay 材质之前，在 Photoshop 中使用绘画工具描绘，将不规则边缝的处理效果在材质贴图中显示出来，再导入 VRay 进行材质贴图，如图 6-13 所示。

图 6-13　地砖的不规则边缝处理

（3）仿古砖的材质反光度

前面所讲在材质调整过程中，普通地砖在“反射”卷展栏的“高光光泽度”微调框中的数值为 0.9，仿古砖为亚光类材质，“高光光泽度”微调框中的数值为 0.8，需要将此数值进行弱化处理。如图 6-14 所示为亚光砖与亮光砖的材质效果区分。

高度亮光砖

亚光砖

图 6-14　亚光砖与高度亮光砖材质效果

注意：对于整体地砖拼花贴图，可以将整个地面作为贴图的面，将在其他软件中准备好的贴图导入 VRay 中即可。

2. 窗玻璃

外窗都为平板玻璃材质，调整材质时需注意玻璃的颜色以及反射程度，平板玻璃的反射相对弱一些。下面设置玻璃的材质，具体操作如下：

Step1　选择“窗玻璃”选项，展开“漫射”卷展栏。单击 Color 文字右边的色块，弹出“选择颜色”对话框，设置材质的漫射色彩，如图 6-15 所示。

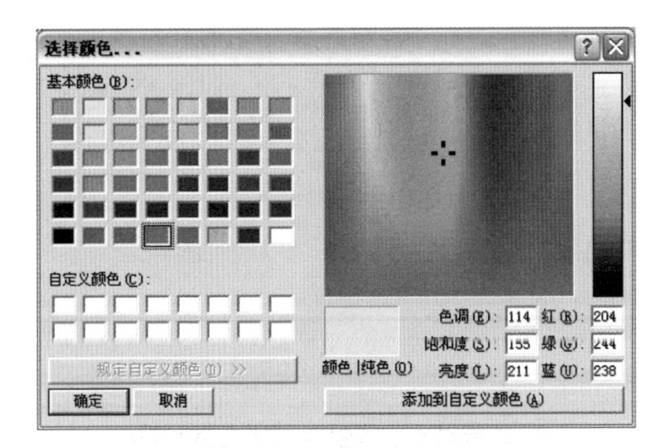

图 6-15　玻璃漫射色彩

Step2　为“窗玻璃”材质添加“反射”和“折射”层，将其色彩均调整为白色。在“反射”卷展栏中选中“半透明的”复选框，并设置“高光光泽度”和“光泽度”均为 0.9，如图 6-16 所示。单击“反射”文字右边的 M 按钮，在弹出的“V-Ray——纹理编辑器”对话框的“通用”栏的“类型”下拉列表框中选择“菲涅耳”选项。

此模型中玻璃材质为透明平板玻璃，在设计过程中有可能出现磨砂玻璃、彩色玻璃等情况。

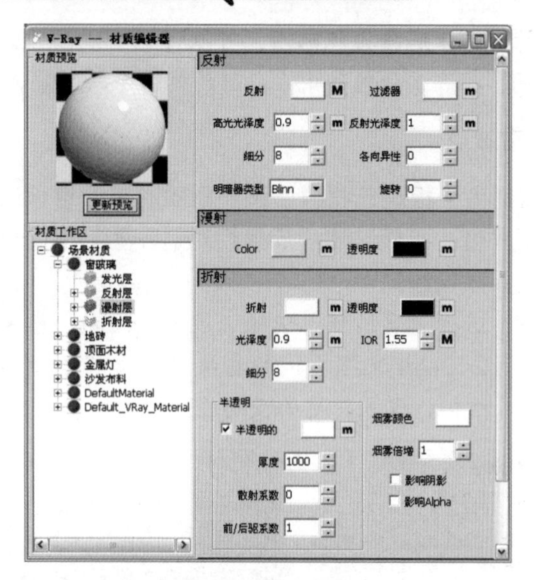

图 6-16　玻璃材质

清玻的参数设置及效果如图 6-17 所示。

漫射灰，反射 255 灰，折射 255，折射率为 1.5。打开菲涅尔。

折射率为 1.3，　改变玻璃颜色可以通过改烟雾颜色完成。

图 6-17　清玻

磨砂玻璃的参数设置及效果如图 6-18 所示。

漫射灰，反射 255 灰，折射 0.8，模糊 0.9,折射 255,光泽模糊 0.9，

折射率为 1.5 打开菲涅尔，改变玻璃颜色可以通过改烟雾颜色完成。

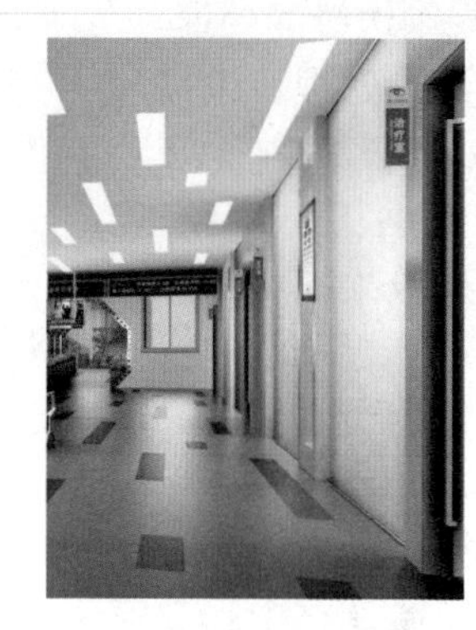

图 6-18　磨砂玻璃

3. 金属灯

室内的吊灯以及台灯的立柱都是金属制品，因此需要调整出金属材质。具体操作如下：

Step1　选择“金属灯”材质并展开“漫射”卷展栏。单击 Color 文字右边的色块，在弹出的“颜色选择器”对话框中对颜色进行调整，如图 6-19 所示。

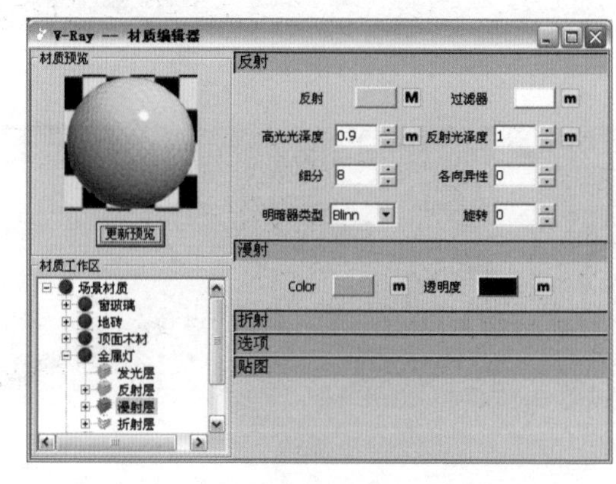

图 6-19　金属材质参数设置

Step2 为材质添加“反射”层，将反射颜色设置为与漫射颜色一致，并将“反射”卷展栏中的“高光光泽度”设置为 0.9，使金属表面进行模糊反射处理，完成金属材质设置。

模型中将此材质执行应用材质到对象操作，选为吊灯的材质，渲染效果如图 6-20 所示。

图 6-20　金属材质渲染效果

注意：金属材质在设计过程中运用广泛，分为黄色金属、黑色金属，主要为不锈钢。

（1）亮面不锈钢

在材质编辑器中，增加“VRayMtl 材质”，即 VRay 标准材质。单击“漫射”卷展栏中的颜色设置按钮，设置为近白色的浅灰色，如图 6-21 所示，并将“反射”部分的颜色做相同设置，如图 6-22 所示。

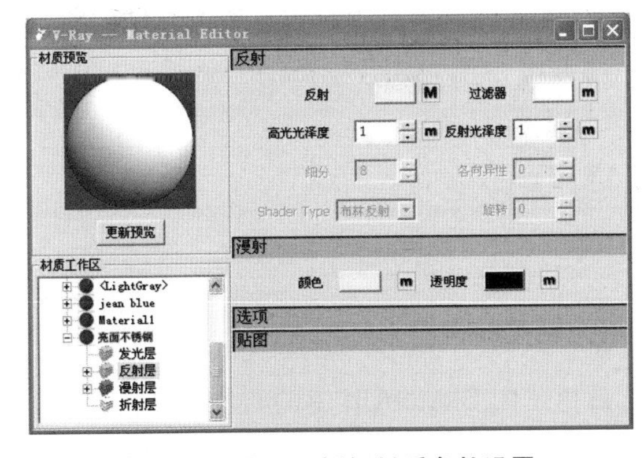

图 6-21　亮面不锈钢材质参数设置

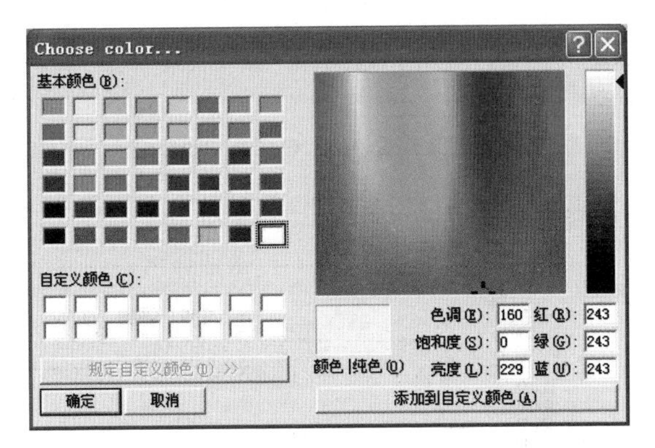

图 6-22　亮面不锈钢材质色彩设置

渲染后得到反光较强的不锈钢效果，如图 6-23 所示。

图 6-23　亮面不锈钢渲染效果

（2）亚光不锈钢

在材质编辑器中，增加“VRayMtl 材质”，单击“漫射”卷展栏中的颜色设置按钮，设置为近白色的浅灰色，并将“反射”部分的颜色设置为 200 左右的灰色，“反射光泽度”的值为 0.8，如图 6-24 所示。

渲染后得到反光较弱的亚光不锈钢效果，如图 6-25 所示。

4. 顶面木材

顶面的木纹装饰需要用木纹贴图来完成。设置木纹贴图，具体操作如下：

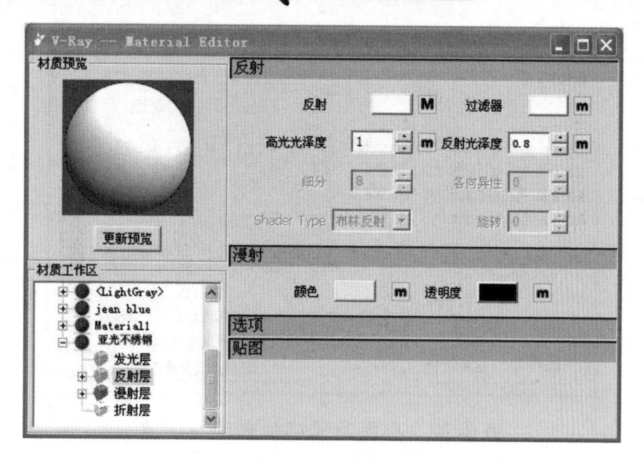

图 6-24　亚光不锈钢的材质参数设置

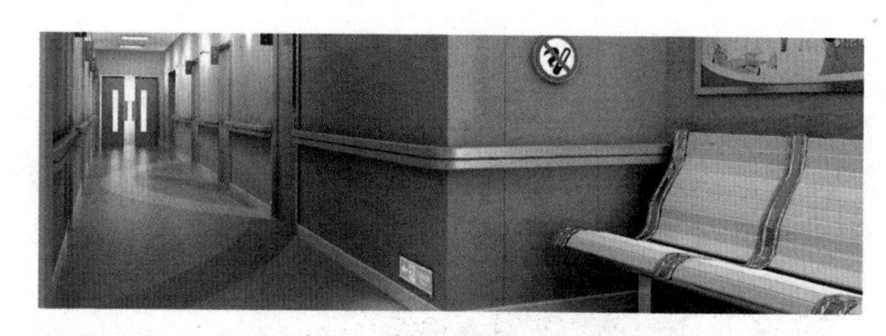

图 6-25　亚光不锈钢渲染效果

Step1　选择“顶面木材”选项，展开“漫射”卷展栏，单击 Color 文字右边的 M 按钮，弹出“V-Ray——纹理编辑器”对话框。在“类型”下拉列表框中选择“位图”选项。单击“文件”文字右边的 M 按钮，在弹出的对话框中选择需要用到的“木纹”材质 JPG 图。在“UVW 转换”栏中调整贴图尺寸。这样木纹的材质就作为贴图添加到材质中了，如图 6-26 所示。

Step2　在“反射”卷展栏中，将反射颜色设置成木纹色彩，并将“高光光泽度”微调框中的数值设置为 0.8，将“反射光泽度”微调框中的数值设置为 0.85，模拟油漆的模糊反射，如图 6-27 所示。

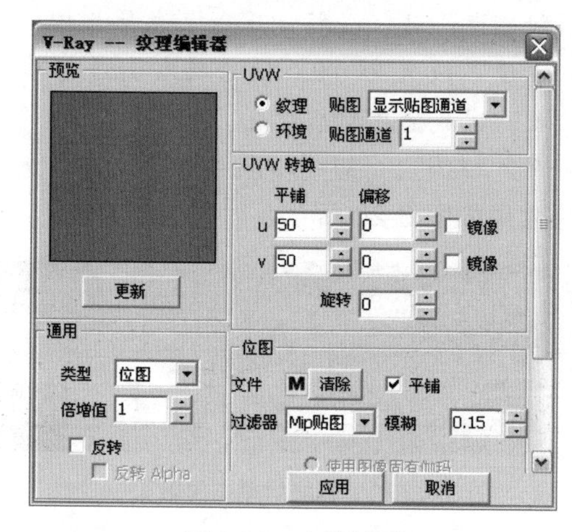

图 6-26　木纹材质

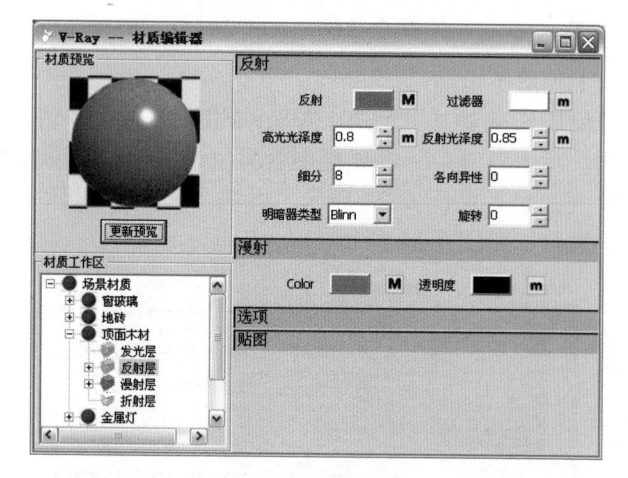

图 6-27　木纹材质

5. 水泥板关联材质

墙面石材是由 SketchUp 中的材质完成的贴图，因此在插件中需要将此设置为关联材质。在材质编辑器中添加关联材质，并在材质编辑器的“贴图”卷展栏中选中“凹凸”复选框，如图 6-28 所示。

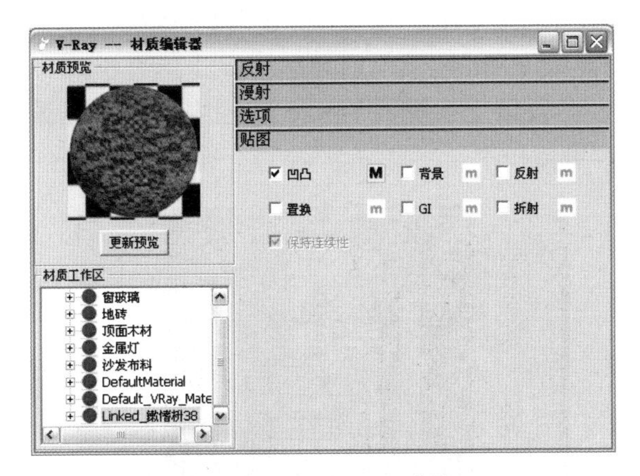

图 6-28　石材凹凸贴图

单击“凹凸”文字右边的 M 按钮，弹出纹理编辑器，选择与材质相同的位图图片，如图 6-29 所示。对于毛面材质，使用凹凸贴图可以很好地表现其肌理。

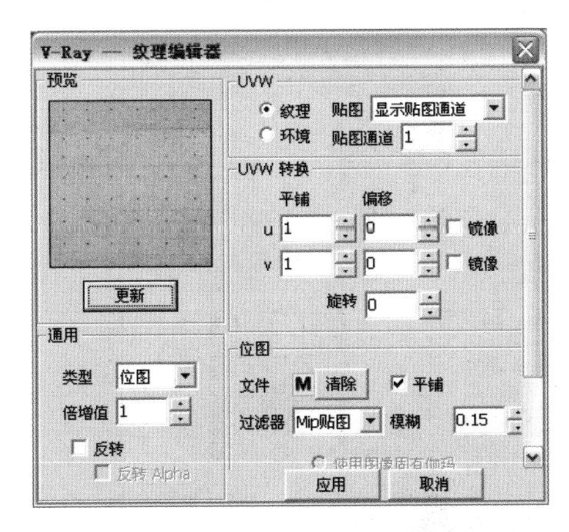

图 6-29　凹凸贴图选择

渲染完成的水泥板墙面肌理效果如图 6-30 所示。

图 6-30　水泥板墙面渲染效果

6. 乳胶漆材质

顶面及墙面局部通常会使用白色乳胶漆，因此需设置纯白色的、反光并不强烈的材质来表现。在材质编辑器中，将“漫射”卷展栏中的色彩设置成灰白色，并单击 M 按钮，再选择一张纯白的贴图，如图 6-31 所示。

图 6-31　乳胶漆材质设置

注意：在 VRay 中的墙体不能直接设置为全白（RGB：255，255，255），因此色彩选成灰白色，使用白色贴图即可在渲染中调整白墙的亮度，解决墙面发灰的问题。

7. 挂画材质

新建一个材质，单击M按钮，在弹出的“材质/贴图浏览器”中单击“位图”。指定贴图，设置“自发光”为15，选中“贴图”卷展栏中的“反射”复选框并单击贴图按钮，弹出“V-Ray——纹理编辑器”对话框，在“类型”下拉列表框中选择“位图”选项，并设置反射值为30，如图6-32所示。

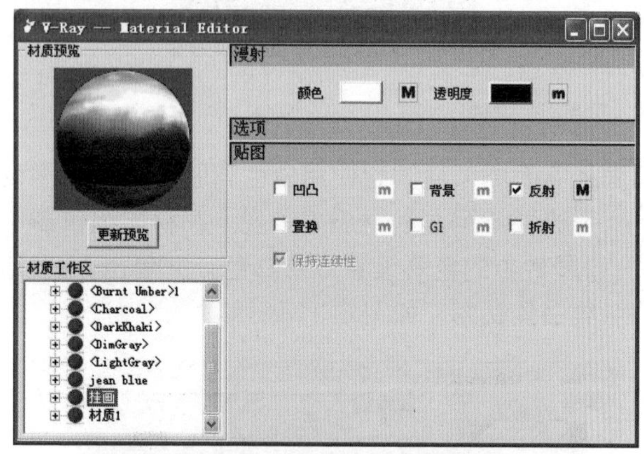

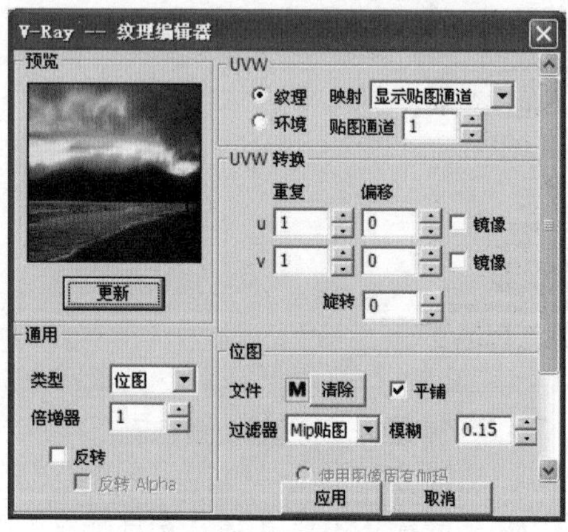

图6-32 挂画材质参数设置

墙体挂画在设计场景中经常用到，可以在渲染时将图片作为材质进行编辑设置，与场景中的灯光、反射等密切配合，也可以通过后期成图在Photoshop中进行编辑。

例如，图6-33所示为前期贴图渲染，图6-34所示为后期编辑，可以看出后期在Photoshop中编辑与场景中的光影默契程度减少了。

图6-33 前期贴图渲染

图6-34 后期编辑加上挂画

6.2.2 VRay 灯光设置

前面已基本完成了材质的设置，接下来应该在 VRay 中设置灯光。灯光的设置分为设置渲染环境和设置补光灯。

1. 设置渲染环境

在 VRay 的控制面板中，对场景的渲染属性进行设置。在“选项”面板的“全局开关”卷展栏中，取消选中“默认灯光”复选框，如图 6-35 所示。如果是进行渲染测试，则可以取消选中“材质”栏中各个复选框，以加快渲染测试速度。

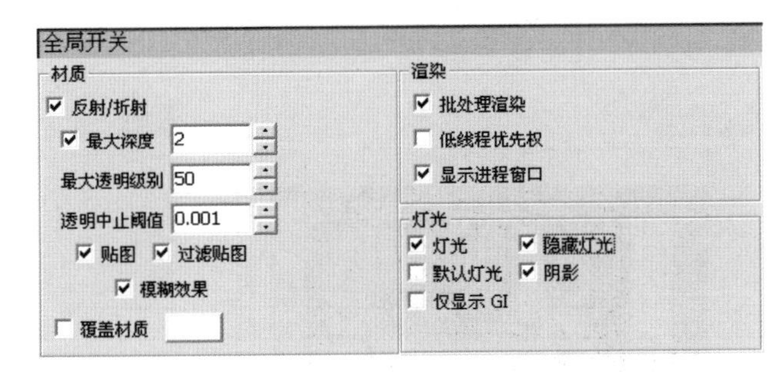

图 6-35　全局设置

在“选项”面板的“环境”卷展栏中，选中“GI（天光）”和“背景”复选框，并且在“GI（天光）”文字右边的微调框中设置倍增值为 2，使场景的亮度符合日光亮度，如图 6-36 所示。

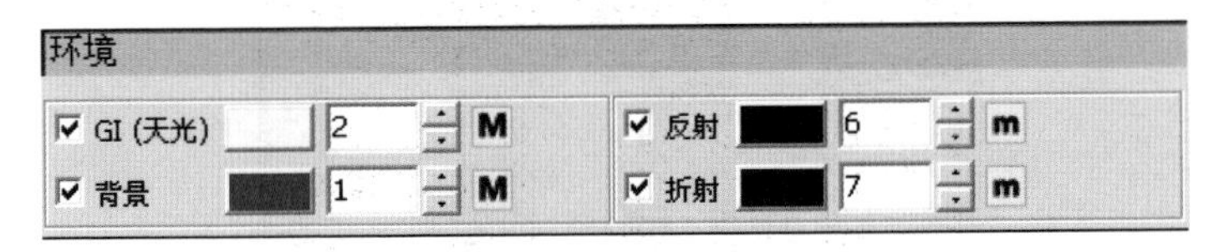

图 6-36　环境光设置

在“选项”面板的“间接照明”卷展栏中，选中 GI 栏中的 On 复选框，打开间接照明。在“首次反弹”栏右边的下拉列表框中选择“准蒙特卡罗”选项，在“二次反弹”栏右边的下拉列表框中选择“灯光缓冲”选项，如图 6-37 所示。

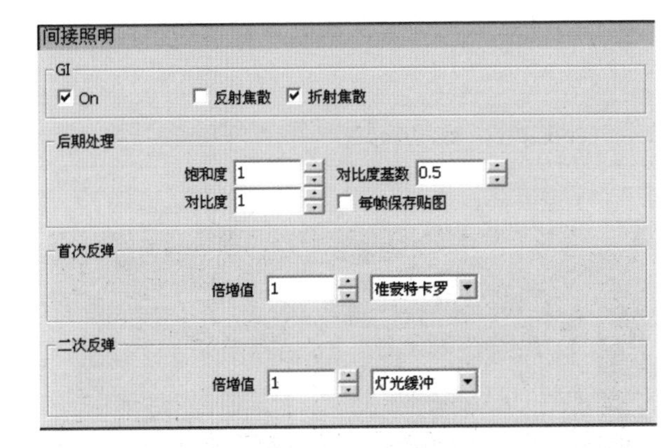

图 6-37　间接照明设置

设置好参数后的场景如图 6-38 所示。

图 6-38　全局光场景

2. 设置灯光

场景中的重点照明部分，如吊灯、顶灯等，都需要增加亮度。因此，需要在这些地方增加泛光灯。如图 6-39 所示，单击渲染工具栏上的“创建全方位灯”按钮，在场景中的正确位置单击创建灯光，场景中主要为吊灯和顶面的筒灯部分（注意：筒灯是嵌入顶面安装的，因此筒灯的灯光需要外露一半）。

图 6-39　创建全方位灯

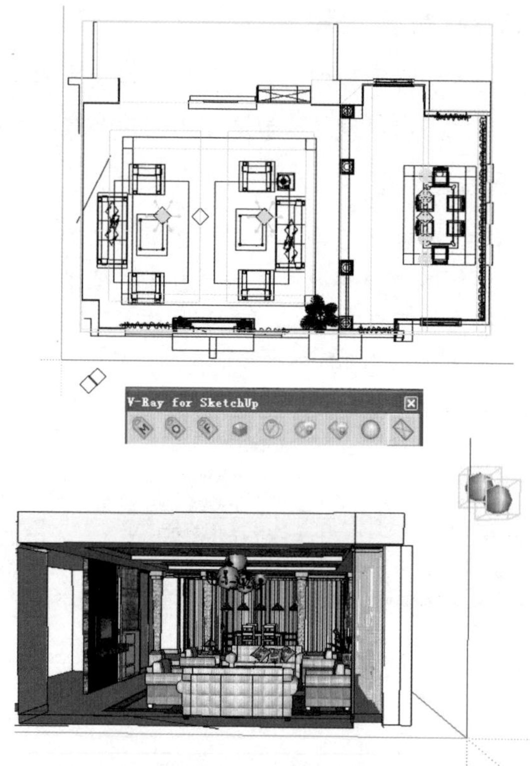

图 6-40　增加灯光

图 6-41　调整灯光方位

3. 设置阳光

窗户外的阳光也需要补充，可以在模型的阳光部分设置阳光，单击渲染工具栏上的“创建发光面”按钮，在建筑的外侧光源面的一定高度处创建发光面，并可以通过 SketchUp 中的缩放等工具对此发光面的大小进行调整，如图 6-40 所示。

4. 调整灯光方位

灯光设置好后，由于场景需要，还可以使用 SketchUp 中的移动、复制等工具调整灯光的位置，如图 6-41 所示。

考虑灯与顶面相对较近，顶面反光渲染可能太强，因此使用移动工具将灯光位置向下移动。

5. 编辑灯光参数

设置灯光时还需要编辑其参数。在场景中所创建的灯光上右击，在弹出的快捷菜单中选择“编辑灯光”命令，弹出“泛光灯”窗口，如图 6-42 所示。在此，主要调整“倍增值”微调框内的数值为 30，单击 Color 文字右边的色块，设置亮度色彩为白色。

灯光在场景中的运用至关重要，首先是灯光的强度，数值过大容易曝光，如图 6-43 所示。

图 6-42　编辑灯光

图 6-43　倍增值过大

场景中有时需要有暖黄色灯光，可以在“泛光灯”窗口的“颜色”部分单击色块，以选择暖色光，如图 6-44 所示。

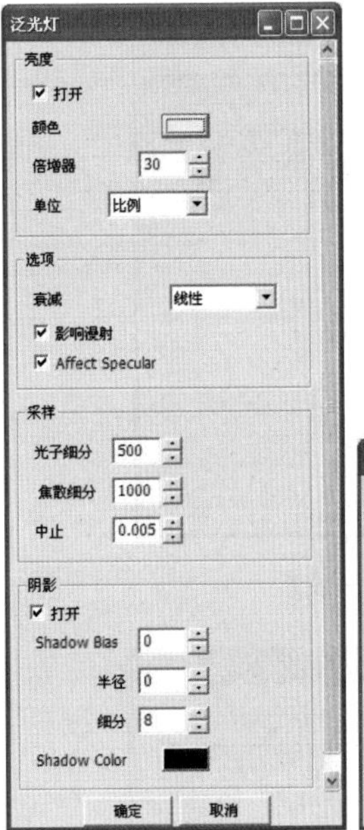

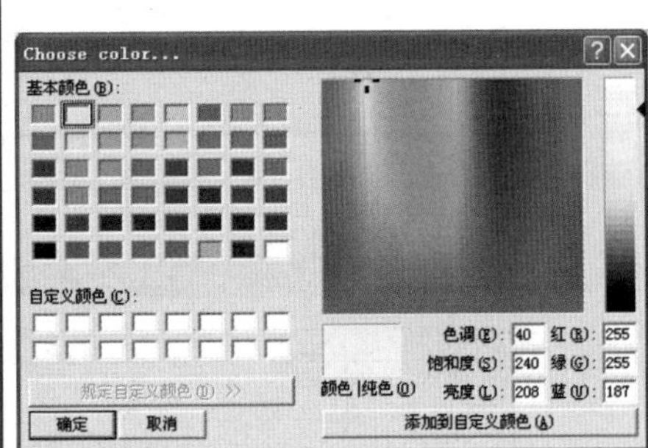

图 6-44　暖光灯的设置

6.2.3　VRay 渲染出图

1. 测试渲染

为观察场景的明暗及灯光设置是否符合要求，方便反复快速调整材质及灯光的参数，需要多次测试渲染。测试渲染对输出大小和精度等参数进行了较低的设置。

Step1　打开“V-Ray for SketchUp——渲染选项”窗口，打开“输出”卷展栏，如图 6-45 所示，在“输出尺寸”栏中选择最小尺寸。

Step2　打开“全局开关”卷展栏，取消选中“默认灯光”复选框，如图 6-46 所示。

Step3　打开“色彩映射”卷展栏，设置“类型”为“线性倍增”，如图 6-47 所示。

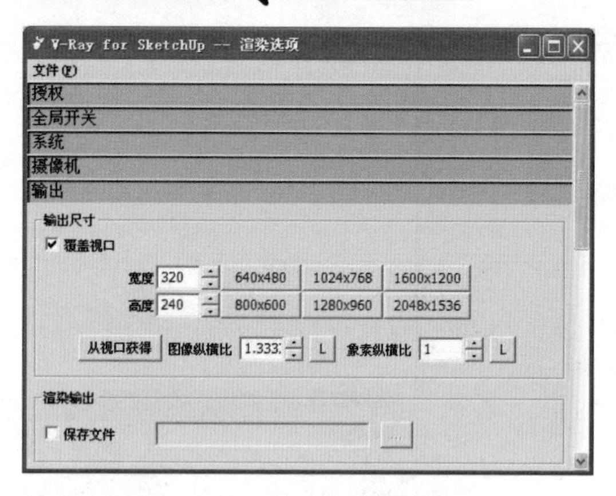

图 6-45 “输出”卷展栏设置

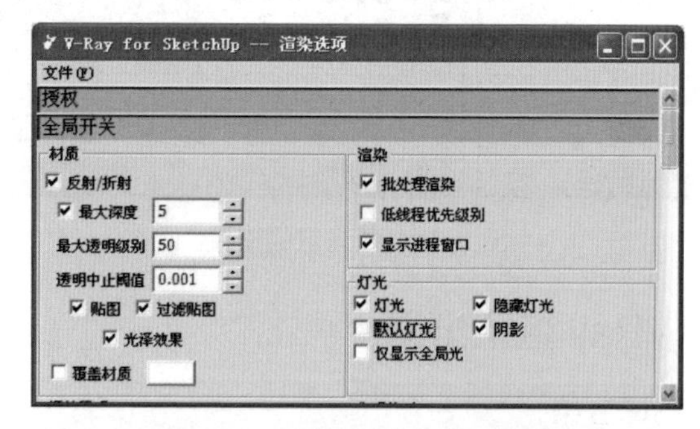

图 6-46 “全局开关”卷展栏设置

图 6-47 “色彩映射”卷展栏设置

测试渲染精度低、尺寸小，方便调整。待对各种灯光和材质都做了相应的调整后，即可真正地渲染出图，如图 6-48 所示。

图 6-48 测试渲染

2. 渲染出图

需要在“输出”卷展栏中设置出图的尺寸，尺寸越大，渲染时间越长，如图 6-49 所示。

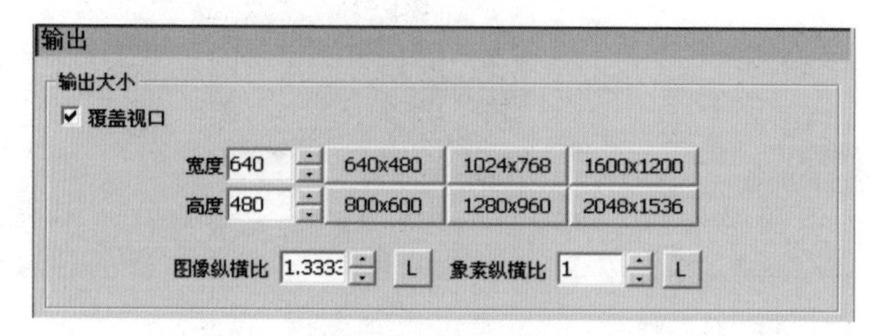

图 6-49 输出设置

选中“默认灯光”复选框，如图 6-50 所示。

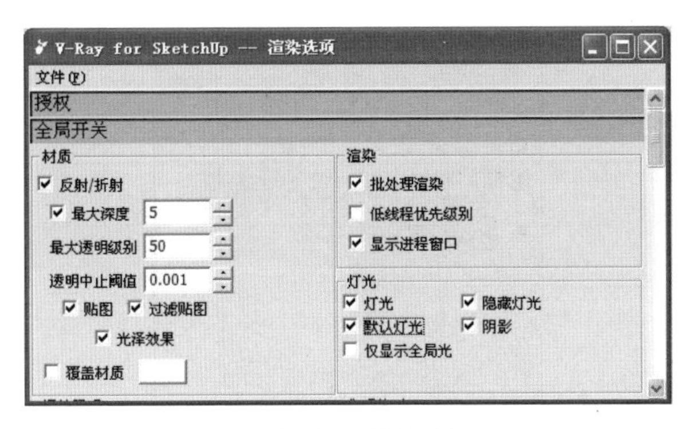

图 6-50　默认灯光

在“图像采样器”卷展栏中选中“自适应细分”单选按钮，选中“抗锯齿过滤器”卷展栏中的“打开”复选框，如图 6-51 所示。

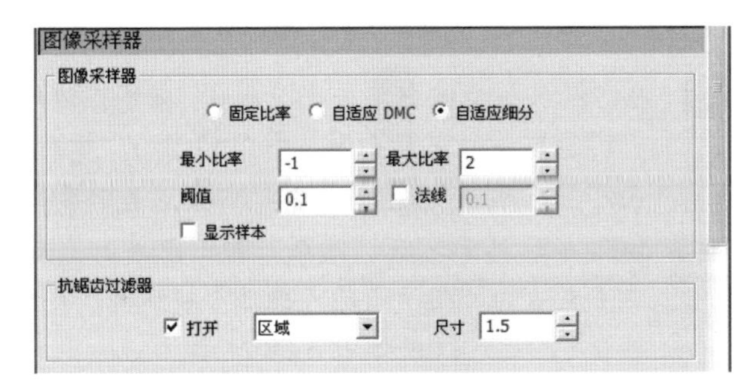

图 6-51　抗锯齿

在指定材质、设置灯光、指定渲染尺寸后，即可渲染出图了。在菜单栏中选择 Plugins（插件）| VRay for SketchUp | “渲染”命令，即可得到最终的渲染图。然后单击 V-Ray frame buffer（帧缓存器）窗口中的按钮，将图片存储为 JPG 格式，如图 6-52 所示。

注意：渲染输出还可存储为其他多种格式的文件，并且可以输出 Alpha（阿尔法）通道。

图 6-52　渲染出图

6.3　在 Photoshop 中后期处理

在 SketchUp 中将效果图制作完成，然后以位图的形式渲染输出。此后根据创作要求，在 Photoshop 中调整画面的整体色调，再为效果图场景添加灯具、灯光、沙发窗帘等配景以及相应的光影效果，使画面环境更真实、生动。这个过程称为 Photoshop 后期处理。

在进行室内效果图后期处理时，为了表现效果图的画面效果，通常在画面中添加一些配景，以增强画面的生活气息。下面就使用 SketchUp 中整理出的模型和模型通道、经过 VRay 处理后的室内效果图，详细讲解怎样在 Photoshop 中进行后期处理。具体操作如下：

Step1　在 Photoshop 的菜单栏中选择“文件”|“打开”命令，弹出“打开”对话框。从本书配书光盘的

"调用图片库"文件夹下打开"客厅.jpg"和"通道.jpg"文件，如图6-53和图6-54所示。

图6-53　打开"客厅.jpg"文件

图6-54　打开"通道.jpg"文件

Step2　在工具箱中单击"移动工具"按钮，调用移动工具。将"通道.jpg"图像调入客厅效果图场景中，并将"通道"图像所在图层命名为"图层通道"。新建一个图层，命名为"图层0"，并把"图层通道"移至"图层0"的下面，如图6-55所示。

Step3　按Ctrl+A快捷键，选取全部背景图像。按Ctrl+C快捷键进行粘贴，将客厅复制到"图层0"。

Step4　在工具箱中单击"魔棒工具"按钮，调用魔棒工具。设置其属性栏参数，如图6-56所示。

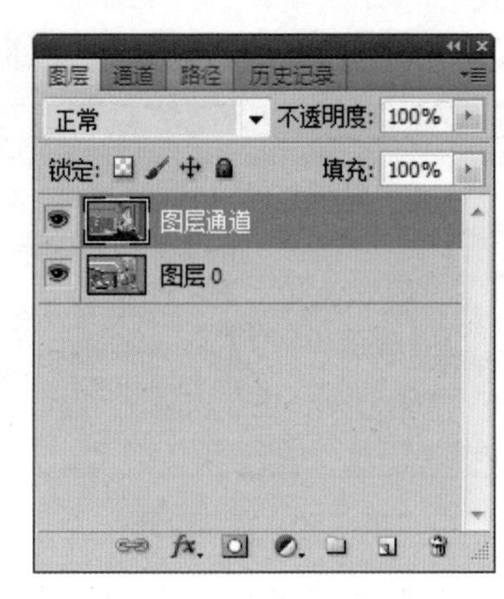

图6-55　"图层"面板

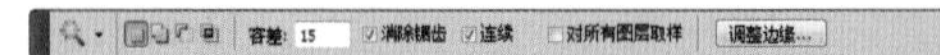

图6-56　"魔棒工具"属性设置

Step5　在"图层"面板中单击"图层0"文字左边的"指示图层可视性"按钮，将"图层0"暂时隐藏。在"图层通道"图层中选中地板，选中后的图像如图6-57所示。在"图层"面板中单击"图层0"文字左边的"指示图层可视性"按钮，显示"图层0"图层，效果如图6-58所示。

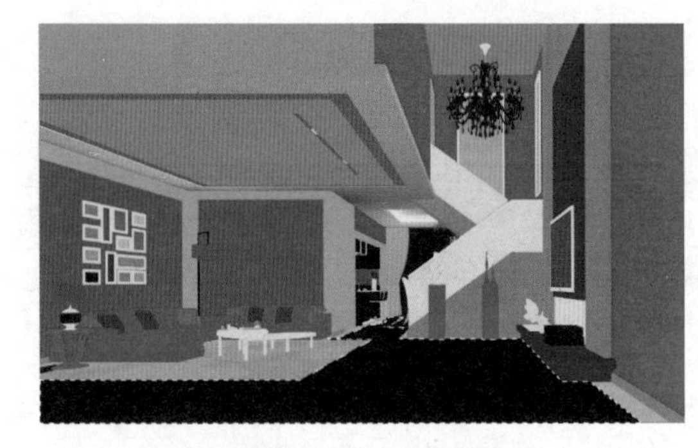

图6-57　选择地板后

图 6-58　选择地板后的效果

Step6 在菜单栏中选择“图像”|“调整”|“色彩平衡”命令，弹出“色彩平衡”对话框，设置其参数属性，如图 6-59 所示。单击“确定”按钮应用设置，得到的图像效果如图 6-60 所示。

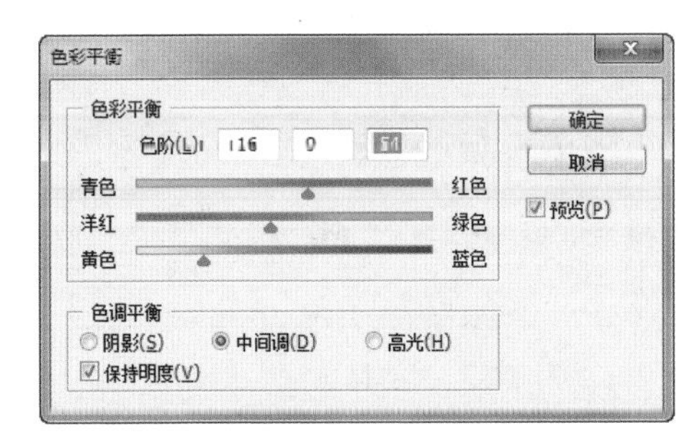

图 6-59　设置“色彩平衡”对话框

Step7 仿照 Step5 和 Step6 的操作，在图像的“图层通道”图层中选中“图层 0”中的墙面，选中后的图像如图 6-61 所示。

Step8 按 Ctrl+B 快捷键，弹出“色彩平衡”对话框，设置其参数属性，如图 6-62 所示。单击“确定”按钮应用设置，得到的图像效果如图 6-63 所示。

图 6-60　设置色彩平衡后的效果

图 6-61　显示选择墙面后的效果

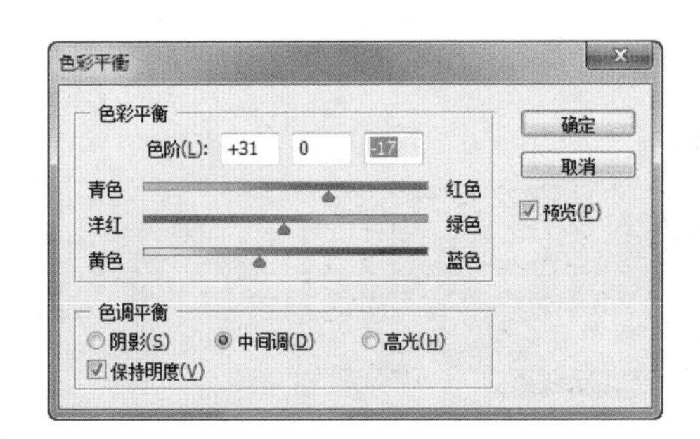

图 6-62　“色彩平衡”对话框

图 6-63　设置“色彩平衡”对话框后的效果

Step9 在菜单栏中选择“图像”｜“调整”｜“亮度/对比度”命令，弹出“亮度/对比度”对话框，设置其参数属性，如图 6-64 所示。单击“确定”按钮应用设置，得到如图 6-65 所示的图像效果。

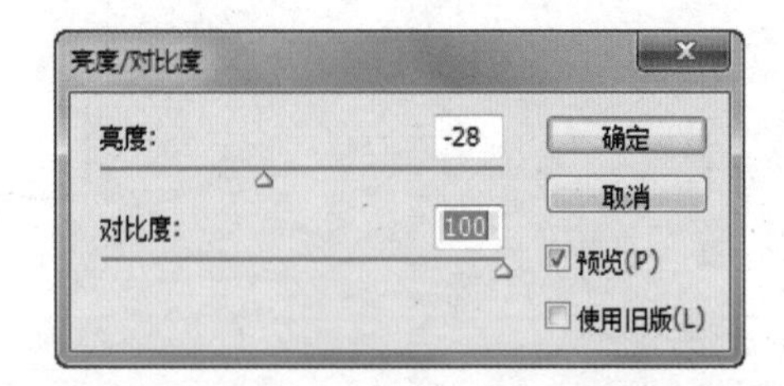

图 6-64　“亮度/对比度”对话框

图 6-65　设置“亮度/对比度”对话框后的效果

Step10 在工具箱中单击“椭圆选框工具”按钮，调用椭圆选框工具。将“图层 0”图层中的灯光部分选取，如图 6-66 所示。

图 6-66　椭圆选框工具选取的范围

Step11 按 Ctrl+Alt+D 组合键，弹出“羽化选区”对话框。将“羽化半径”设置为 15 像素，如图 6-67 所示。

图 6-67　“羽化选区”对话框

Step12 按 Ctrl+M 快捷键，弹出“曲线”对话框，设置其参数属性，如图 6-68 所示。单击“确定”按钮应用设置，得到如图 6-69 所示的图像效果。

由图 6-69 可以看出，整个画面色调过于模糊，所以将画面整体的对比度进行调整，使整个图像更具有空间感。

Step13 在“图层”面板中单击“新建调整图层”按钮，选择“曲线”，弹出如图 6-70 所示对话框，设置“蒙版”和“调整”选项卡中的参数，单击“确定”

按钮应用设置，得到如图 6-71 所示的效果。

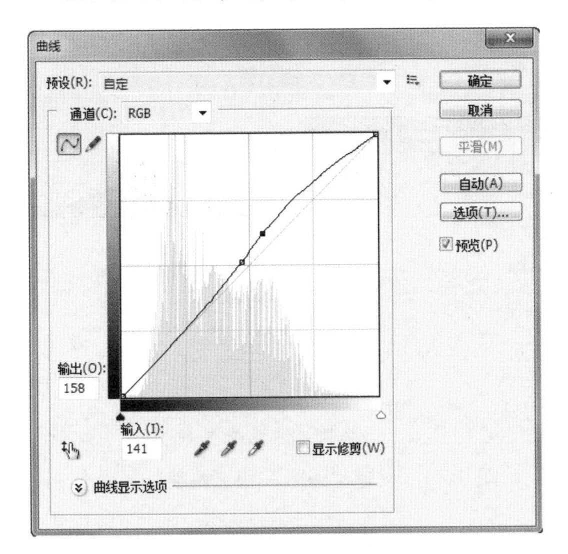

图 6-68 “曲线”对话框

图 6-69 设置“曲线”对话框后的效果

Step14 在“图层”面板中单击“新建调整图层”按钮，选择“照片和滤镜”，弹出对话框，设置“蒙版”和“调整”选项卡中的参数，如图 6-72 所示。单击“确定”按钮应用设置，得到如图 6-73 所示的效果。

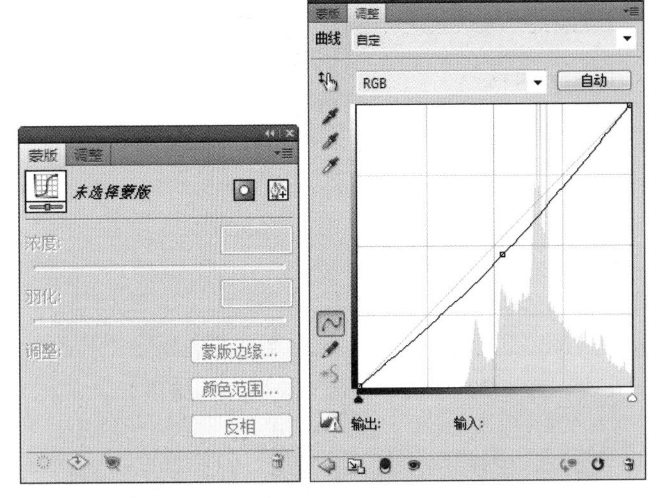

图 6-70 “蒙版”和“调整”选项卡

图 6-71 设置参数后效果

Step15 在“图层”面板中单击“新建调整图层”按钮，选择“色阶”，弹出对话框，设置“蒙版”和“调整”选项卡中的参数，如图 6-74 所示。单击“确定”按钮应用设置，得到如图 6-75 所示的效果。

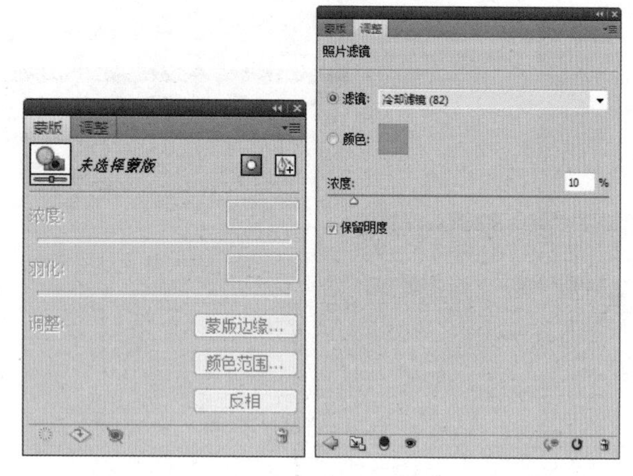

图 6-72　设置“蒙版”和“调整”选项卡

图 6-73　设置参数后效果

对于室内的场景表现，重点是灯光相对亮度和位置的调整及材质肌理特性的明确，相对来讲，色彩可以通过后期的通道进行调整。

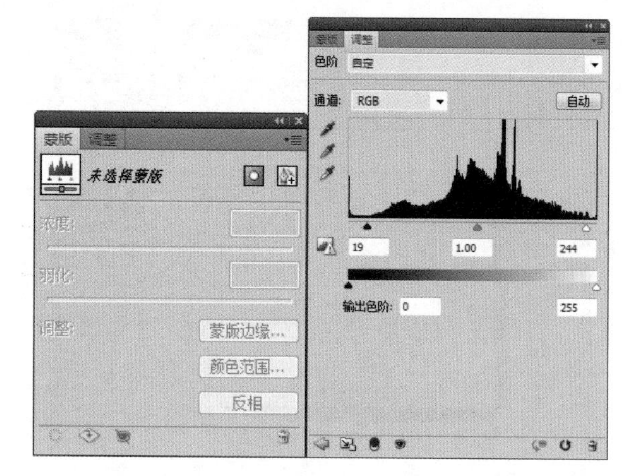

图 6-74　设置“蒙版”和“调整”选项卡

图 6-75　设置参数后的效果

Chapter 7

建筑设计详解

本章将会对 SketchUp 建模、VRay 渲染、Photoshop 后期制作的一系列方法进行详细介绍。

设计师在进行建筑设计时，往往通过 SketchUp 的建模过程不断地摸索和调整造型。本章将先使用 SketchUp 建模，然后通过 VRay for SketchUp 进行渲染。

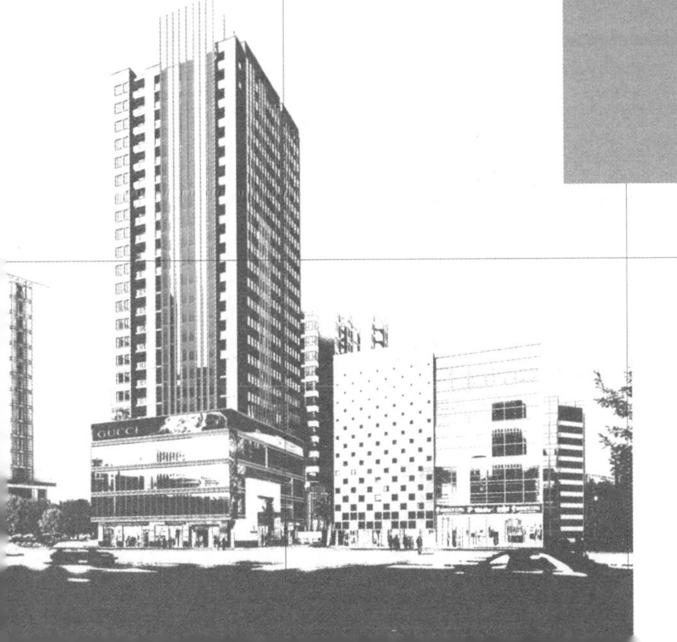

7.1 复杂建筑的建模流程

大型建筑群的建模相对于室内模型的建立难点更多，这是由于建筑结构复杂，构件颇多，包括栏杆、飘窗、门、高窗、门带窗、楼梯间等，而且目前的楼盘为满足各种消费要求，同一幢楼中都会设计多种户型。因此，下面以一个有多种户型的楼盘外立面设计为例讲解在 SketchUp 中如何使用最便捷的方法完成建模以及材质的给赋。如图 7-1 所示为复杂建筑外立面模型。

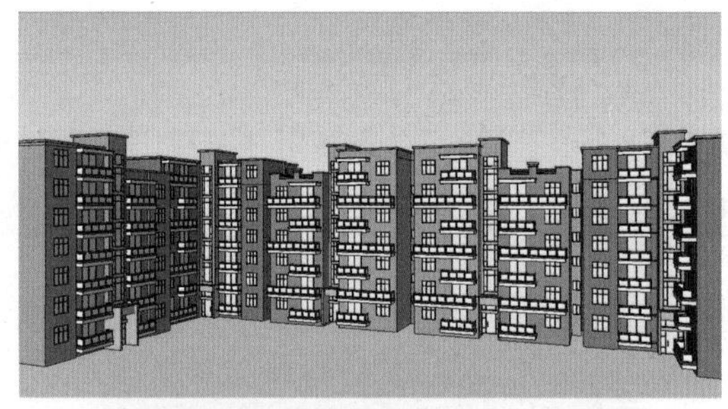

图 7-1　复杂建筑草图模型

复杂建筑的建模的一般流程是：在 AutoCAD 中整理边框、将 AutoCAD 导入 SketchUp 拉出模型、创建及修改门窗等组件、巧妙运用复制阵列完成门窗的布置、模型修改镜像。

Step1　整理 AutoCAD 户型边框。本例楼盘中的第 4 幢楼有多个户型，每个单元为一个户型，在屋顶又有复式与平层的区别。以 6+1 户型单元为例，如图 7-2 所示。

图 7-2　6+1 户型单元

Step2　在 AutoCAD 中打开 D 户型图，通过对顶面图的分析可知：由于同一单元左侧为复式顶楼，是 6+1 的户型，而单元的右侧全为 6 层的平层户型，并且左右尺寸稍有差别。可以先绘制高一些的楼体，如图 7-3 所示。

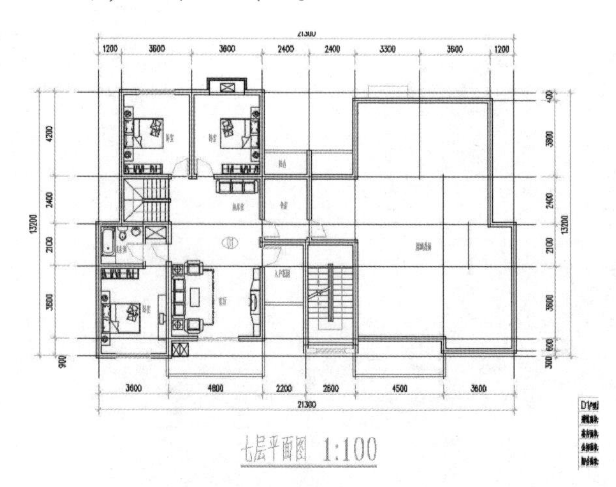

图 7-3　顶面的 AutoCAD 图

Step3 在 AutoCAD 中使用 PL（多段线）命令，沿建筑外框绘制一条线，飘窗、阳台不需绘制，门窗位置也不需要预留，如图 7-4 所示，并将此线框使用“写块”的方式单独保存为一个文件。

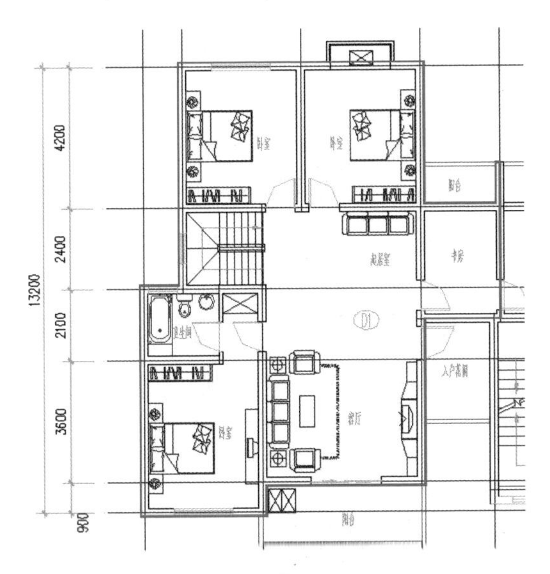

图 7-4　建筑外轮廓

Step4 在 SketchUp 中选择“文件”｜“导入”命令，选择刚才保存的文件，将其导入 SketchUp，并使用 工具将其绘制成面并拉伸，如图 7-5 所示。

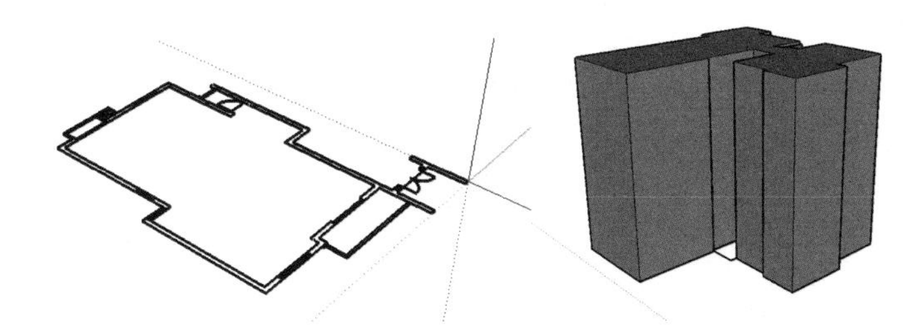

图 7-5　绘制建筑框架并拉伸

7.2　封面的难点

SketchUp 的建模是由线构成面的。在绘图过程中非常重要的，就是线与线的首尾相连以形成面。三维空间的操作往往不能顺利构成面，不能正确封面，自然不能渲染。下面介绍几种不能正确封面的情况。

7.2.1　三维视图中的疑似闭合面

如图 7-6 所示，从三维视图和正立面视图看是闭合的，但实际上可能并没封面。

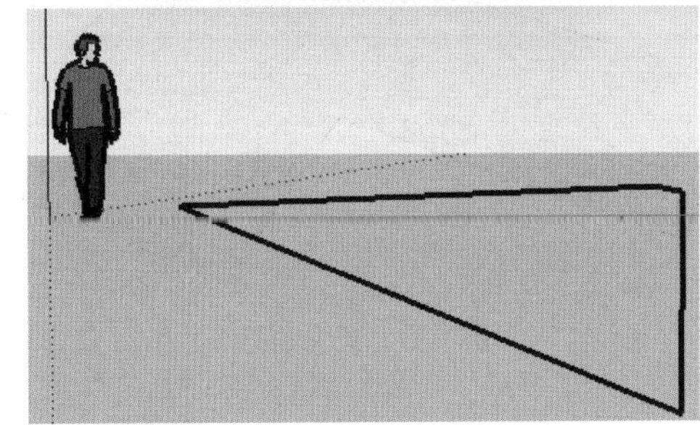

图 7-6　不同视图的线的观察

解决办法：如果是规则的图形，绘制时尽量参照坐标轴，与坐标轴相平行的线相连能形成面。另外，绘图可以先在顶视图或立面视图中绘制，保证线在一个平面上，才能最终形成一个面。

7.2.2 视图中的虚交直线

绘图时需要将直线绘制成相交叉的，交叉的直线能形成新的面，但有时会出现虚交的情况，不能正常封面。当选中这些线时会仍然以单个直线显示，如图 7-7 所示。

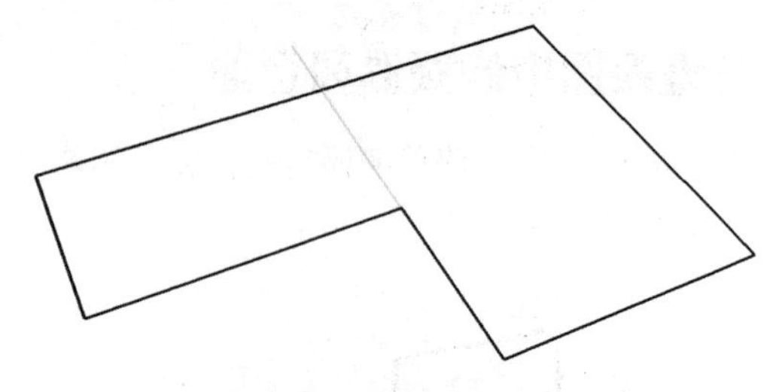

图 7-7 虚交直线

当出现这种情况时，使用直线绘制工具，在两线应该交叉处描画，即可将线真正交叉，并且封面，如图 7-8 所示。

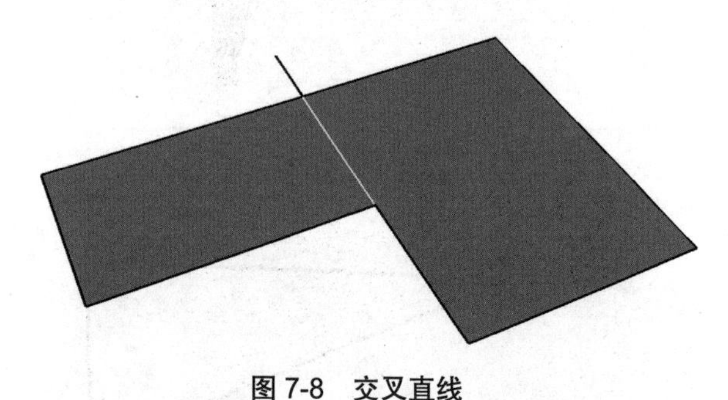

图 7-8 交叉直线

7.2.3 AutoCAD 导入的连续直线

当图形由 AutoCAD 导入 SketchUp 后，由于没有线型和色彩的区分，所有的线都是黑色的直线，这样容易将连续直线认定成一条直线，如图 7-9 所示。

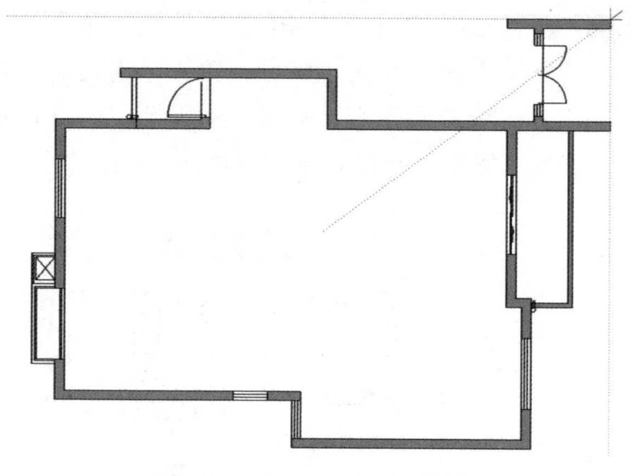

图 7-9 导入 AutoCAD 的线

但当将这些线选中时会发现，AutoCAD 中不同线型和色彩的线表面上看是连续的，实际却是多条直线，在选择时只能选中其中的一部分。图 7-10 中黄色区域即为选中的部分。

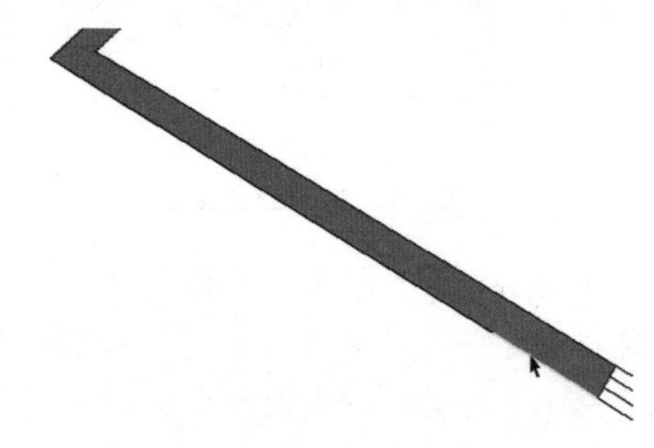

图 7-10 选中局部

连续直线可以直接封闭成面，但当使用“拉伸”命令对此面进行拉伸时会发现，面上会有多根直线，从而将此墙面分成了多个面，如图 7-11 所示。

这样可能给以后的绘图带来麻烦，因此，在拉伸后可以直接选中墙体的直线将其删除。这样，系统将原来的多条直线合并成一条直线，如图 7-12 所示。

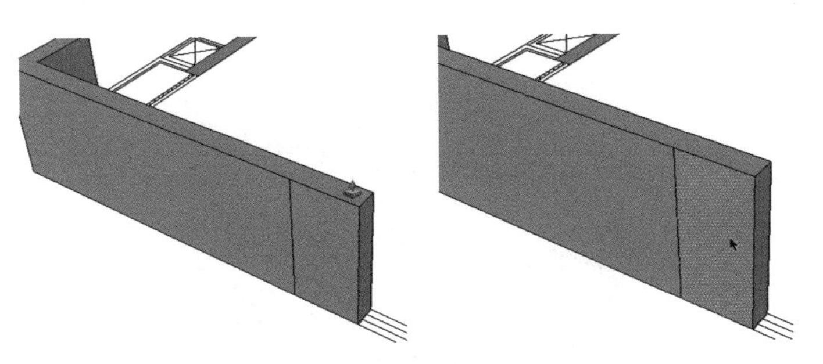

图 7-11　拉伸后的面

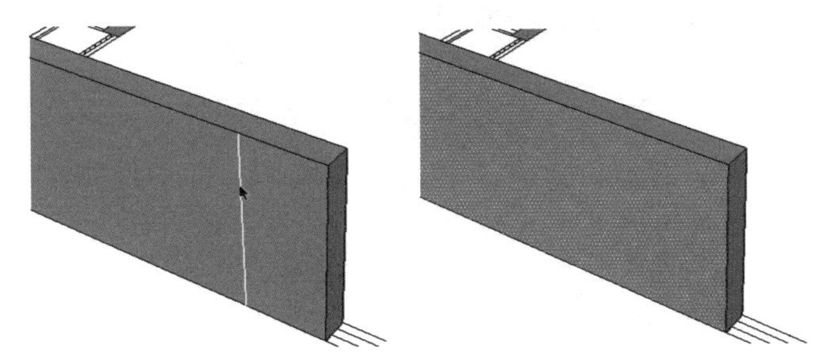

图 7-12　删除多余的线

7.3　建筑材质贴图的预处理

在建筑设计中会用到大量的材质，下面以常用建筑材质的处理技巧为例讲解如何对建筑材质贴图进行预处理，具体操作如下：

Step1　使用 SketchUp 的绘图命令，绘制出其中一层的阳台，导入组件中的“门”和“窗”，修改大小后放置于相应的墙体，然后复制到每一层，如图 7-13 所示。

Step2　选择“窗口”|“材质”命令，打开“材质”对话框，新建材质，并使用对应的墙砖贴图，如图 7-14 所示。

图 7-13　单幢楼模型

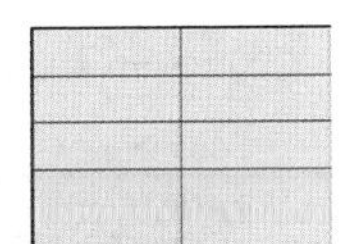

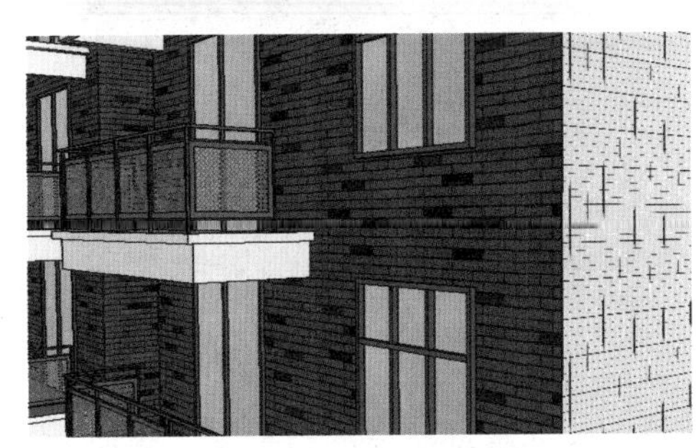

图 7-14　局部材质贴图

Step3　特殊贴图。在建模过程中，往往由于模型复杂而增加面的数量，这给计算机的显示带来了困难。因此在保证模型整体效果的前提下，可以局部利用贴图来代替建模，从而加快绘图过程。

以下面的栏杆为例，在设计时需要将栏杆效果制作成灰色的冲孔铁板，如图7-15所示。

图7-15　栏杆图

Step4 建模时可以直接在SketchUp中创建一个面，在面上使用圆形的绘图工具创建冲孔，并使用阵列将其布满整个面，再给赋灰色材质，如图7-16所示。

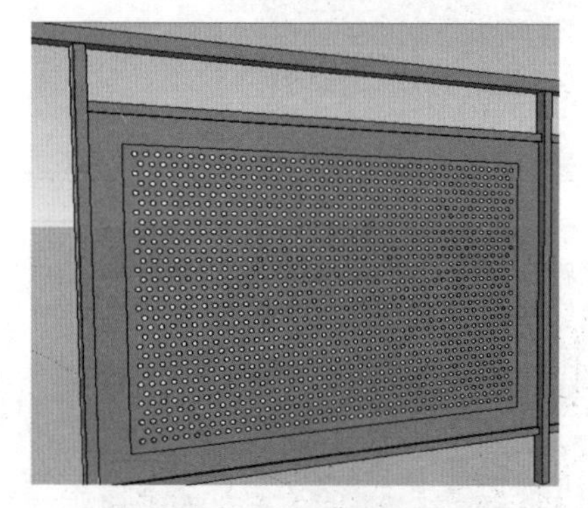

图7-16　栏杆建模

以上这种方法使模型中面的数量大量增加，可以利用贴图的方式有效减少面的数量，提高显示速度。具体操作如下：

Step1 制图贴图。在Photoshop中打开一个灰色金属的JPG材质图形文件，使用圆形工具，在文件中绘制圆形并将圆形部分内容删除，另存成*.png格式，如图7-17所示。

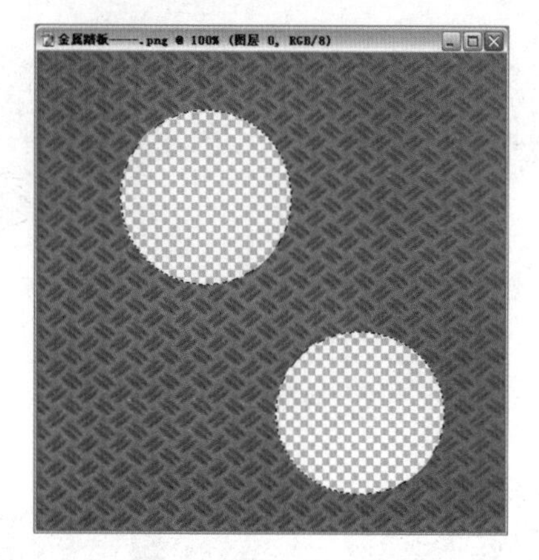

图7-17　制作镂空贴图

注意：此处的另存格式，如需制作镂空贴图，则必须使用*.png格式；如没有此要求，则其他格式，如*.jpg等都可使用。

Step2 创建材质。在SketchUp中将栏杆的模型创建成一个面即可，选择“窗口”|“材质”命令，在打开的材质管理器中新建一个材质，如图7-18所示。

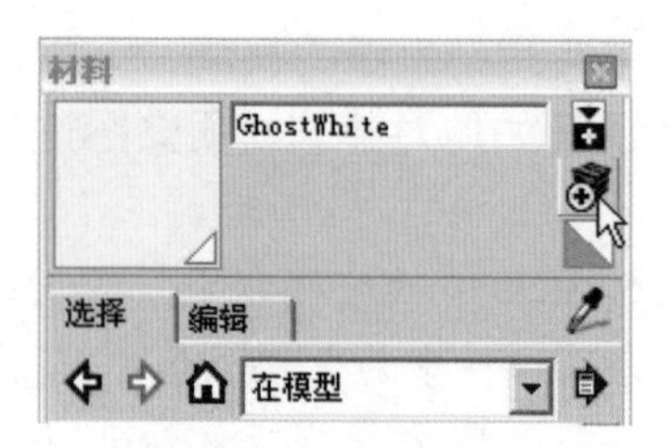

图7-18　新建材质

Step3 在“创造材料”对话框中单击“浏览”按钮，调出刚才保存的图片“金属踏板----.png”。创建完成后还可调整其尺寸，如图7-19所示。

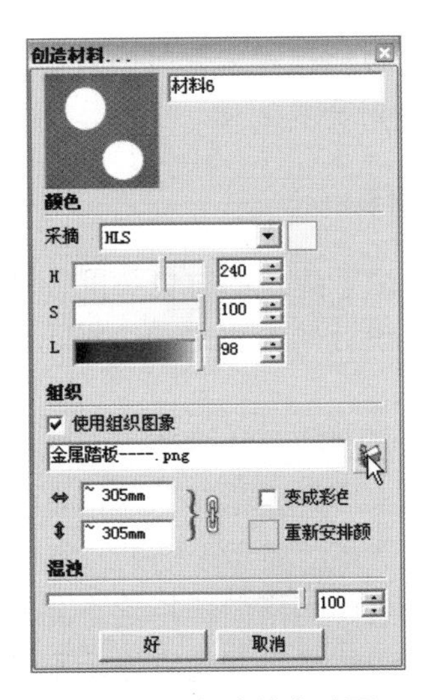

图 7-19　创建镂空贴图

Step4　给赋材质。在场景中可以将栏杆造型部分直接创建成一块平板，如图 7-20 所示。

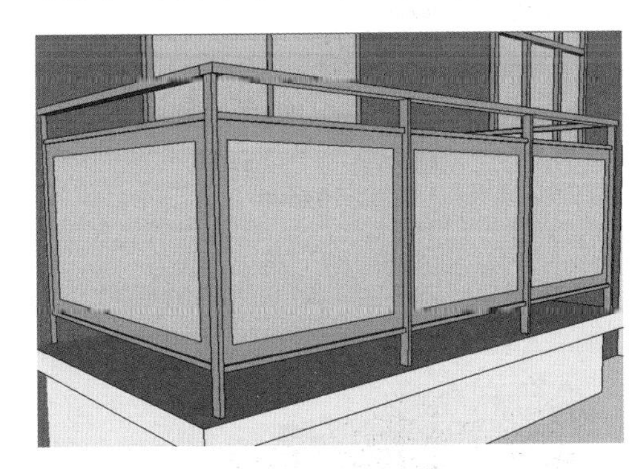

图 7-20　简单的栏杆模型

Step5　单击“材质”按钮，将创建好的材质给赋到栏杆的平板部分，即可得到镂空效果的贴图，这样既达到了设计要求，又能有效提高显示速度，如图 7-21 所示。

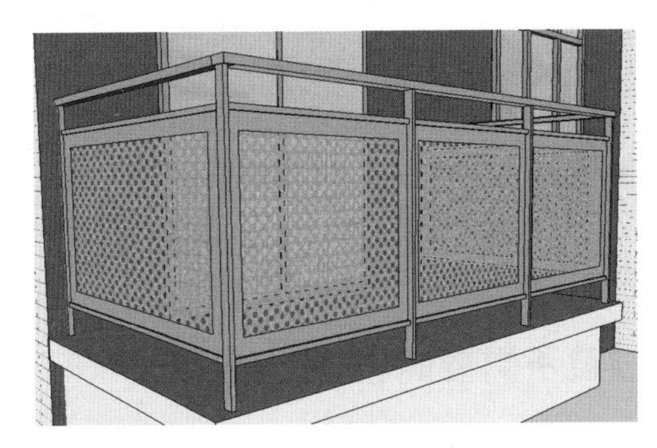

图 7-21　镂空贴图效果

在完成了单幢建筑后，将多幢建筑按土建平面图进行排列即可完成整幢楼的模型，如图 7-22 所示。在完成的模型基础上，还需要对模型进行整理，以方便渲染。

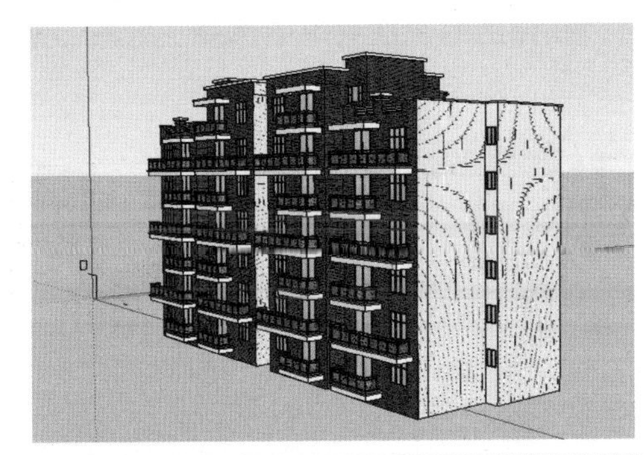

图 7-22　SketchUp 完成图

7.4 在 SketchUp 中整理模型

在 SketchUp 中完成的建筑模型很复杂，需要对其进行整理和简化，以方便后期制作。简化过程一般分为清理、隐藏不需要的模型和确定北方等方面。

7.4.1 隐藏不需要的模型

在三维建模过程中，生成的是整个场景所需的所有模型，而进行渲染出图则只需要一个角度，所以有一部分模型在渲染出图后是不可见的。因此，为了提高计算机的渲染速度，可以将部分模型隐藏。

隐藏的方法比较简单，如图 7-23 所示，选中需隐藏的部分，右击，在弹出的快捷菜单中选择“隐藏”命令，即可隐藏选中的模型，如图 7-24 所示。

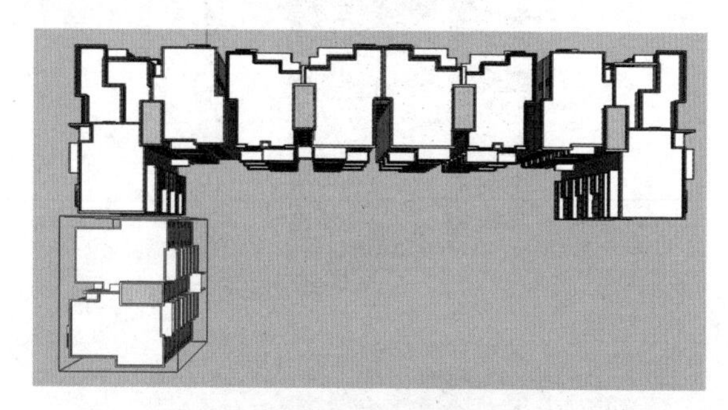

图 7-23 选择隐藏部分

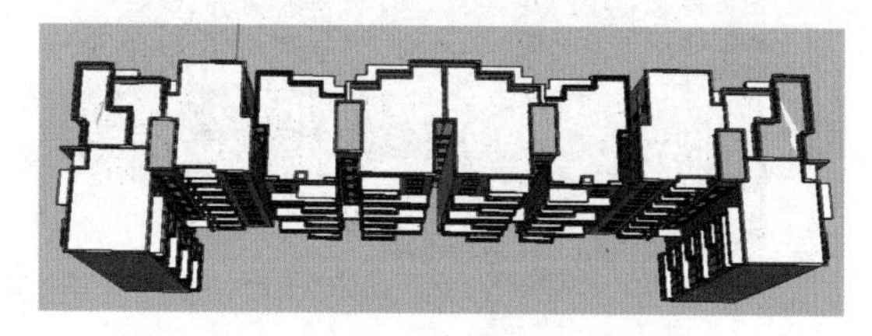

图 7-24 隐藏模型

注意：最好在建模初期就对需分组的模型进行群组，这样选择隐藏部分时会更方便。

7.4.2 确定北方

渲染过程中，由于建筑的方位不同，会产生不同的阴影效果，这也是建筑设计的内容之一。因此，确定模型的正确方位角度非常重要。

确定场景中的模型朝向的方法为：选择“窗口” | “场景信息”命令，弹出“场景信息”对话框；在左侧选择“位置”选项，在右侧选中“显示于场景”复选框；单击“选择”按钮，然后使用场景中的指向标指定正北的角度。这样，场景中将会以橘红色粗线将正北角度显示于场景中。如果需要设置精确的模型朝向，则在“正北角度”微调框中设置数值，如图 7-25 所示。

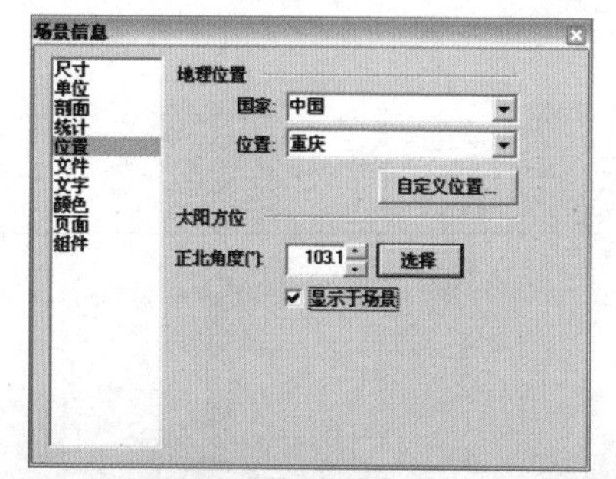

图 7-25 正北朝向的确定

因此，作为建筑设计来讲，更多的时间是在 SketchUp 中完成建模工作。由于 SketchUp 没有渲染功能，仅能模拟日光，所以需要更真实的效果表现，必须使用 VRay for SketchUp 进行渲染。

7.5 运用 VRay 进行渲染并输出

用室外场景的渲染增强模型的真实性，再配以 JPG 的图片配景，可以满足仿真设计需求。下面依次介绍对模型的材质进行设置，然后调整灯光参数，最后进行渲染出图。

7.5.1 确定材质

首先关联材质。模型在建模时给赋了确定尺寸的材质——黄色墙砖 9cm × 11cm 对缝拼贴、白色墙砖 9cm × 11cm 错缝拼贴。在 SketchUp 中的贴图也按产品的实景照片进行了处理，如图 7-26 所示。

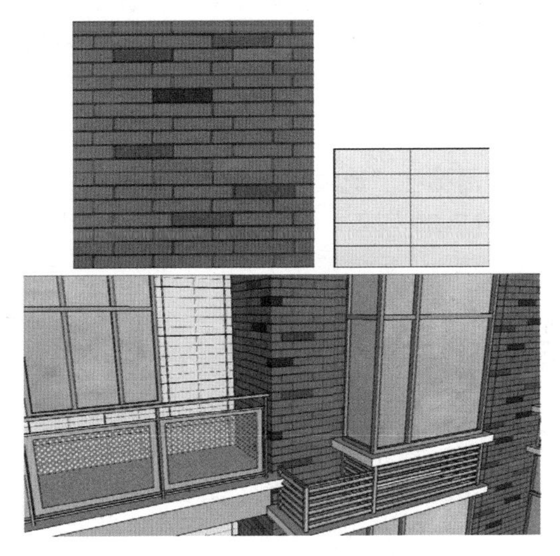

图 7-26　SketchUp 材质表现

在 SketchUp 中已完成贴图的材质，可以在 VRay for SketchUp 中设置关联材质，然后调整其反光程度。

选择 Plugins（插件）| VRay for SketchUp |“材质编辑器”命令，打开材质编辑器。在“材质工作区”栏中添加 VRay 关联材质，并选中之前 SketchUp 中使用的墙体材质。材质名称仍按原名称显示，前面加有 Linked 标识。

注意：VRay 目前只能识别英文和数字，因此如果需要后期渲染，最好在前期材质名称中将其设置为非中文编号。

另外，室外建筑玻璃既要考虑场景中的反射和折射，又要保证玻璃的透明特性，因此要设置其反射和折射属性。

在材质编辑器上添加 VRayMEI 材质，命名为“外墙玻璃”，并对玻璃材质增加“反射”和“折射”层。

在“漫射”卷展栏中单击 Color 文字右边的色块，弹出“选择颜色”对话框，选定玻璃的颜色，如图 7-27 所示。

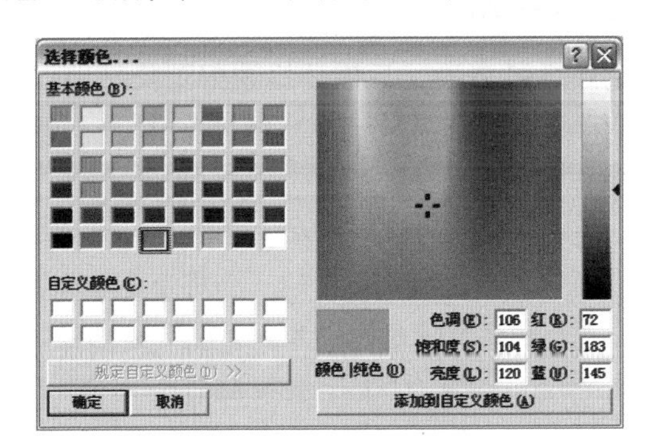

图 7-27　外墙玻璃颜色

单击“漫射”卷展栏中“透明度”文字右边的色块，在弹出对话框中设置比漫射较深的颜色。将“反射”卷展栏“高光光泽度”微调框中的数值设为 0.9，将“折射”卷展栏“光泽度”微调框中的数值设为 0.9，并选中“半透明的”复选框，如图 7-28 所示。

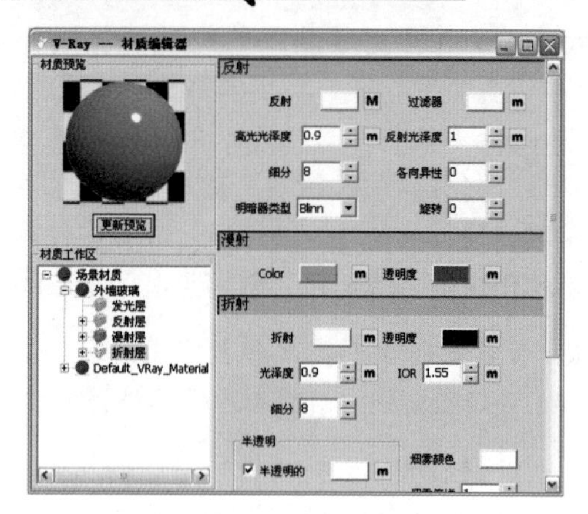

图 7-28　玻璃材质

注意：如果是镀膜玻璃，则材质有高反射性，需要在反射部分使用贴图。

7.5.2　设置灯光

对于室外场景来说，只需要设置好渲染环境以及环境光即可，没有特殊要求不需要专门设置灯光补光。设置渲染环境的具体操作如下：

Step1 先在 VRay 的控制面板中对场景的渲染属性进行设置。在“选项”面板的“全局开关”卷展栏的“灯光”栏中取消选中“默认灯光”复选框，如图 7-29 所示。如果是进行渲染测试，则可以取消选中“材料”栏各个复选框，以加快渲染测试速度。

Step2 在“选项”面板的“环境”卷展栏中，选中“GI（天光）”及“背景”复选框，并且将“GI（天光）”文字右侧微调框中的倍增值设为 3，使场景的亮度符合日光亮度，阳光越强则数值越大。早上、中午、晚上的天光颜色应有所区别，如早上为淡蓝色、中午为偏橘色、晚上为偏蓝紫色，如图 7-30 所示。

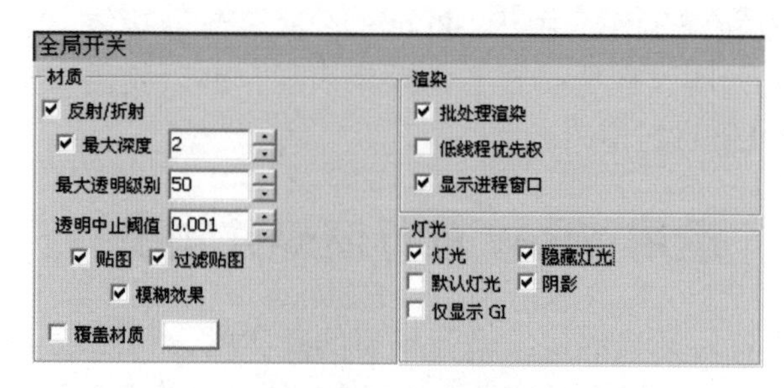

图 7-29　全局设置

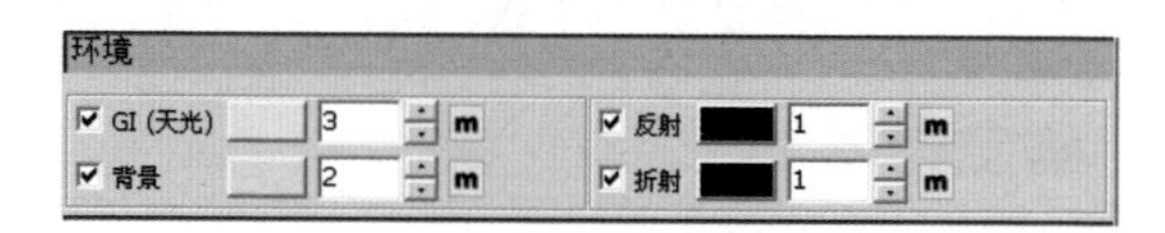

图 7-30　环境光设置

Step3 在“选项”面板的“间接照明”卷展栏的 GI 栏中，选中 On 复选框，打开间接照明。在“首次反弹”和“二次反弹”栏右边的下拉列表框中分别选择“准蒙特卡罗”和“灯光缓冲”选项。

7.5.3　渲染输出

渲染出图需要在“选项”面板的“输出”卷展栏中设置图尺寸，如图 7-31 所示。建筑外观的图由于其场景较大，或因打印尺寸偏大，因此输出大小必须按要求选择。

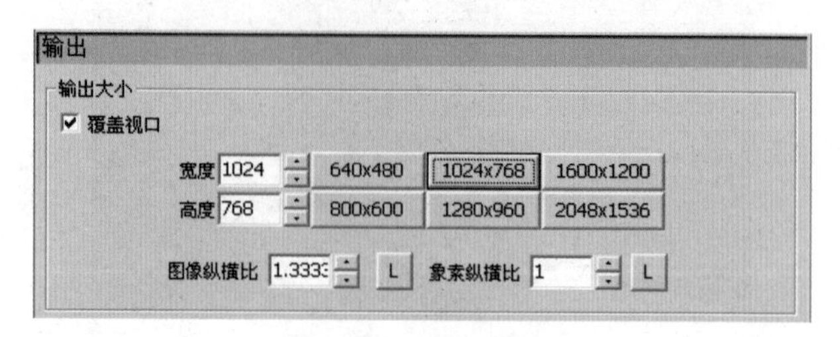

图 7-31　输出设置

在菜单栏中选择 Plugins（插件）| VRay for SketchUp | “渲染”命令，即可得到最终的渲染图。然后单击 V-Ray frame buffer（帧缓存器）窗口中的按钮，将图片存储为 JPG 格式的图片。最终效果如图 7-32 所示。

图 7-32 渲染出图

通过细部的小图可以看到 SketchUp 中的材质经过渲染更加逼真了。

7.6 在 Photoshop 中处理背景

渲染出图的 JPG 格式文件，可以在 Photoshop 中重新逐步添加背景、天空、树木、绿化和人物等，但室外添加的图形要注意不同物体的透视差别以及体量的掌握。

如果绘图时间紧张，而添加的图片文件不够丰富时，可以找出相同角度的效果图，在 Photoshop 中进行快速处理，以达到丰富场景最终成图的目的。此外，使用这一方法需要两张场景的渲染角度大概一致，否则会影响视觉效果。具体操作如下：

Step1 在 Photoshop 中打开参照图，如图 7-33 所示。

图 7-33 打开效果图

Step2 双击“图层”面板上的“背景层”选项，在弹出的对话框中单击“确定”按钮，如图 7-34 所示，这张 JPG 图就变为可编辑的底图了。

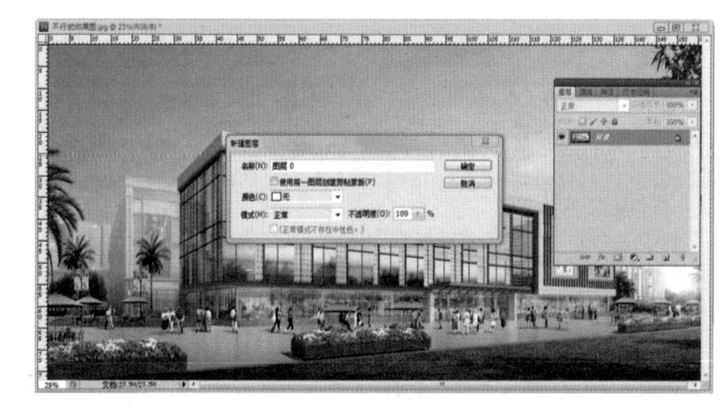

图 7-34 可编辑图层

Step3 在打开的渲染成图上，采用同样的方法使其变为可编辑的图层。然后使用魔棒工具选中白色部分，如图7-35所示。按Delete键，将其空白背景删除。

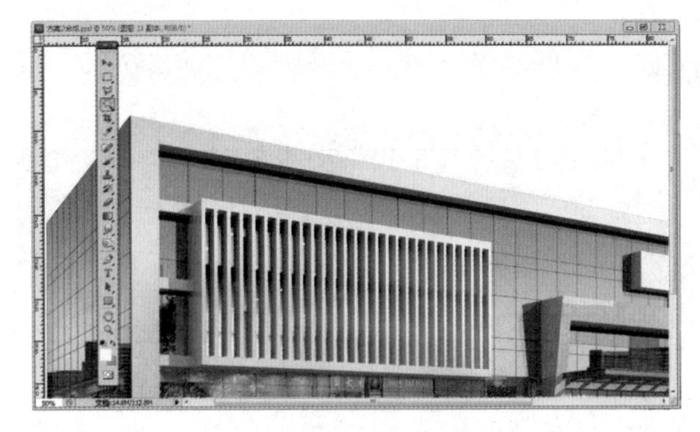

图7-35　选中区域

Step4　使用移动工具，选中渲染图，将挖空了背景的图移动到已存效果图上，则现有的效果图有两个图层，如图7-36所示。

图7-36　移动图层

Step5　由于图形精度和尺寸的原因，两个场景的比例不太一样，因此需要进行调整。按Ctrl+D快捷键（自由变转的热键），然后按住对角框，将渲染图调整成符合场景大小的图。

Step6　使用套索工具，将两张图重合部分选中并删除。这样渲染图就完全融入场景了，如图7-37所示。

图7-37　套索工具

Step7　使用裁切工具，将不合适的边缘裁切掉，并调整色彩和对比度进行细化，最终得到成图，如图7-38所示。

图7-38　最终成图

7.7　在Photoshop中转换日夜景

在一个模型已渲染后期出图以后，可只使用Photoshop软件，运用一定技巧，在JPG二维图纸上将白天的场景改变成夜间场景，如图 7-39 所示。这样一个模型只渲染一次即可得到白天和黑夜两种成图，大大节约了绘图的时间。

图 7-39　白天和黑夜的渲染效果

在效果图制作过程中，经常需要将同一建筑物在日景和夜景两段时间的效果表现出来。这时，就可以用 Photoshop 软件中的相应命令将建筑物的日景转换成夜景效果。

在对效果图进行日景和夜景效果转换时，一定要注意其色彩和光感的变化，虽然表现的是同一场景，但因为其表现的具体时间不同，色彩和光感也会发生相应的变化。具体操作如下：

Step1　在 Photoshop 的菜单栏中选择“文件”｜“打开”命令，弹出“打开”对话框。打开“调用图片库”文件夹下的“博物馆入口 .jpg”文件，如图 7-40 所示。

这是一幅将 SketchUp 中整理出的模型，经过 Photoshop 软件处理后的建筑外观效果图。下面将以此效果图为例，详细讲解如何将日景效果转换为夜景效果。

Step2　在工具箱中单击“魔棒工具”按钮，调用魔棒工具，设置其属性栏参数。

图 7-40　打开的“博物馆入口 .jpg”文件

Step3　将天空背景依次选中，选中后的图像如图 7-41 所示。

图 7-41　选择天空背景后的效果

Step4　按 Ctrl+C 快捷键将选区复制到一个新图层，并将其命名为“图层 1”。

Step5 在菜单栏中选择“图像” | “调整” | “亮度 / 对比度”命令，弹出“亮度 / 对比度”对话框，设置其参数，如图 7-42 所示。单击“确定”按钮，得到如图 7-43 所示的图像效果。

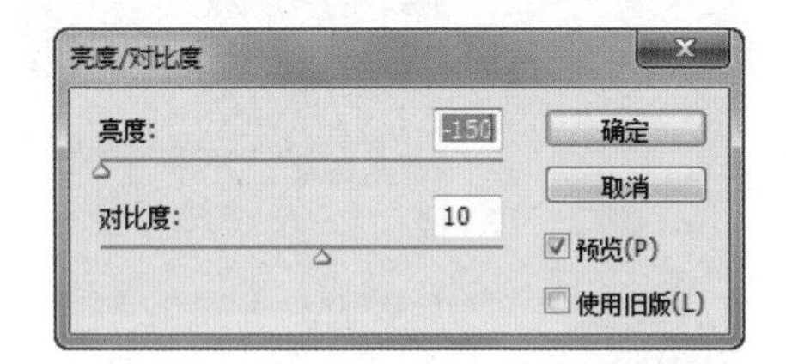

图 7-42 “亮度 / 对比度”对话框

图 7-43 设置后的效果

Step6 在“图层”面板中单击“新建调整图层”按钮，选择“照片和滤镜”，弹出对话框，设置“蒙版”和“调整”选项卡中的各项参数，如图 7-44 所示。单击“确定”按钮，得到如图 7-45 所示的图像效果。

Step7 在菜单栏中选择“图像” | “调整” | “色彩平衡”命令，弹出“色彩平衡”对话框，分别设置“阴影”“中间调”和“高光”参数，如图 7-46 所示。单击“确定”按钮，得到如图 7-47 所示的图像效果。

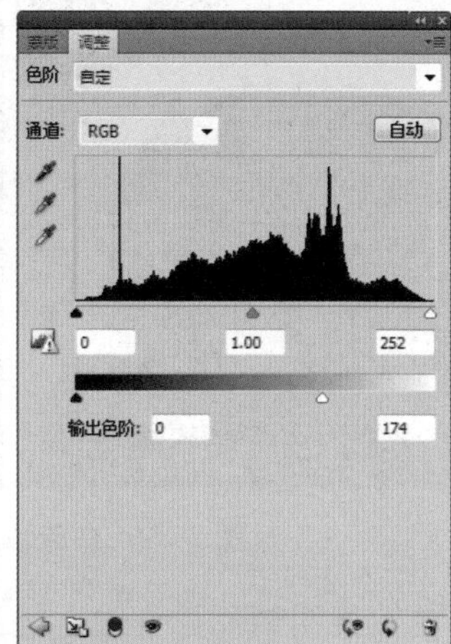

图 7-44 设置参数

图 7-45 设置后的效果

Step8 在工具箱中单击“加深工具”按钮，调用加深工具。设置其属性栏参数，如图 7-48 所示。

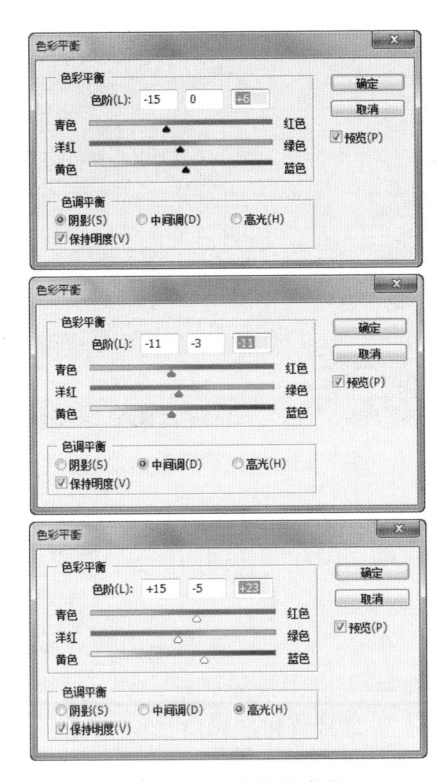

图 7-46 色彩平衡参数

图 7-47 设置色彩平衡后的效果

500 范围: 中间调 曝光度: 25% 保护色调

图 7-48 “加深工具”属性栏参数设置

Step9 运用加深工具在图像中的背光区拖曳鼠标，加深背光处的色调，效果如图 7-49 所示。

Step10 在工具箱中单击“魔棒工具”按钮和“多边形套索工具”按钮，调用这两个工具，并设置其属性参数值为默认值。选中场景中的窗玻璃，如图 7-50 所示。

图 7-49 加深背光区色调后的效果　图 7-50 选中窗玻璃后的效果

Step11 按 Ctrl+C 快捷键，复制选区。将选区粘贴为新的图层，并命名为“图层 2”。

Step12 在工具箱中单击“椭圆选框工具”按钮，调用椭圆选框工具。选中“图层 2”上的部分受光区域，如图 7-51 所示。

Step13 按 Ctrl+Alt+D 组合键，弹出“羽化选区”对话框，设置羽化半径参数，单击“确定”按钮应用设置。按 Ctrl+M 快捷键，弹出“曲线”对话框，设置曲线参数，如图 7-52 所示。单击“确定”按钮应用设置，得到的效果如图 7-53 所示。

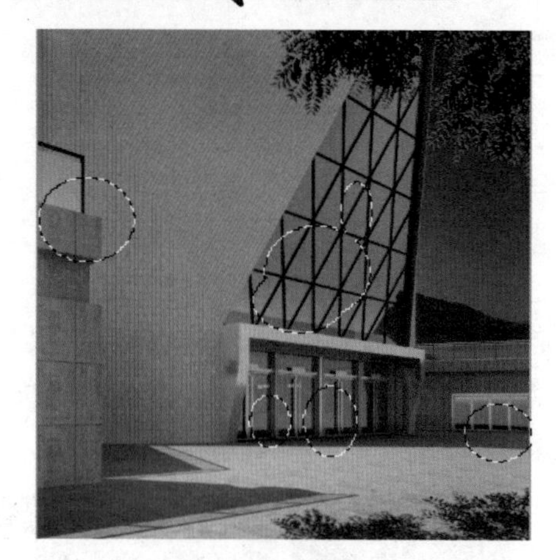

图 7-51　使用椭圆选框工具后的效果

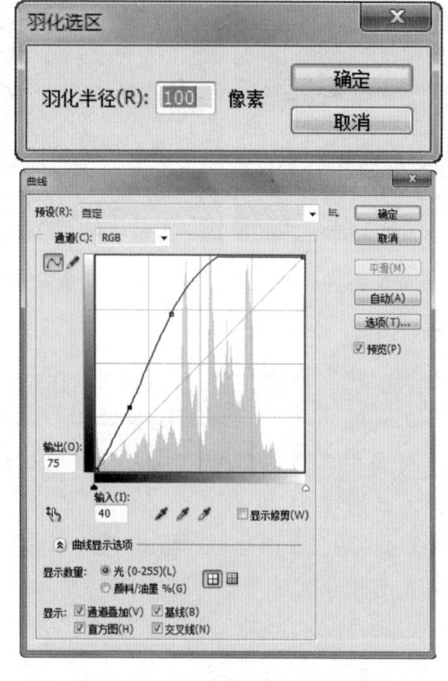

图 7-52　羽化选区和曲线设置

图 7-53　参数设置后的效果

由图 7-53 可以看出窗玻璃的色调与场景所表现的色调不协调，由于受到周围环境色调的影响，需要对其进行调整。

Step14　在菜单栏中选择“图像” | “调整” | “色彩平衡”命令，弹出“色彩平衡”对话框，设置其参数属性，如图 7-54 所示。单击“确定”按钮应用设置，得到的效果如图 7-55 所示。

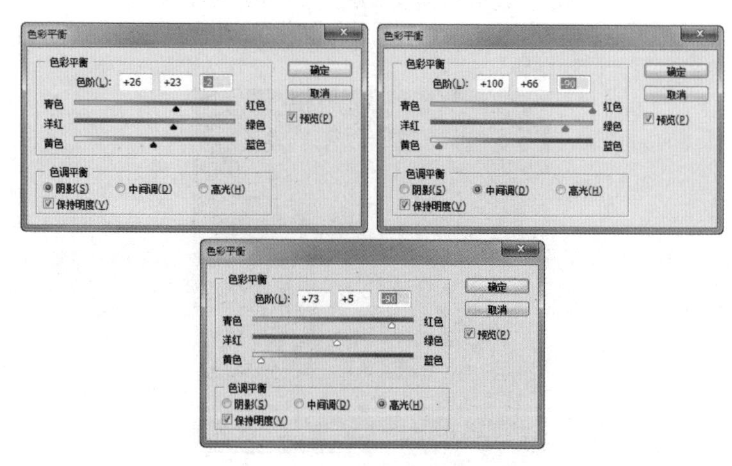

图 7-54　色彩平衡的参数设置

图 7-55　设置效果

Step15 在工具箱中单击“多边形套索工具”按钮，调用多边形套索工具，并设置其属性参数值为默认值。选中场景中的地面区域，如图 7-56 所示。

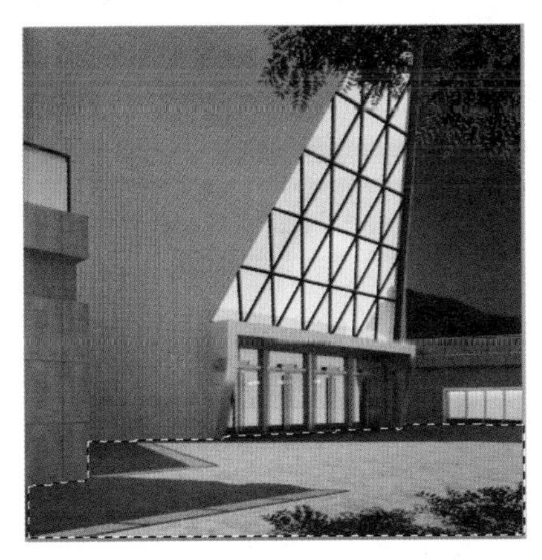

图 7-56　选中的选区

Step16 按 Ctrl+C 快捷键，将选区复制到一个新图层，并将其命名为“图层 3”。

Step17 按 Ctrl+M 快捷键，弹出“曲线”对话框，设置曲线参数。在菜单栏中选择“图像” | “调整” | “色彩平衡”命令，弹出“色彩平衡”对话框，设置其参数属性，如图 7-57 所示。单击“确定”按钮应用设置，得到如图 7-58 所示的图像效果。

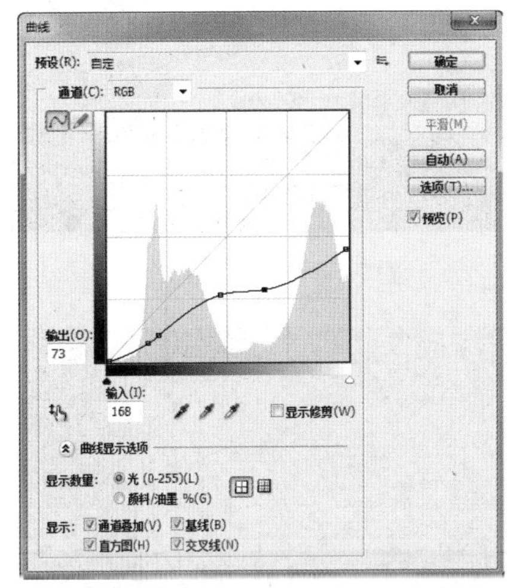

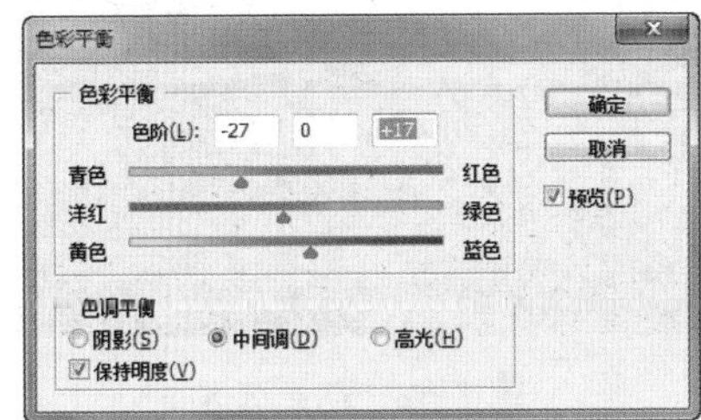

图 7-57　曲线和色彩平衡参数设置

在夜景中，从建筑内部透射的灯光可形成光的韵律。建筑周围的环境也被照亮，所以需要对周围环境进行光的处理。

Step18 在工具箱中单击“多边形套索工具”按钮，调用多边形套索工具，并设置其属性参数值为默认值。选中场景中的建筑外观墙面，如图 7-59 所示。

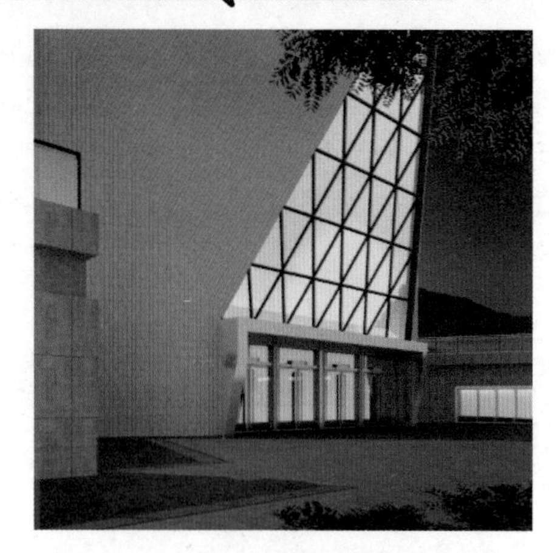

图 7-58　设置后的效果

图 7-59　创建选区

Step19　按 Ctrl+C 快捷键，复制选区。粘贴到“图层”面板上，形成新的图层，并命名为“图层 4”。

Step20　在工具箱中单击“椭圆选框工具”按钮，调用椭圆选框工具。将“图层 4”上的部分受光区域选中，如图 7-60 所示。

Step21　按 Ctrl+Alt+D 组合键，弹出“羽化选区”对话框，并设置羽化半径为 100 像素，如图 7-61 所示。按 Ctrl+M 快捷键，弹出“曲线”对话框，设置曲线参数，如图 7-62 所示。单击“确定”按钮应用设置，得到如图 7-63 所示的效果。

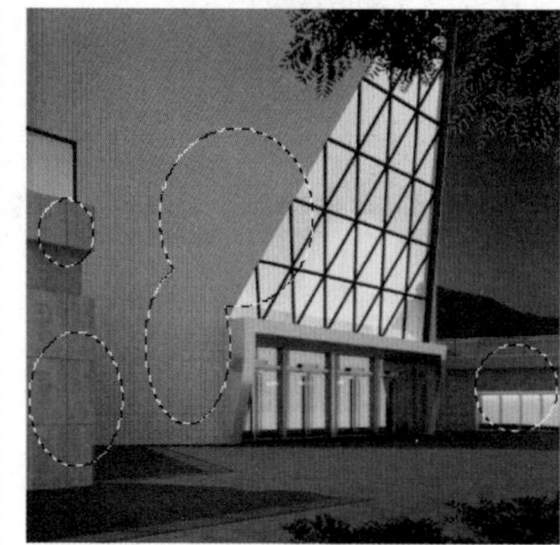

图 7-60　椭圆框选效果

图 7-61　设置羽化半径

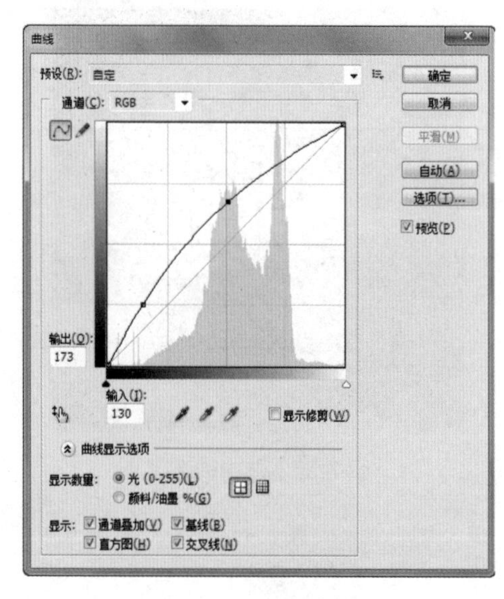

图 7-62　曲线参数

图 7-63　设置后的效果

建筑外观中的玻璃材质对前面的广场和路面也同样形成光线折射，因此对广场及路面进行光的处理。

Step22 调用多边形套索工具，并设置其属性参数值为默认值。选中场景中的路面和广场，如图 7-64 所示。

图 7-64　创建选区

Step23 按 Ctrl+C 快捷键，复制选区，粘贴到“图层”面板上，形成新的图层，并命名为“图层 5”。

Step24 调用椭圆选框工具，选择“图层 5”上的受光部分，如图 7-65 所示。

图 7-65　选择受光部分

Step25 按 Ctrl+Alt+D 组合键，弹出“羽化选区”对话框，设置羽化半径为 100 像素。按 Ctrl+M快捷键，弹出“曲线”对话框，设置曲线参数，如图 7-66 所示。单击“确定”按钮应用设置，得到如图 7-67 所示的效果。

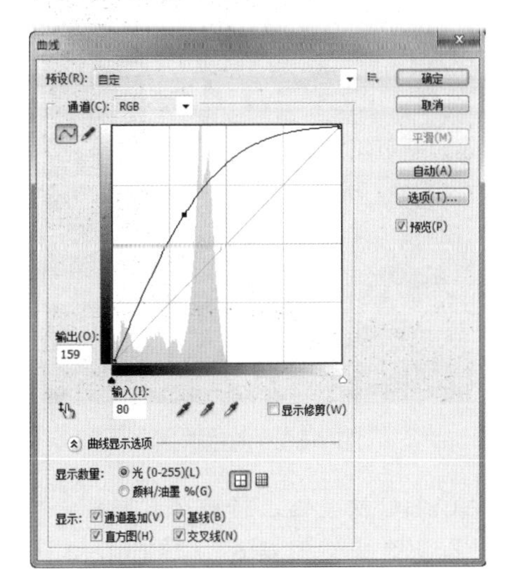

图 7-66　曲线参数设置

图 7-67　设置后的效果

Step26　在工具箱中单击“多边形套索工具”按钮，设置其属性参数值为默认值。选中建筑外观墙壁，如图 7-68 所示。

图 7-68　创建选区

Step27　按 Ctrl+C 快捷键，将选区复制到一个新图层，并将其命名为“图层 6”。按 Ctrl+M 快捷键，弹出“曲线”对话框，设置曲线参数，如图 7-69 所示。

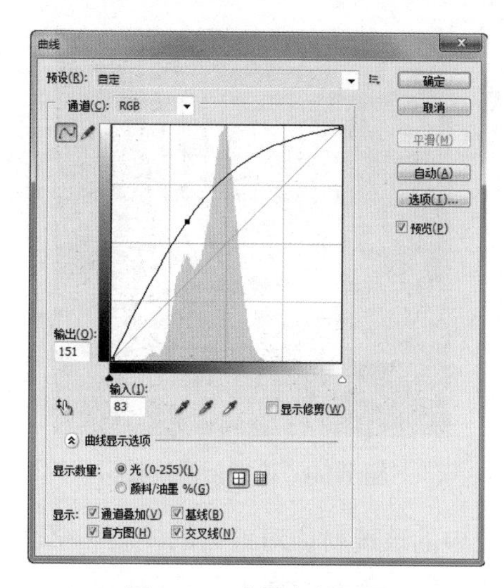

图 7-69　曲线参数设置

Step28　在菜单栏中选择“图像”｜“调整”｜“色彩平衡”命令，弹出“色彩平衡”对话框，设置参数，如图 7-70 所示。单击“确定”按钮应用设置，得到如图 7-71 所示的效果。

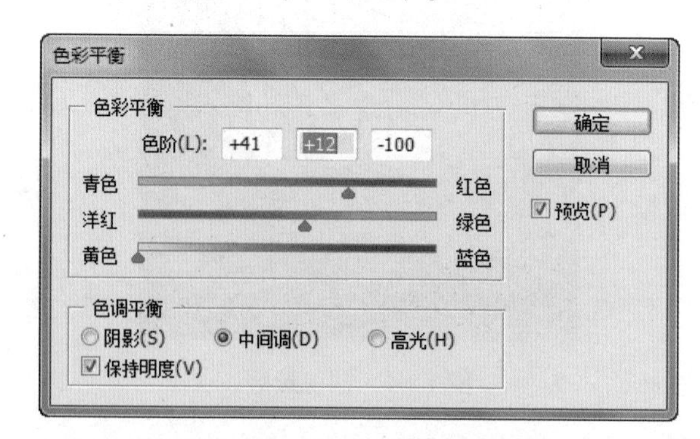

图 7-70　色彩平衡参数设置

Step29　在工具箱中单击“魔棒工具”按钮和“多边形套索工具”按钮，调用这两个工具，并设置其属性参数值为默认值。然后选中场景中的窗玻璃，如图 7-72 所示。

图 7-71　设置后的效果

图 7-72　选中窗玻璃后的效果

Step30 按 Ctrl+C 快捷键，将选区复制到一个新图层，并将其命名为“图层 7”。按 Ctrl+T 快捷键，弹出自由变换框，用鼠标将图像调整到如图 7-73 所示的位置。

图 7-73　自由变化后的效果

Step31 选择“图层”选项卡中的“强光”效果，并设置其属性参数值为默认值，如图 7-74 所示。单击“确定”按钮应用设置，效果如图 7-75 所示。

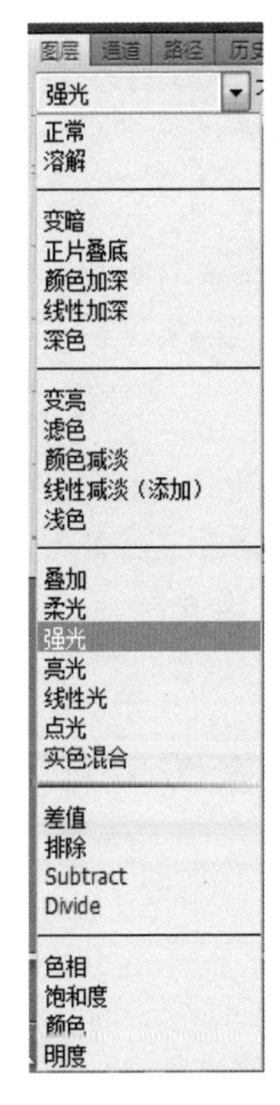

图 7-74　设置强光

图 7-75　设置后的效果

由图 7-75 可以看出，建筑外观的轮廓还不够清晰，可以继续调整天空色调，突出建筑物。

Step32 在“图层”面板中单击“新建调整图层”按钮，选择“色阶”，在弹出对话框中设置“蒙版”和“调整”选项卡中的参数，如图 7-76 所示。单击“确定”按钮应用设置，得到如图 7-77 所示的效果。

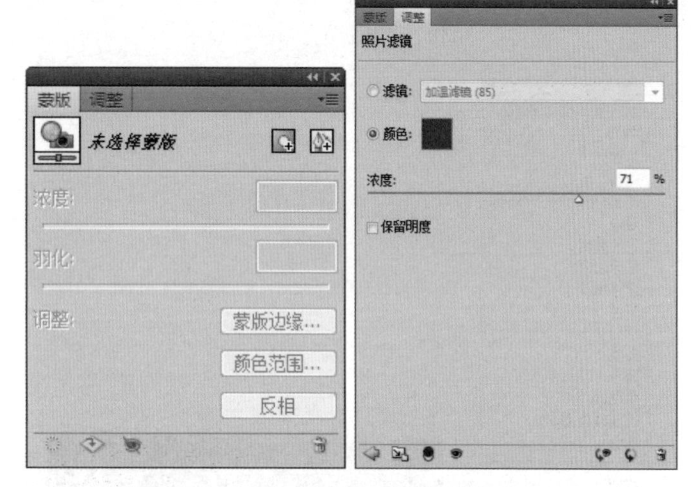

图 7-76　设置“蒙版”和“调整”选项卡

图 7-77　最终效果图

Chapter 8

园林景观规划设计详解

园林景观规划设计的范围较宽，大到城市，小到社区、单位的布局、流向、景观配景等元素，都存在于规划设计中。将这些元素都绘制到规划设计图中，通常有绘制平面图和绘制立体图两种方法。

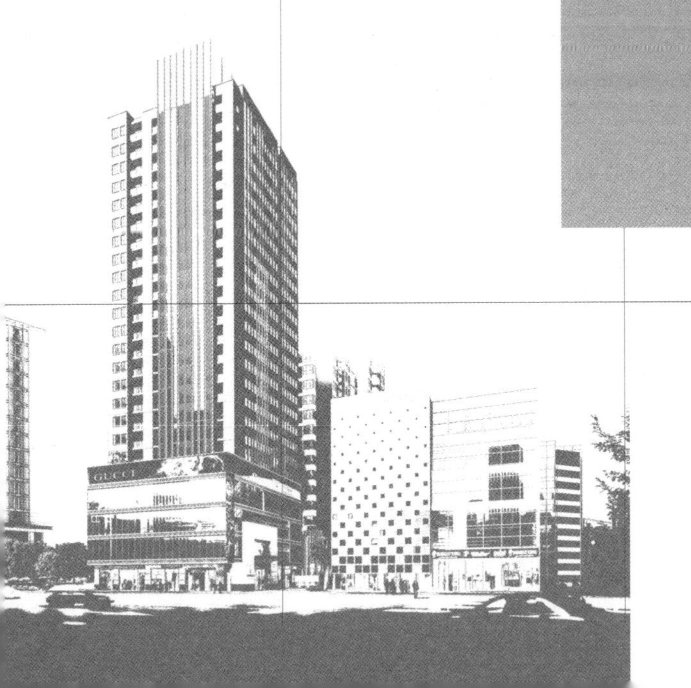

8.1 关于彩色平面图

如果是将规划设计图绘制成彩色平面图，首先应该在AutoCAD中绘制。AutoCAD的特点是能精确绘图，对规划设计尺寸的把握，可以通过该软件得到准确体现，如图8-1所示。

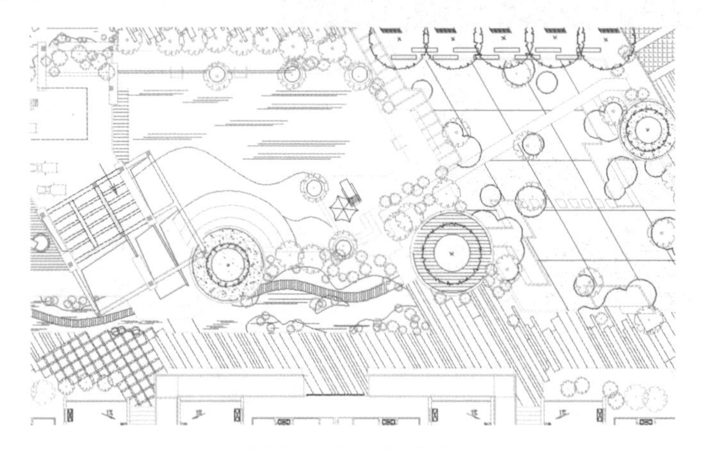

图8-1 AutoCAD图

将AutoCAD的背景换成白色后，通过使用快捷键Ctrl+C（复制）、Ctrl+V（粘贴），将其粘贴到Photoshop建好的文件中，然后利用Photoshop的选区工具与填充工具即可完成彩色平面图的绘制，效果如图8-2所示。

这种彩色平面图只是将不同的功能区用不同的颜色表现，如图8-3所示。在某些项目中，还需要将AutoCAD中的平面图例（如植物）全部由JPG图形代替，增强视觉的直观性。

注意：彩色平面图也可由CorelDRAW完成。先将AutoCAD平面图文件导入CorelDRAW中，然后使用添色及PSD的图例完成制作。

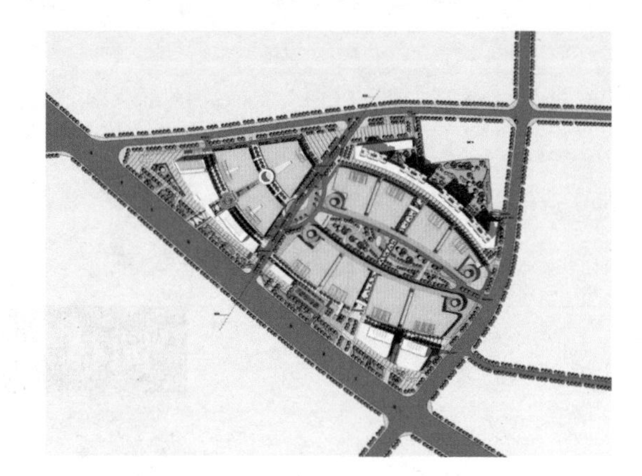

图8-2 Photoshop处理的彩色平面图

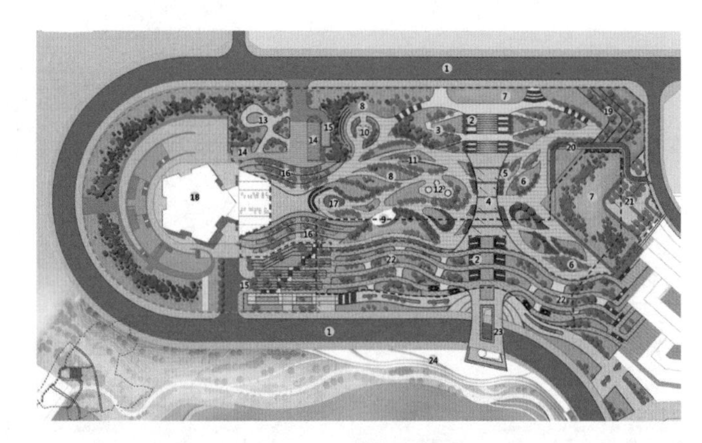

图8-3 彩色平面图

彩色平面图只能解决平面认识，如果需要表现三维效果还是必须通过三维建模完成前期，然后通过渲染和Photoshop处理完成后期。例如，将AutoCAD底图导入SketchUp或3ds Max中进行建模，然后输出图形文件，并在Photoshop中进行细部的描绘，如图8-4所示。

由于SketchUp建模具有操作简单、光影效果制作实时方便等特点，规划的三维建模阶段通常由SketchUp来完成。

由于渲染场景过大而对时间和计算机要求高，规划图纸通常建模完成后，再导入 Photoshop 中做后期处理。因此，要完成规划的图纸，根据设计要求有多种方法，可灵活运用。

图 8-4　三维鸟瞰图

8.2　SketchUp 中的建模重点

通过前面章节的学习，相信读者已经掌握了 SketchUp 的基础操作和基本功能，本例对基础操作进行了省略处理，主要对实际工作中遇到的重点问题进行讲解。

8.2.1　由 AutoCAD 等软件导入图形

在大的规划设计中，需要将 AutoCAD 完成好的地形图导入 SketchUp，作为底图使用。

一些在 AutoCAD 中闭合的图形，在导入 SketchUp 后，由于弧线由多条直线组成，不能闭合形成面。解决这种图形的封面问题，需要使用 SketchUp 的相关插件。安装插件时，只需将插件文件复制到安装文件目录下的 Plugins（插件）文件夹中即可。然后在菜单中，插件会以选项的形式出现。

解决方法 1：选中图形后，选择 Plugins（插件）|“创建面”命令，软件会将线与线在同一平面首尾相连的空间创建为面，如图 8-5 所示。

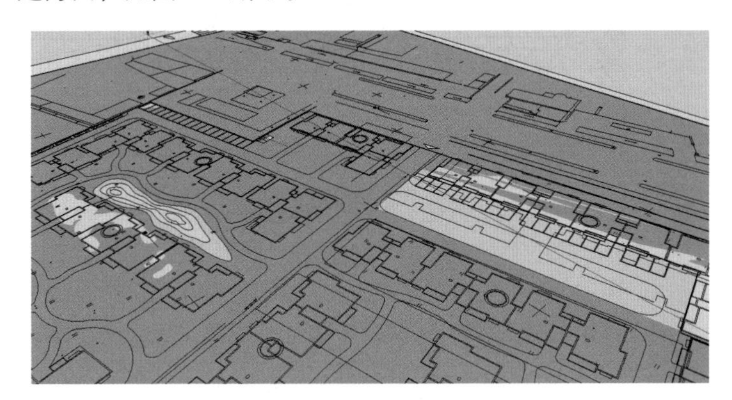

图 8-5　创建面

解决方法 2：导入的文件中，很多线都没有闭合。因此，需要使用插件中的寻找线头工具，找到没有闭合的线，并以编号的形式显示，如图 8-6 所示。

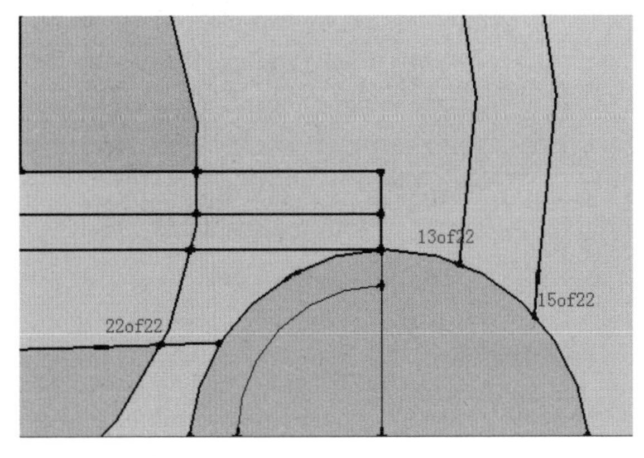

图 8-6　显示线头

然后使用延伸等工具将线闭合，即可成功封面，如图 8-7 所示。

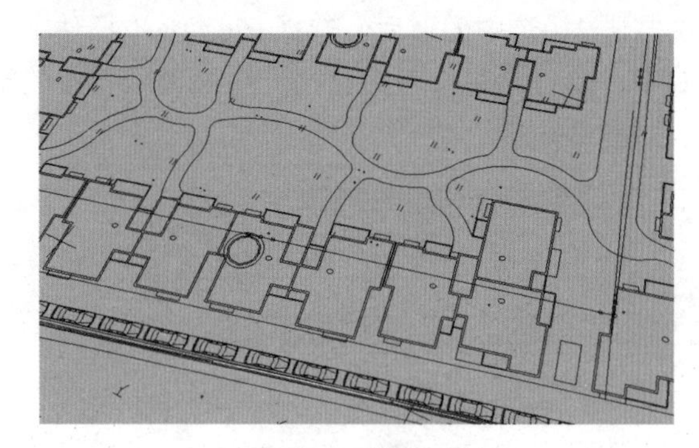

图 8-7　封面完成

8.2.2　体块模型的表示方法

由于规划设计更多的是体现方位的布置，因此很多建筑是利用 SketchUp 建模成简单的体块，如图 8-8 所示。只有重点模型需要详细刻划，这样渲染起来速度要快得多。

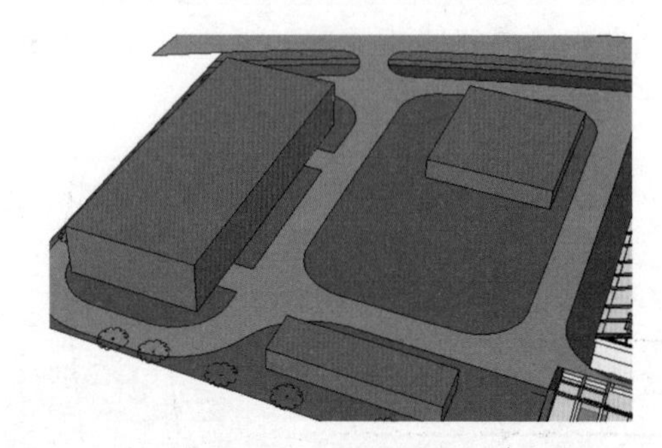

图 8-8　简单的建模

8.2.3　植物建模

在景观设计中往往要求将植物以各种阵列形式排列，这就要用到“移动复制”按钮和“旋转复制”按钮。

1. 矩形阵列

单击“移动复制”按钮，按住 Ctrl 键即可进行复制，同时输入复制距离，如图 8-9 所示。

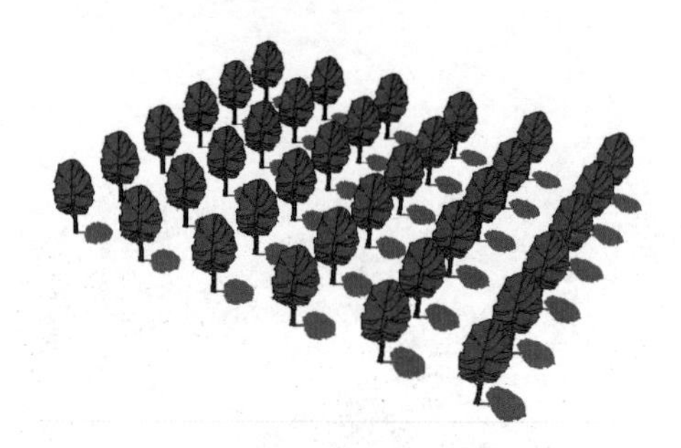

图 8-9　矩形阵列

2. 环形阵列

环列阵列不仅要求旋转时进行复制，而且要求在 360° 范围内进行均分。选中需要阵列的模型，单击“旋转复制”按钮，按住 Ctrl 键即可进行复制，同时输入复制角度 360，如果输入 < 数字 />，表示在模型内再复制的个数，直接在均分处复制模型。如图 8-10 所示，将直线阵列选中后进行环形阵列。

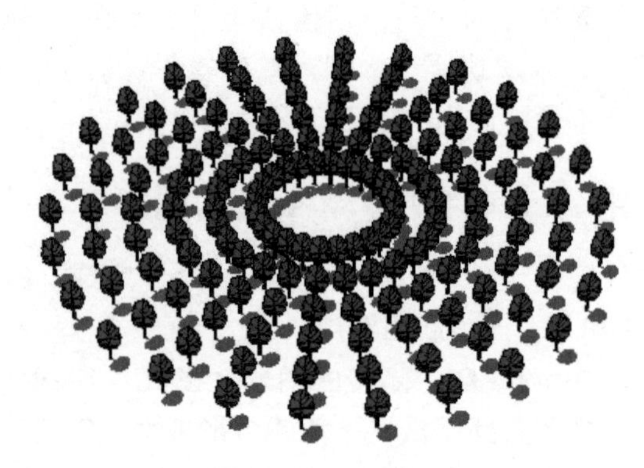

图 8-10　环形阵列

例如，一个小区景观中有较为复杂的植物分布，如图 8-11 所示。下面详细讲解相应的操作过程。

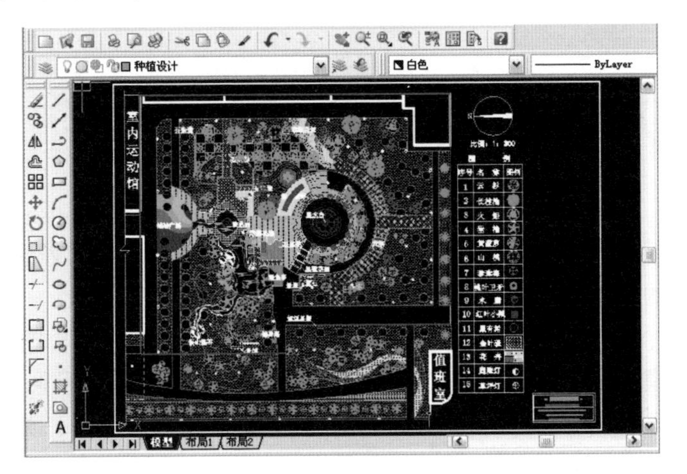

图 8-11　景观设计全图

Step1　将 AutoCAD 的植物种植层选定，关闭其他图层，将此图层通过写块的方法输出“植物图 .dwg”，如图 8-12 所示。

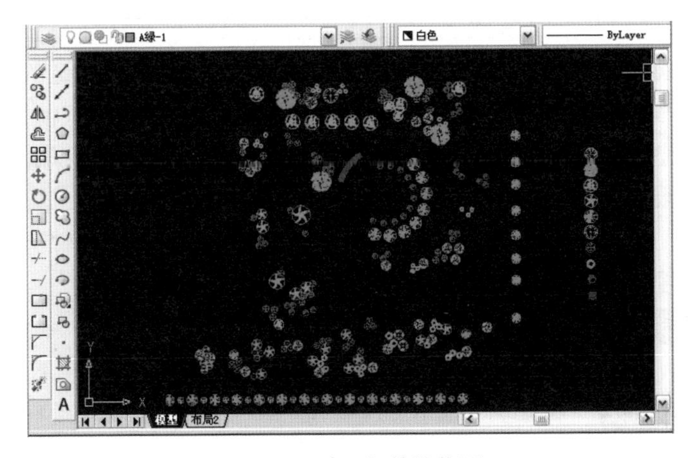

图 8-12　清理好的植物图

Step2　在 SketchUp 中选择“文件” | “导入”命令，选择 CAD 文件格式，将“植物图 .dwg”导入，如图 8-13 所示。

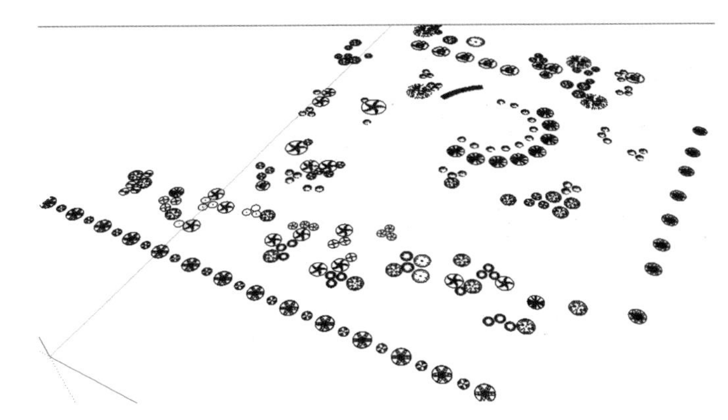

图 8-13　导入 AutoCAD 图

Step3　选中其中的一个图块，右击，在弹出的快捷菜单中选择“重新载入”命令，如图 8-14 所示。

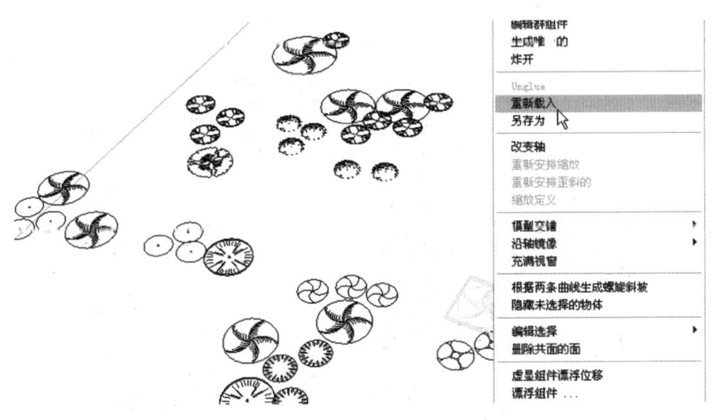

图 8-14　对图块重置

Step4　在弹出的“打开”对话框中选定组件文件的路径。默认状态下 SketchUp 系统自带的植物组件路径为

C:\Program Files\Google\Google SketchUp6\ Components\ Landscape。选中相应的文件，如图 8-15 所示。

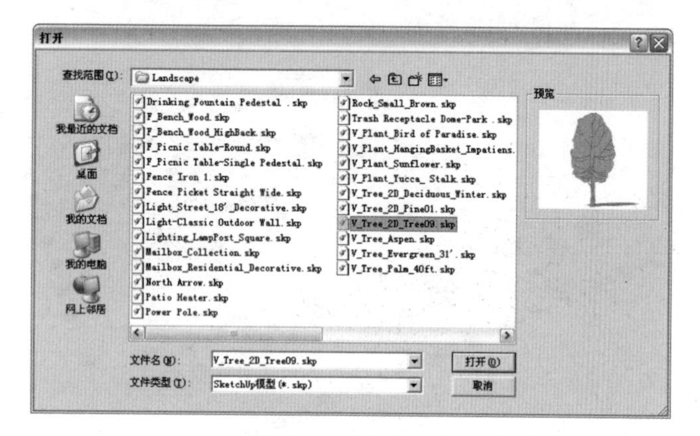

图 8-15　选定组件

确定后，屏幕场景中的所有该图块都被替代成了树的组件，并且系统会自动按块比例缩放大小，对组件进行等比缩放，效果如图 8-16 所示。

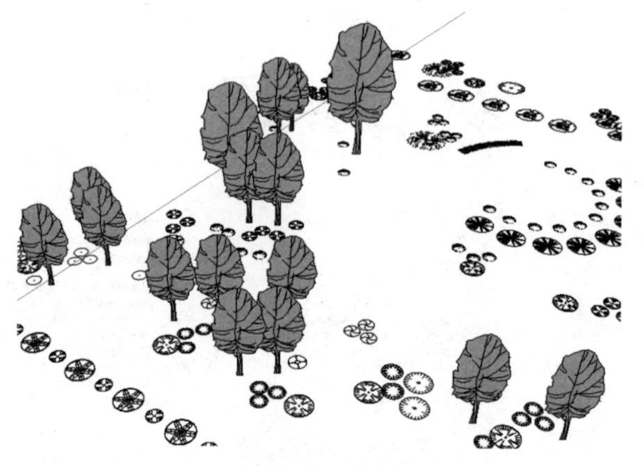

图 8-16　重置后的块被组件替代

Step5　编辑组件。双击其中的一个组件，进入编辑状态，可以执行对所有组件的修改、赋材质。

注意：重置成功的组件选中后还能被再次重置，直到满意为止。

8.3　在 SketchUp 中整理模型

SketchUp 的建模工作完成后，需对模型进行整理：清理无用的元素、隐藏无需表现的部分、通过图层控制表现不同的部分。以上方法在前面章节都有介绍。

在规划建模工作中，由于内容庞杂，为后期整理方便，建模过程中就需要分层控制、分群控制，有选择地显示图层。在 SketchUp 中建模的植物、花草、树木片面特别多，如果直接用 SketchUp 输出 JPG 图片，可以在一定程度上表现效果。凡是需要用到后期渲染技术时，就必须将其隐藏，以减少计算机的运算负担。

8.3.1　清理

在 SketchUp 绘图过程中，会运用群组、组件、材质、贴图、文字样式、标注样式等元素，软件也会将出现过的元素都记录在场景之中。例如，即使导入了组件而没有使用，模型中也会记录下这一组件。这样，当一个模型最终完成时，在场景中实际包含很多不需要的信息。

可使用“清理”功能清理冗余的信息，以降低文件运行难度。具体操作如下：

Step1　在菜单栏中选择“窗口”｜“场景信息”命令，打开“场景信息”对话框。

Step2　在左侧选择“统计”选项，单击“清理”按钮即可完成清理操作，如图 8-17 所示。

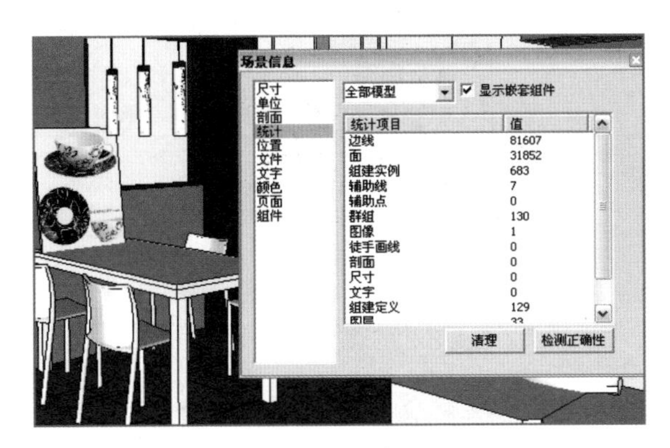

图 8-17　清理

8.3.2　图层管理

建模过程中由于场景太大，需要用图层进行调节，一方面可以加快计算机的显示速度，另一方面加快绘图速度。在SketchUp 中，图层的主要功能是便于在场景中对模型进行控制和批量处理。

Step1　选择“工具栏”|“图层”命令，打开“层”工具栏，如图 8-18 所示。

Step2　在“层”工具栏上单击按钮，打开“层”对话框（层管理器），对已经做好分类的图层进行隐藏、修改图层色彩等统一的操作，如图 8-19 所示。

图 8-18　“层”工具栏

图 8-19　图层管理

Step3　在景观设计以及规划设计中，由于模型量大，因此需要更多地使用图层。例如，多图层构成的小区景观图，在“显示”部分呈选中状态时，所有的图层均处于显示状态，如图 8-20 所示。

图 8-20　小区景观图

Step4　在操作过程中需要将植物等面太多的物体进行隐藏时，隐藏“绿化”图层即可，即取消选中图层管理器上的“绿化”图层后的“显示”复选框，得到的效果如图 8-21 所示。这样有助于减少显示的时间，便于操作。

图 8-21　隐藏“绿化”图层

图 8-21　隐藏“绿化”图层（续）

注意：要进行图层管理，前提条件是建立模型时就分层绘图处理，并且隐藏的图层不能为当前图层。

8.4　在 VRay 中调整材质

在对植物等模型进行整理后，可以使用 VRay for SketchUp 进行渲染。由于规划场景当中的体块、植物乃至建筑都只是场景中的一部分，因此渲染出图后通常不会表现得特别细腻。建议在设置材质时，将 SketchUp 中的材质在 VRay 中设置成关联材质，不需要重新设置贴图。下面对现有的材质进行关联设置，具体操作如下：

Step1　选择 Plugins（插件）| VRay for SketchUp | “材质编辑器”命令，打开材质编辑器。

Step2　在材质编辑器中添加关联材质。如果 SketchUp 中材质是中文名称，进行关联时会出现乱码，因为 VRay 只能识别英文或阿拉伯数字的名称，如图 8-22 所示。

图 8-22　显示关联材质

Step3　对于玻璃材质，由于 SketchUp 中只进行了半透明的设置，因此需要在 VRay 中重新设置。在材质编辑器中新建材质，重命名为 GLASS。

对于平板玻璃材质，要进行材质调整时需注意玻璃的颜色以及反射程度，平板玻璃的反射相对较弱。

Step4　选择“窗玻璃”选项，展开“漫射”卷展栏。单击 Color 文字右边的色块，弹出“选择颜色”对话框，在此处设置材质的漫射色彩，如图 8-23 所示。

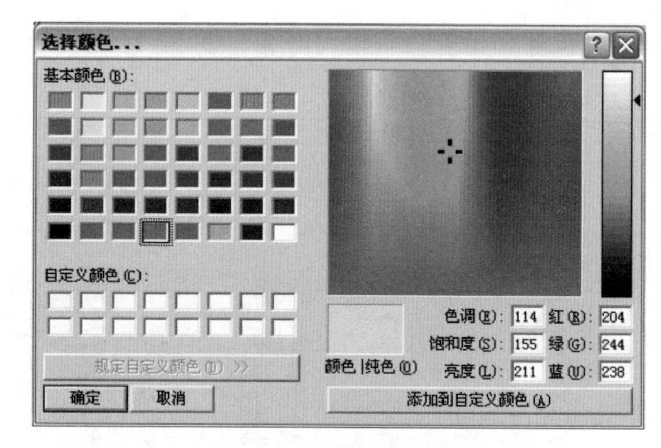

图 8-23　玻璃漫射色彩

Step5　为“窗玻璃”材质添加“反射”和“折射”层，将其色彩均调整为白色。在“折射”卷展栏中选中“半透明的”复选框，并设置“高光光泽度”和“光泽度”微调框中的数值为0.9，如图8-24所示。单击“反射”文字右边的M按钮，在弹出的“V-Ray——纹理编辑器”窗口“通用”栏的“类型”下拉列表框中选择“菲涅耳”选项。

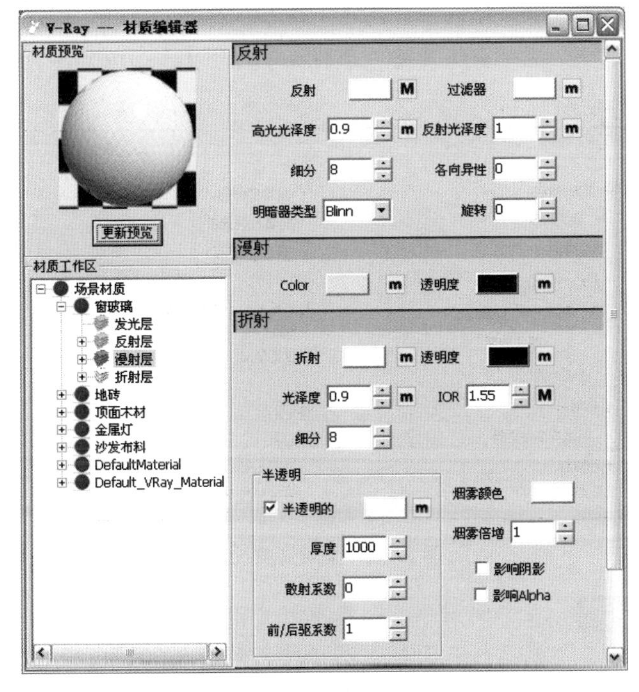

图 8-24　玻璃材质

由于场景中是金属镀膜玻璃，具有高反射性，其参数类似于镜面的设置，所以将材质的反射参数提高。在“漫射”卷展栏中，单击两个色块，将其颜色调整成黑色。在“反射”卷展栏中单击两个色块，将其反射颜色设置为全白色，表现材质的全反射属性，如图8-25所示。

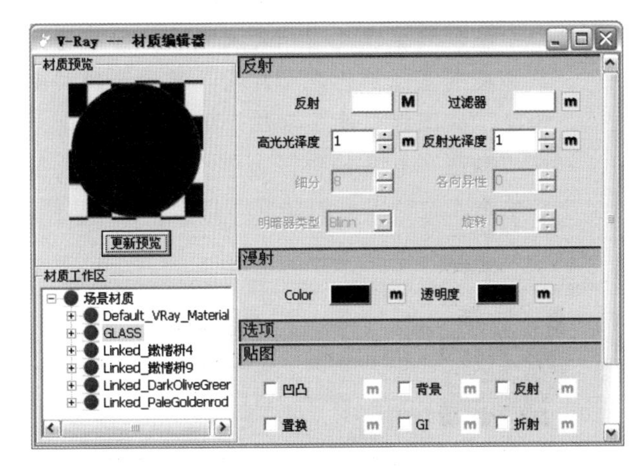

图 8-25　镀膜玻璃参数

景观的材质多通过SketchUp中的材质和贴图来体现，在渲染前需将其设置成为“VRay关联材质”。具体操作如下：

Step1　在SketchUp中对材质进行查看以了解需要进行关联的材质的名称，如图8-26所示。

图 8-26　查看材质

Step2　在菜单栏中选择Plugins（插件）| VRay for SketchUp |“材质编辑器”命令，打开VRay材质编辑器，并添加VRay关联材质。

Step3 由于屋顶的琉璃瓦有一定反光度，因此需为材质添加反射层。然后在“反射”卷展栏的“反射光泽度”微调框中设置参数为 0.7，如图 8-27 所示。在“贴图”卷展栏中，选中“凹凸”复选框，然后单击左边的“更新预览”按钮，将材质球刷新。

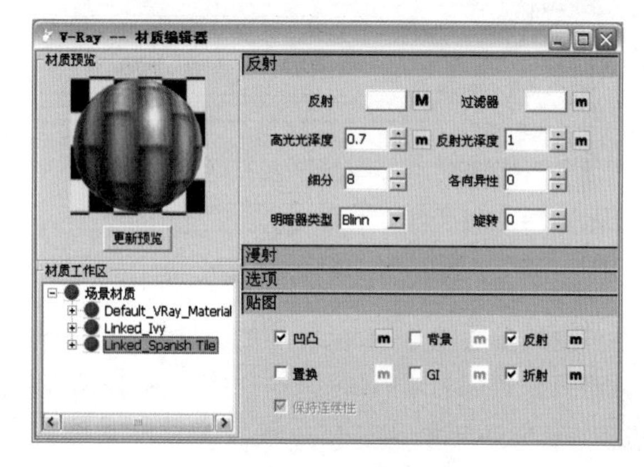

图 8-27　瓦材质的使用

Step4 使用同样的方法将绿化植物贴图设置为关联材质，效果如图 8-28 所示。

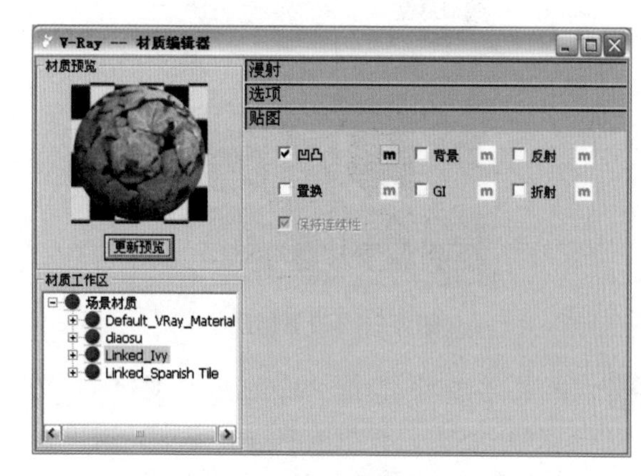

图 8-28　植物材质

8.5 在 VRay 中设置光线

Step1 室外场景的渲染可以直接引用“默认”渲染文件进行渲染，也可分步设置，通常室外的场景不需要另行增加补光灯。选择 Plugins（插件）| VRay for SketchUp |“选项”命令，打开“选项”面板，设置“全局开关”卷展栏中的参数，如图 8-29 所示。

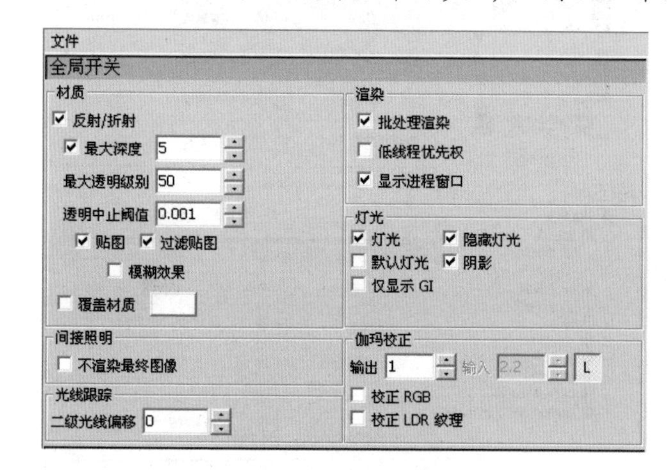

图 8-29　全局开关设置

Step2 在“间接照明”卷展栏中选中 GI 栏中的 On 复选框，打开间接照明功能，如图 8-30 所示。在“首次反弹”栏的下拉列表框中选择“发光贴图”选项。在“二次反弹”栏的下拉列表框中选择“灯光缓冲”选项，并设置“倍增值”微调框中的数值为 0.85。此处改小倍增值，可以解决二次反弹不准确的问题。

Step3 在“环境”卷展栏中单击 GI（天光）文字右边的色块，在色彩选择器中设置天光的颜色为淡蓝色，模拟早晨的阳光，如图 8-31 所示。

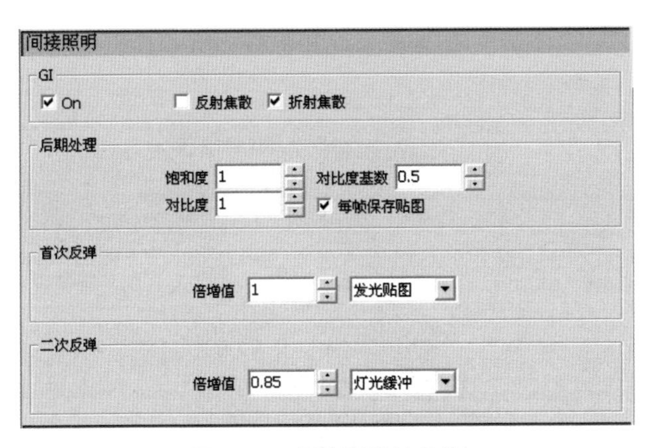

图 8-30　间接照明的参数

图 8-31　环境设置

8.6　在 VRay 中渲染和输出

Step1　对基本参数进行设置。渲染出图前需要在“选项”面板的“输出”卷展栏中设置图尺寸，如图 8-32 所示。由于其场景较大，或因打印尺寸偏大，因此输出大小必须按要求进行选择。

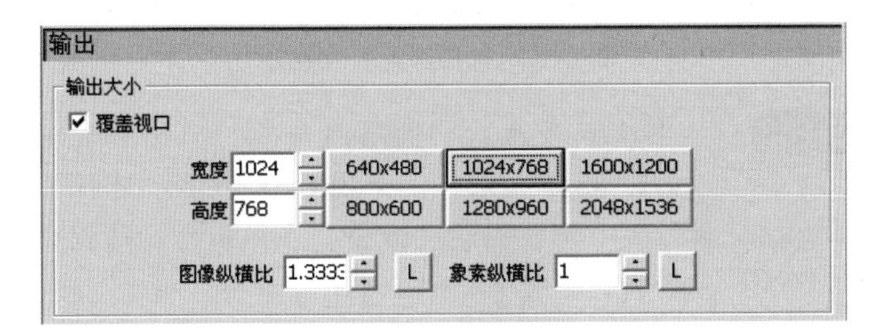

图 8-32　输出设置

Step2　选中“全局开关”卷展栏中的“默认灯光”复选框，如图 8-33 所示。

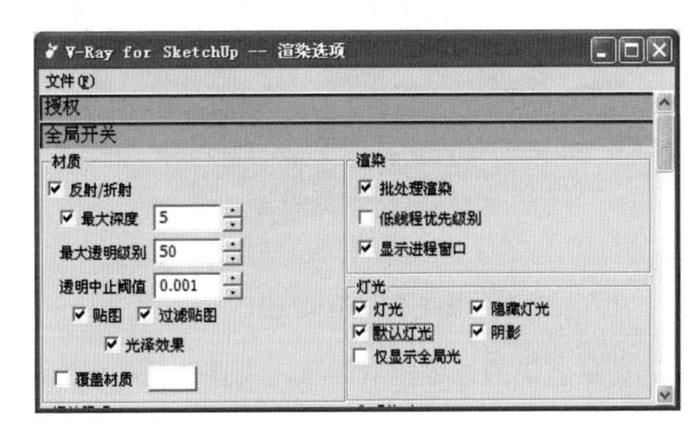

图 8-33　默认灯光

Step3　在“图像采样器”卷展栏中，选中“类型”栏中的“自适应细分”单选按钮，将“抗锯齿过滤器”设置为“打开”，如图 8-34 所示。

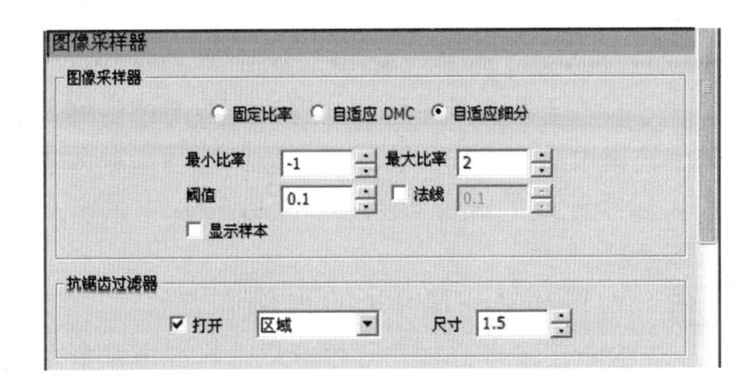

图 8-34　抗锯齿

Step4　在菜单栏中选择 Plugins（插件）| VRay for SketchUp |“渲染”命令，即可得到最终的渲染图。单击 V-Ray frame buffer（帧缓存器）窗口中的按钮，将图片存储为 JPG 格式的图片，最终效果如图 8-35 所示。

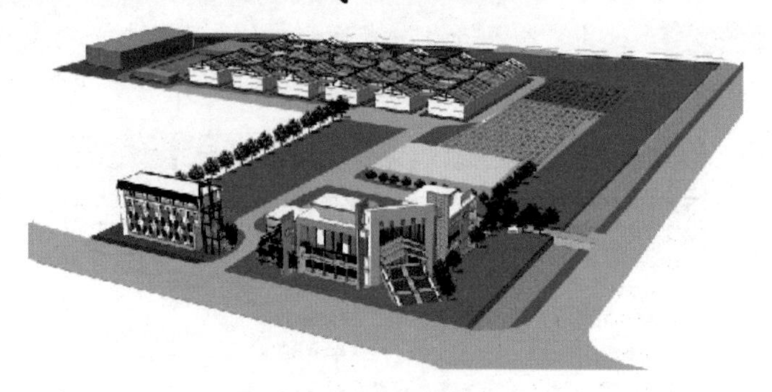

图 8-35 渲染成图

规划场景渲染的过程相对简单，主要是对环境的色彩及强度进行调整。

8.7 在 Photoshop 中进行画面处理

将各个建筑、道路等造型拼凑在一起，与现实中的景像有很大差距，只有对其进行后期处理，才能展现出真实的鸟瞰效果。

在进行规划场景效果图后期处理时，要考虑到配景的类型、整个场景中造型布局的合理性，以体现画面整体与布局的统一。后期处理的操作可以在 Photoshop 中进行，具体操作如下：

Step1 在 Photoshop 菜单栏中选择“文件” | “打开”命令，弹出“打开”对话框，从本书配套光盘中调用相关文件，如图 8-36 所示。

图 8-36 是一幅 SketchUp 中整理出的模型规划场景表现图。下面将以此模型图为例，详细讲解规划场景的表现方法。

Step2 在工具箱中单击“魔棒工具”按钮和“多边形套索工具”按钮，分别调用魔棒工具和多边形套索工具，并设置其属性参数值为默认值。选中场景中的绿地，如图 8-37 所示。

图 8-36 打开的“080811 修改 .psd”图像文件

图 8-37 选择绿地后的效果

Step3 从本书配套光盘“调用图片库”文件夹下调用“材质 -8.jpg”文件，如图 8-38 所示。选择“编辑” | “定义图案”命令，在弹出的对话框中将图案名称设置为“图案 116”，单击“确定”按钮，如图 8-39 所示。

图 8-38 “材质 -8.jpg”文件

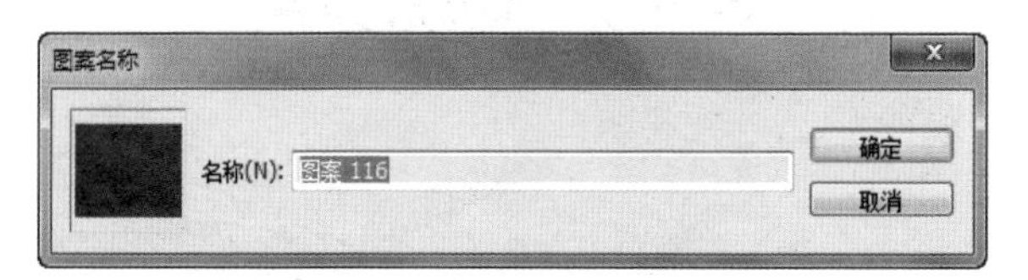

图 8-39 “图案名称”对话框

Step4 在图像中的创建选区上右击，在弹出的快捷菜单中选择“填充”命令，弹出“填充”对话框，如图 8-40 所示，在“自定图案”下拉列表框中选择“材质 -10”图案。单击“确定”按钮，生成绿地，效果如图 8-41 所示。另外，将绿地所在图层命名为“图层 1”。

图 8-40 “填充”对话框

图 8-41 应用设置后的效果

Step5 从本书配套光盘“调用图片库”文件夹下调用“草皮 -2.tif”文件。在工具箱中单击“移动工具”按钮，调用移动工具。将草皮图像调入规划景观场景中，并将天空所在图层命名为“图层 2”，效果如图 8-42 所示。

图 8-42 打开“草皮 -2.tif”文件并将图像调入场景

Step6 按 Ctrl+T 快捷键，弹出自由变换框，用鼠标将天空图像调整到合适的位置。按 Enter 键确认变形操作，并删除多余部分。在“图层”面板上，将草皮所在图层移到“图层 0”的下面，最后的效果如图 8-43 所示。

Step7 在工具箱中单击“魔棒工具”按钮和“多边形套索工具”按钮，调用这两个工具，并设置其属性参数值为默认值。然后选取场景中的地面，按 Ctrl+C快捷键复制选区。将选区粘贴为新的图层，并将地面所在图层命名为“图层 3”，得到如图 8-44 所示的效果。

图 8-43　自由变换草皮并调整所在图层后的图像效果

图 8-44　选择地面后的效果

Step8　在菜单栏中选择“图像”｜“调整”｜“色彩平衡”命令，弹出“色彩平衡”对话框，设置其参数，单击“确定”按钮应用设置，如图 8-45 所示。

Step9　打开配书光盘“调用图片库”文件夹下的“植物 -5.psd”文件，如图 8-46 所示。使用移动工具，将“植物 -5”图像调入规划景观场景中，并将植物所在图层命名为“图层 4”，再使用自由变换框调整地面图像。

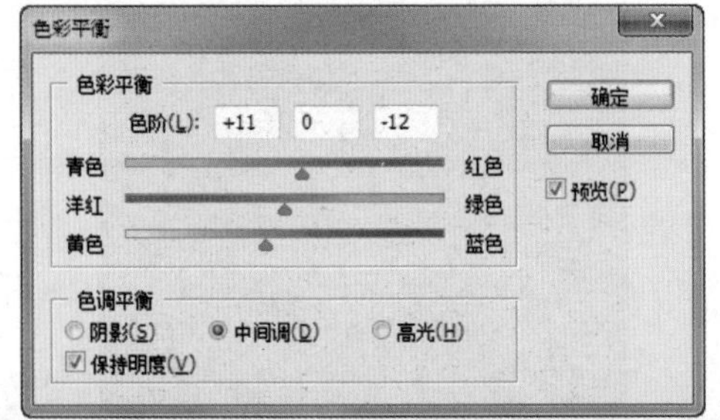

图 8-45　设置色彩平衡后的效果

图 8-46　“植物 -5”图像

Step10　调用移动工具，将“植物 -2”图像调入规划景观场景中，并将植物所在图层命名为“图层 5”。使用自由变换框和复制粘贴调整地面图像，得到如图 8-47 所示的效果。

Step11　打开配书光盘“调用图片库”文件夹下“小品 -1 .psd”文件，如图 8-48 所示。使用移动工具，将

“小品 -1”图像调入规划景观场景中，并将小品所在图层命名为“图层 6”，再使用自由变换框调整地面图像。

图 8-47　将“植物 -2.jpg”文件导入并复制粘贴组合场景

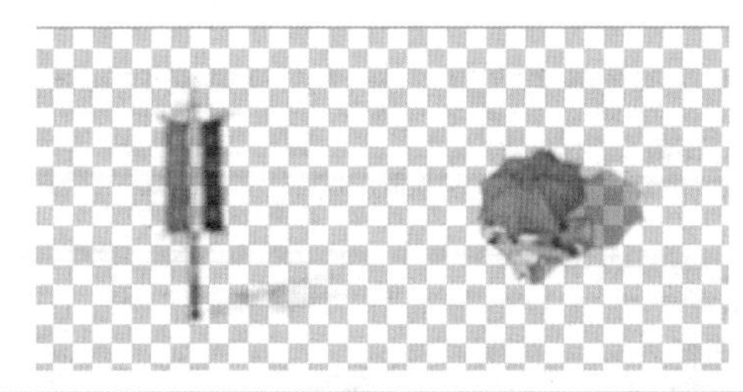

图 8-48　调整小品图层位置后的效果

Step12 从配书光盘“调用图片库”文件夹下调用“小品 -2.jpg”文件，使用移动工具，将“小品 -2”图像调入规划景观场景中，并将人和车所在的图层命名为“图层 7”。使用自由变换框调整地面图像，效果如图 8-49 所示。

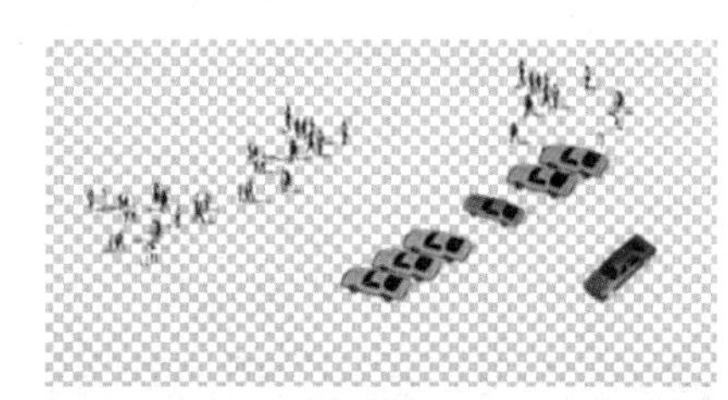

图 8-49　将“小品 -2”图像导入场景并自由变换

Step13 从配书光盘“调用图片库”文件夹下调用“小品 -3.jpg”文件，使用移动工具，将“小品 -3”图像调入规划景观场景中，并将人和车所在的图层命名为“图层 8”。使用自由变换框调整地面图像，效果如图 8-50 所示。

至此，规划景观的表现效果大致完成了，接下来只需要调整整个画面的细节部分和协调色彩，使整个场景的空间和色彩达到最理想的效果。

Step14 在工具箱中单击“椭圆选框工具”按钮，用椭圆选框工具选中建筑物屋顶部分，如图 8-51 所示。

图 8-50　将“小品 -3”图像导入场景并自由变换

图 8-51　椭圆选框工具选取的范围

Step15 按 Ctrl+M 快捷键，弹出“曲线”对话框分别设置其参数，如图 8-52 所示。设置完成后单击“确定”按钮，得到的图像效果如图 8-53 所示。

Step16 在工具箱中单击“魔棒工具”按钮和“多边形套索工具”按钮，分别调用魔棒工具和多边形套索工具，并设置其属性参数值为默认值。选中建筑物墙面，如图 8-54 所示。

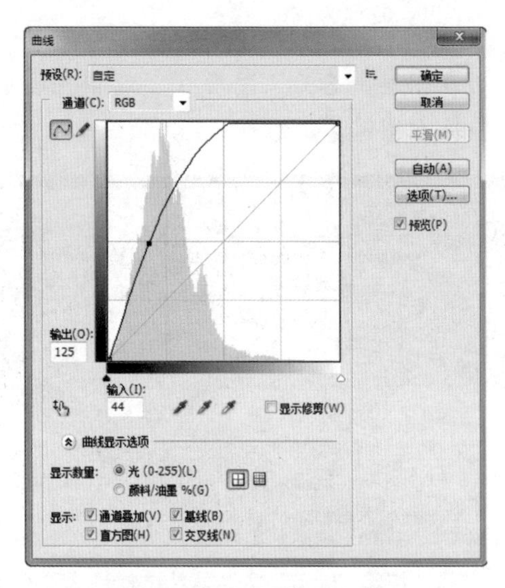

图 8-52　“曲线”对话框

图 8-53　应用设置后的效果

Step17 在菜单栏中选择“图像”｜“调整”｜“色彩平衡”命令，弹出“色彩平衡”对话框。设置其参数，单击“确定”按钮，得到的图像效果如图 8-55 所示。

图 8-54　椭圆选框工具选取的范围

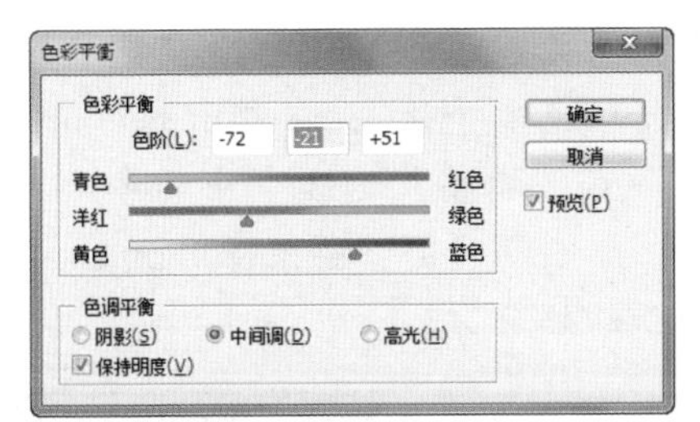

图 8-55　设置色彩平衡后的效果

Step18 调整“图层 2”中的地皮色彩。在工具箱中设置前景色参数，如图 8-56 所示，并单击“渐变工具”按钮和“多边形套索工具”按钮，分别调用渐变工具和多边形套索工具，并设置其属性参数值为默认值。新建“图层 9”，效果如图 8-57 所示。

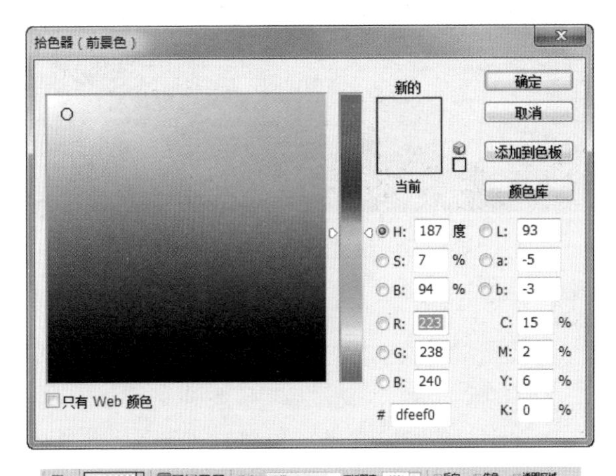

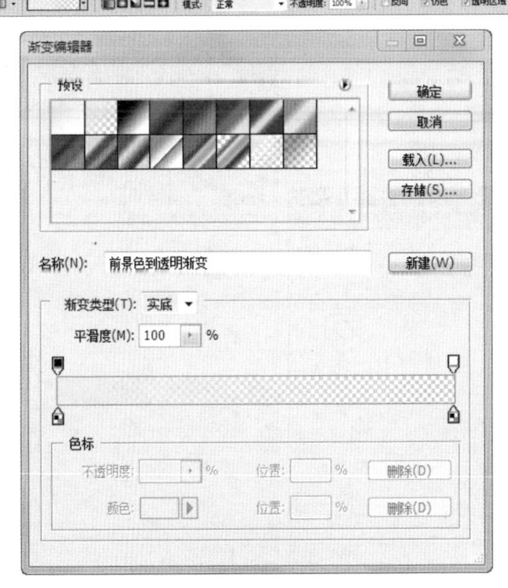

图 8-56　设置渐变工具

图 8-57　设置渐变工具后的效果

Step19 在“图层”面板中单击“新建调整图层”按钮，选择“亮度/对比度”，在弹出的对话框中设置“蒙版”和“调整”选项卡中的参数，如图 8-58 所示。单击“确定”按钮应用设置，得到如图 8-59 所示的效果。

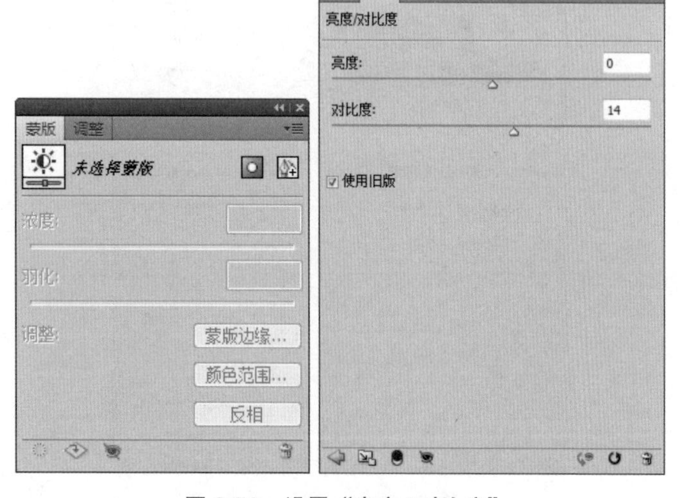

图 8-58　设置“亮度/对比度”

图 8-59　设置“亮度/对比度”后的效果

Step20 在“图层”面板中单击“新建调整图层”按钮，选择“色彩平衡”，在弹出的对话框中设置“蒙版”和“调整”选项卡中的参数，如图 8-60 所示。单击“确定”按钮应用设置，得到如图 8-61 所示的效果。

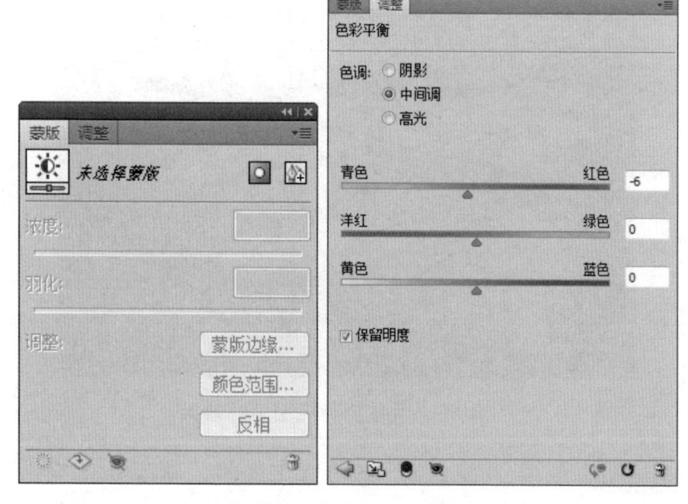

图 8-60　设置“色彩平衡”

图 8-61　设置“色彩平衡”后的效果

Step21 按 Ctrl+M 快捷键，弹出“曲线”对话框，分别设置其参数，如图 8-62 所示。单击“确定”按钮，最后的图像效果如图 8-63 所示。

后期处理给建筑一个环境，让建筑生动起来，因此对场景效果的实现很重要。在运用 Photoshop 软件对规划场景进行处理时，所添加配景都应与原画面的透视关系保持一致，道路、树木、汽车和人物等配景在画面中的位置、大小要适中。

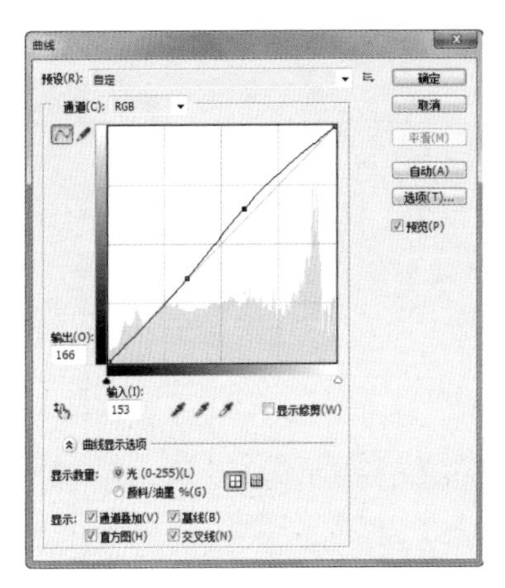

图 8-62　“曲线”对话框

图 8-63　最终规划场景的效果